数据库设计及应用程序开发

李丽萍　周汉平　编著

清華大學出版社
北京

内容简介

数据库技术是计算机科学、人工智能领域一个非常重要的分支，在信息技术发展过程中扮演着至关重要的角色。数据库设计是数据库技术的关键环节之一，涉及如何组织数据以满足特定应用程序的需求。本书全面介绍了数据库设计原理及其应用程序开发的实用技术，主要分为4篇：关系数据库设计技术、SQL程序设计、数据库应用程序界面和中间层设计以及项目实践。本书旨在帮助读者掌握数据库设计的基本原理、方法和工具，以及将数据库与应用程序集成的最佳实践。

本书可作为高等学校计算机、人工智能等专业的教材，也可作为有意向学习数据库设计、SQL程序设计、.NET及Java Web开发人员的指导书。

图书在版编目（CIP）数据

数据库设计及应用程序开发 / 李丽萍，周汉平编著. 北京 ：清华大学出版社，2025. 3. --（21世纪高等学校计算机专业实用系列教材）. -- ISBN 978-7-302-68887-7

Ⅰ. TP311.132.3

中国国家版本馆CIP数据核字第2025HQ3521号

责任编辑：陈景辉　张爱华
封面设计：刘　键
责任校对：徐俊伟
责任印制：刘　菲

出版发行：清华大学出版社

网　　址：https://www.tup.com.cn，https://www.wqxuetang.com
地　　址：北京清华大学学研大厦A座　　**邮　　编**：100084
社 总 机：010-83470000　　**邮　　购**：010-62786544
投稿与读者服务：010-62776969，c-service@tup.tsinghua.edu.cn
质量反馈：010-62772015，zhiliang@tup.tsinghua.edu.cn
课件下载：https://www.tup.com.cn,010-83470236

印 装 者：天津安泰印刷有限公司
经　　销：全国新华书店
开　　本：185mm×260mm　　**印　张**：18.5　　**字　　数**：449千字
版　　次：2025年4月第1版　　**印　　次**：2025年4月第1次印刷
印　　数：1～1500
定　　价：59.90元

产品编号：097029-01

前 言

在数据库理论学习中，实践与理论的脱节是主要问题。大多数数据库系统书籍强调理论本身，而缺乏实际应用和问题解决方面的指导，导致学习者在面对实际软件及数据库设计问题时往往无法找到合适的答案或启发。此外，现有的关系数据库理论虽然系统完备，但其中只有少部分内容对软件开发有实际意义，这使得从事数据库应用系统设计开发的人普遍感到在校学习的数据库理论无法直接应用于实际工作。综观当前数据库教材，大多数未能很好地将理论与实践结合，造成这种情况的原因在于从事软件与数据库开发的人缺乏时间和兴趣进行理论研究，而具备理论研究能力的人又缺乏从业经验，导致理论与实践之间存在一定程度的脱节。

本书内容

本书理论和实践结合紧密，目标明确，教材中包含设计和开发数据库应用系统的所有实用知识和技能，包括能直接指导数据库设计的理论、方法和工具，侧重实践的数据库服务器端的程序开发和基于目前主流语言及平台的应用程序开发技术。通过实例介绍使用.NET、Java Web 开发技术，结合实例对其数据库访问技术进行了深入浅出的剖析。本书分为 4 篇。

第 1 篇介绍了实用数据库设计所要用到的理论、技术和工具，阐述了数据库的理论是怎样在实践中得以应用又反过来证实和充实了理论，解析了实践中的一些典型案例，比较和分析了各种常见设计方法的特点以及在性能、效率上的优劣。

第 2 篇介绍了各种数据库服务器端的程序开发技术，重点讨论了各种技术的特点和应用场景，讨论了实现一个需求使用何种技术才能更好地解决问题，也包含了如何在实践中充分挖掘某种技术的功能，用简单的方法实现复杂的算法，其中包括用实例对 MySQL 和核心语句 SELECT 应用技巧方面进行的深入和独特的介绍。

第 3 篇介绍了数据库应用程序的界面和中间层的设计与开发方法，阐述了在客户端/服务器(C/S)结构下，采用两种不同的数据库访问技术进行界面设计和开发的基本步骤。使用.NET 作为编程语言，通过一个典型的实例，深入讲解了 ADO.NET 的使用及其在数据库应用程序设计中的应用，特别是与界面设计相关的技术。

第 4 篇为项目实践，通过引导读者完成一个基于 Java Web 的完整且实用的应用程序，使读者能够在短时间内对 Java Web 项目有一个直观而具体的了解，从而快速入门。所有的实例解析都是作者在软件行业长期从事数据库应用系统设计和开发过程中所探索的知识和经验的总结沉淀，具有较强的典型性和一定深度。

本书特色

(1) 问题导向,体系完整。

以“提出问题—分析问题—解决问题”为主线,通过讲解知识点和给出完整的问题解决方案,逐步带领读者击破各个知识点,力求循序渐进、一脉相承。

(2) 匠心内容,突出重点。

在概念和功能上不求面面俱到,重点放在对实践中的实用、常用技术方法的分析,对同一应用问题不同处理方法的分析和比较,以及 SELECT 语句独特的应用技巧的分析和介绍。

(3) 建模工具使用。

全面地阐述范式与冗余的关系和使用数据库的建模工具 PowerDesigner 进行项目实践,全面阐述如何建立正确的概念数据模型及其重要性。此外,对概念数据模型与其产生的物理数据模型的关系也进行了详细阐述。

配套资源

为便于教学,本书配有源代码、教学课件、教学大纲、实验指导书、教学进度表、期末大作业。

(1) 获取源代码方式:先刮开并用微信扫描本书封底的文泉云盘防盗码,授权后再扫描下方二维码,即可获取。

源代码

(2) 获取其他配套资源方式:扫描本书封底的“书圈”二维码,关注后回复本书书号,即可下载。

读者对象

本书可作为全国高等学校计算机、人工智能等专业的教材,也可作为有意向学习数据库设计、SQL 程序设计以及 Java Web 开发人员的指导书。

本书主要由上海第二工业大学李丽萍老师和周汉平老师编写,上海锐格软件有限公司参与了第 4 篇的编写工作,闫之焕老师参与了格式校对与编排,刘振栋教授对本书提出了许多宝贵意见和建议。

尽管书中所有内容经过作者反复斟酌和论证测试,但疏漏在所难免,欢迎广大读者批评指正。

作　者

2025 年 1 月

目　录

第1篇　关系数据库设计技术

第 2 篇 SQL 程序设计

第3篇 数据库应用程序界面和中间层设计

第4篇 项目实践

第1篇 关系数据库设计技术

本篇内容主要聚焦于关系数据库设计技术的阐述，讲解如何根据实际需求精心构建关系模型。

第 1 章关系模型和关系数据库管理系统，以浅显易懂的方式，介绍关系模型与关系数据库管理系统的基本概念，为后续深入学习奠定坚实基础。

第 2 章范式与数据库设计，深入探讨对关系数据库设计至关重要的范式理论，并详细分析其在解决典型问题中的实际应用。这里所说的"典型问题"，特指那些在设计过程中，有关范式容易引起争议或产生误判的实例。尤其是对常被忽视和片面理解的第一范式进行了深入的剖析，并通过实例充分论证了其在范式理论中的不可或缺的地位。

第 3 章数据库静态结构的设计和实现——数据库设计，介绍了如何利用数据库建模工具 PowerDesigner，根据具体需求构建概念模型。由于逻辑模型(在 PowerDesigner 中称为物理模型)可借助工具由概念模型自动生成，本书不再对逻辑模型进行赘述。在大多数情况下，一个设计合理、准确的概念模型所生成的逻辑模型无须额外修改。后续还将通过一系列典型案例，展示如何构建准确的概念模型。

第1章　关系模型和关系数据库管理系统

案例导读

【例 1-1】 手工完成信息征集表。

假设你在某学校就读，某一天班主任要求你收集如下学生的基本信息，以表格形式提交，这些信息包括每名学生的学号、姓名、性别、出生日期、家庭地址和联系电话。你会怎么做？

第一步，设计表格。你必须根据要收集的数据设计一个空白的表格，其样式可参考如表 1-1 所示的样子。

表 1-1　学生基本信息表

学　号	姓　名	性　别	出生日期	家庭地址	联系电话

其每列的长度需要根据实际的情况确定，以适应不同的情况。例如，学号固定为 8 位，只需留出可以写入 8 位数字的宽度即可；家庭地址所占的字符数可能比较长，要为其留更大的空间。

第二步，填写信息。按顺序在表格中填写信息。填写过程以添加信息为主，但难免要进行修改（涂改）和删除（划去）。在填写过程中，可能需要不断查阅已填的学生信息，以免重复填写，所以填写和查阅工作可能需要交替进行。

第三步，核对信息。在完成所有信息的填写后，需要对表格信息进行核对，核对过程中如果发现错误，则需要重复执行第二步。

上述手工制作表格的过程正对应数据模型的三要素：数据结构、数据操作和数据约束。

【例 1-2】 利用编程语言完成信息采集表。

如果老师要求你用你掌握的一种语言，如 C 语言，把这些信息存储在一台计算机中，你又将如何做？

如果你是一名初级程序员，开发此程序，很可能你会走过以下 4 个阶段。

（1）实现最简单的功能。

大致整理出下列要完成的工作。设计存储上述信息的数据结构，显然在 C 语言中通常会选择结构数组。设计一个界面实现对上面设计的数组元素的添加、删除和修改。为了永久地保存数据，必须实现以下两个功能：把数组数据存入文件和把文件的数据加载到数组中。上述工作可以很简单地实现用计算机记录学生信息的基本功能。但是，如果是用户使用此程序，就会发现很多问题，并提出更多的需求。

(2) 让程序更完善。

① 对输入内容合法性检查。例如,学号必须由数字组成,不能输入字母;出生日期必须在合理的区段内等。

② 删除或修改某名学生的信息,首先要从存储在文件中的信息中找出该学生的信息,即要解决删除和修改中如何定位问题。

③ 解决对已输入数据的查询问题,即要查询符合某些条件的学生信息。

(3) 让程序更功能更丰富。

① 可以处理更大量的数据。

② 可满足大量数据的各种汇总和统计的需求。

③ 能将各种查询和统计结果输出到打印机上。

这是一个强壮的应用程序所必须具备的功能。

(4) 让程序实现通用化。

在工作中,可能会遇到大量类似上述形式的表格维护问题。一开始,你可能会稍微修改上述程序以适应新的表格需求。然而,后来会发现这种修改是机械的、有规律可循的。在实践中,你会逐渐发现这种修改变得越来越容易。令人惊喜的是,你的程序逐渐具备了通用的特性。最终,你下定决心:不需要为每种这样的表格重复设计和编写相似烦琐的程序。你的程序适用于所有具有上述特征的表格的维护、统计和查询。

1.1 关系模型

如果想开发一个能对上述类型的表格进行维护、查询的通用程序,则要做的第一件事是把具体的表格抽象为一般的表格。抽象是一个从具体问题到一般问题的基本研究方法。如果想要一个能够满足维护、查询表格等功能的程序,则可采用"从抽象到具体"的方法,引入数据模型的概念:数据模型是对现实世界数据特征的抽象。数据模型通常由数据结构、数据操作和数据约束 3 部分组成。这 3 部分可以理解为对应如前所述的手工制作表格的 3 个步骤:设计表格、填写信息和校对信息。

通过对现实的各种需求的抽象和研究,人们总结出很多适合不同需求的数据模型,它们有关系模型、网状模型、层次模型和面向对象模型等,而其中的关系数据模型能满足绝大多数应用问题的需要,相关的理论和技术在以往的几十年里迅速发展,目前已经相当成熟,几乎所有主流的数据库产品,如 Oracle、Informix、SQL Server 都基于关系模型,下面就关系模型的数据结构、数据操作和数据约束进行简要介绍。

1.1.1 关系模型的数据结构

首先,从直观的角度理解关系模型的数据结构;然后,进一步从数学的角度严格定义关系模型的数据结构。数学上的严格定义是对关系模型理论研究的基本要求。

1. 从直观的角度理解关系模型的数据结构

学生基本信息表如表 1-1 所示。由于使用二维的坐标(行,列)就能唯一确定一个单元格的位置,因此将其称为二维表。二维表的另一个蕴含的特点是每列内容必须是同质的。所谓同质即出生日期列必须全部是出生日期而不能出现年龄,学号列必须全部是学号而不能出现姓名等。关系模型研究的对象的数据结构就是二维表。确定一个二维表的结构就是要确定以下两个内容。

(1) 列的组成以及每列的数据类型。

与收集学生信息之前必须设计一个包含表头的空白表格一样,在使用二维表之前,必须首先确定二维表由哪些列组成,每列的最多的字符数或数字长度。又由于在计算机内数字、字符和日期信息的存储方式及提供的运算是不同的,因此还要确定每列的数据类型。为二维表的每列确定唯一的数据类型,是由二维表每列必须是同质的要求所保证的。

(2) 能唯一确定行的一个或一组列。

在手工制作二维表的过程中,事实上不自觉地遵守着一个法则,那就是不允许出现相同行。也就是说,如果表格中出现了两个完全相同的行,那么可能是两种情况造成的:一种情况是同一对象的信息重复输入了,这显然是错误的;另一种情况是不同对象在表格中反映出完全一样的信息,难分彼此,这显然是表格设计的缺陷。所以规定二维表中不能出现完全相同的行是合理的,并且是必需的。

为了确保二维表中不出现完全相同的行,在增加和修改每一行时,把该行数据与二维表中其他行的数据逐一比较,当二维表横向数据和纵向数据很多时,其工作量和效率是可想而知的。而事实上,大多数情况下,只需要确保二维表的某些列的组合中其值不重复就可以了。

在没有相同行的条件下,可以确保这些能标识整个行的列是存在的,因为不存在相同行的另一个等价的表述是二维表所有列的列值组合能确定并且只能确定二维表中的一行,然后在所有列的组合中用逐个剔除的方法可以得到某些列的组合,使它满足以下两点。

① 这些列值能唯一确定表中的一行。

② 去掉任何一列,剩下列的列值不能唯一确定表中一行。

这些列的组合称为二维表的候选码,其中要满足的第一个条件简称为候选码的唯一性,第二个条件称为候选码的最小性。一个二维表可能有多个候选码,属于任一候选码的列称为主属性,不属于任一候选码的列称为非主属性。从候选码中可以任选一个设定为二维表的主码(或称主键),设定了主码就可以通过确保主码的唯一性而避免表中出现完全相同的行。

上面的阐述事实上同时论证了二维表候选码的存在性和为二维表设定主码的必要性。必须注意的是,候选码的唯一性是基于语义的,即随语义环境的变化而变化,在不可能出现重名的情况下,学生姓名可以作为候选码;在可能出现重名但能确保重名的学生一定不会同年同月同日生的情况下,姓名虽然不能作为候选码,但列组合(姓名,出生日期)可以作为候选码。

在实际的数据库设计中,出于系统的运行效率上的考虑,应该尽可能地避免用过多的列构成主码,在找不到合适的主码时,可以人为地增加一个流水号作为二维表的主码,这是以空间换时间的有效方法。

2. 从数学的角度严格定义关系模型的数据结构

关系模型的理论是建立在严密的数学概念基础上的。可以从数学的角度严格地定义二维表,由此也可以理解为什么一个二维表也称为一个关系,这也是把数据模型称为关系模型的原因。这同时为理解和掌握关系模型理论(如对数据库设计具有重要指导意义的范式理论)以及关系运算语言(如 SQL)打下基础。

(1) 域。

域是一组具有相同数据类型的值的集合。域的定义蕴含了两个含义：首先，域是一个集合，符合某种规则和长度限制的字符串、一定日期区段内的日期、某一区间内的自然数都可以作为域；其次，该集合的元素必须是具有相同数据类型的值，相同的数据类型指数字、日期、字符串等简单数据类型，而不能是数组或结构等复杂类型。也就是说不是所有集合都能作为域，某班的全体学生构成一个集合，但不能构成一个域，因为不能用一个简单数据类型反映一名学生的基本信息。

(2) 笛卡儿积。

笛卡儿积是两个或两个以上域进行的一种运算，运算结果仍为一个集合，具体定义为：给定一组域 $D_1, D_2, \cdots, D_n$，这些域的笛卡儿积为集合 $\{(d_1, d_2, \cdots, d_n) \mid d_i \in D_i, 1 \leqslant i \leqslant n\}$，记为 $D_1 \times D_2 \times \cdots \times D_n$。

通俗地讲，参与笛卡儿积运算的各个域中值的每个组合都是笛卡儿积的成员，组合的全体构成笛卡儿积。在数学中，两个实数域 R 与 R 的笛卡儿积 $R \times R$ 就构成一个二维平面，三个实数域的笛卡儿积 $R \times R \times R$ 就构成一个三维空间。

显然，若笛卡儿积中某个域的元素个数不可数，则笛卡儿积的元素个数也不可数；相反，若笛卡儿积中各个域的元素均可数，分别为 $M_1, M_2, \cdots, M_n$，则笛卡儿积的元素个数为 $M_1 \times M_2 \times \cdots \times M_n$。

一般地，在具体应用问题中，有具体含义的域的笛卡儿积是没有意义的，如一个教授带了两个博士生，简单地用姓名和性别两个域来描述两个博士生，即姓名 D_1＝{王刚，李玲}，性别 D_2＝{男，女}，则 $D_1 \times D_2$＝{{王刚，男}，{王刚，女}，{李玲，男}，{李玲，女}}。显然这样的笛卡儿积的结果没有任何意义，原因是 $D_1 \times D_2$ 是 D_1 和 D_2 元素的任意组合，没有反映出姓名 D_1 和性别 D_2 的关系，有意义的是它的一个子集{{王刚，男}，{李玲，女}}，它反映了姓名 D_1 和性别 D_2 的关系。

(3) 关系。

关系的一般定义为：$D_1 \times D_2 \times \cdots \times D_n$ 的子集称为 $D_1, D_2, \cdots, D_n$ 上的一个关系。如上例中{{王刚，男}，{李玲，女}}是 $D_1 \times D_2$ 的一个子集，所以是一个关系，它确实反映了通常意义下的姓名 D_1 和性别 D_2 的"关系"。

关系事实上就是一个二维表，如上例中关系可以看成由姓名和性别两个列组成的二维表。关系中的每个元素称为元组，从二维表的角度看，元组就是行。关系中的每个域的名称也称为关系的属性，如"姓名"和"性别"。从二维表的角度看，属性就是列名。二维表的候选码也就是关系的候选码，候选码中的属性称为主属性，不包含在任一候选码中的属性称为非主属性。这些概念在对数据库设计有重要指导意义的范式理论中会用到。

小结：关系模型的数据结构，从最直观的角度理解就是二维表，从数学的角度理解就是笛卡儿积的一个子集。从其反映的内容来看，其本质是表达了各个域的取值关系，所以也称为关系。下面各章内容为表达上的一致性和理解上的直观性，把使用最频繁的名称"关系"和"元组"统一称为同义的名称"二维表(简称表)"和"列"，这也是软件开发人员对这两个概念最常用的称谓。

1.1.2 关系模型的数据操作

手工情况下对表格操作可分为两种：表格信息的维护(行的增加、修改和删除)和表格信息的查询。实际上，关系模型中的数据操作就是针对表格进行的操作，而这些操作是通过操纵表格中的行来完成的。数据操作可以分为两大类：一类是对表格进行查询操作；另一类是对表格进行更新操作。更新操作又包括行的插入（Insert）、删除（Delete）和修改（Update）。更新操作往往依赖于查询操作，删除和修改行时首先要确定删除和修改哪些行，即需要把符合条件的行“查询”出来，而插入操作有时要插入的行就是一个查询的结果，所以关系操作的核心内容是查询。

关系模型仅给出了关系操作应达到的目标，不同的数据库管理系统可以用不同的方法实现这些目标，目前普遍采用的是 SQL，用 SQL 可以实现所有的关系操作，但并不和关系操作一一对应，不同的数据库管理系统对 SQL 有各自不同的功能上的扩展。

下面主要介绍关系模型数据操作中的核心操作——查询操作，本书将在 4.2 节和 4.4 节中介绍如何用 SQL 语句中的 SELECT 语句实现各种查询操作。

关系的查询操作也就是关系代数中关系运算，这些运算包括选择（Select）、投影（Project）、广义笛卡儿积、连接（Join）、并（Union）、交（Except）、差（Intersection）和除（Divide）。所有运算的对象都是关系（表），而运算结果也是一个关系（表）。

1. 选择

通俗地讲，选择运算就是选行运算。从整个学校的学生名册中取出某个班级的学生信息就是选择，即从整个表中选出符合条件的行。

当表中数据非常多时，选择的效率是必须解决的技术问题。设想在手工操作的情况下，要从包含 1 万名学生信息的资料中寻找某个学号的学生信息，如果资料没有按学号排序，工作量是不可想象的，反之如果学生信息是按学号排序了，查找就变得非常快捷。可以想象一下两者的差距是如何巨大。对计算机也一样，通常建立索引可以极大地提高选择效率，所有的数据库管理系统都提供了各种为表建立索引的方法。

2. 投影

通俗地讲，投影运算就是选列运算。从一个包含数十项（列）内容的个人档案中选取本次查询所关心的内容（列）就是投影运算，即从整个表中选出若干列。

从数学角度看，二维表是 n 维笛卡儿积的一个子集，即 n 维空间的一个子空间，选列的实质是把 n 维空间投影到 $m(m \leqslant n)$ 维空间上，投影的名称由此而来。

手工情况下，在表格中已有数据的情况下若要增加列，往往由于纸张宽度的限制，要重新做表，然后把原表格数据抄入已增加新列的新表中，导致这种重复工作的原因是表格设计时考虑不周。同样，关系模型的设计中也要避免这种情况的发生，在设计阶段，每张表要尽可能地包含所有需要的信息，尽管这些信息并不是在所有场合都需要，但由于有投影运算，可以在不同的场合输出不同的信息。

3. 广义笛卡儿积

有时查阅表格数据时可能要同时比对着查阅多张表格，例如在手工情况下，通常会把学生基本信息和每名学生各门课的成绩分成两张表，如果要求查询男生中成绩最好的学生信息，就必须同时查询两张表。

广义笛卡儿积就是把多张表组合在一起查询。多张表的行的所有组合构成这些表的广义笛卡儿积，“所有组合”的特性和笛卡儿积相同，不同的是笛卡儿积组合的对象是各个域的值，而广义笛卡儿积组合对象是各张表的行。

【例 1-3】 广义笛卡儿积的示例如表 1-2 所示。

表 1-2 广义笛卡儿积的示例

(a) 学生表

学号	姓名	性别
01	张伟	男
02	王霞	女
03	周平	男

(b) 学生成绩表

学号	课程	成绩
01	古文	93
01	声乐	88
02	声乐	85
99	古文	83

(c) 学生表和学生成绩表的广义笛卡儿积

学号	姓名	性别	学号	课程	成绩
01	张伟	男	01	古文	93
01	张伟	男	01	声乐	88
01	张伟	男	02	声乐	85
01	张伟	男	99	古文	83
02	王霞	女	01	古文	93
02	王霞	女	01	声乐	88
02	王霞	女	02	声乐	85
02	王霞	女	99	古文	83
03	周平	男	01	古文	93
03	周平	男	01	声乐	88
03	周平	男	02	声乐	85
03	周平	男	99	古文	83

显然，广义笛卡儿积运算的结果表所包含的内容与笛卡儿积一样没有包含有用的信息，同样只有其子集如第 1 行、第 2 行、第 7 行才有意义(注：表头是第 0 行)。广义笛卡儿积运算结果表的行数等于各张表的行数之积。

4. 连接

从例 1-3 可以看出，把多张表的行任意组合起来通常没有太大意义，可以在笛卡儿积的运算结果基础上加上选择条件“学生表.学号=学生成绩表.学号”，其结果如表 1-3 所示。

表 1-3 连接运算的结果

学 号	姓 名	性 别	学 号	课 程	成 绩
01	张伟	男	01	古文	93
01	张伟	男	01	声乐	88
02	王霞	女	02	声乐	85

这样的结果正是大家需要的。对其中重复的“学号”列可以使用投影操作去除它。在广义笛卡儿积上选择符合一定条件的行，由于该运算涉及两张以上的表，即在两张以上的表中选择符合条件的行，因此把它称为连接运算，选择条件称为连接条件。相对下面将要叙述的情况，这种连接运算称为内连接(Inner Join)。

但连接运算也并不是简单地在广义笛卡儿积上做选择运算，如例 1-3 中通常需要查询的结果中要包含没有选课学生的信息，如要包含例 1-3 中学生“周平”的信息，这实际是要求连接运算对其中某一张表的行，不论是否符合连接条件，均要在查询结果中出现。所以，关系模型中对关系代数中连接运算进行扩展，引入了外连接的操作。

在连接条件“学生表.学号=学生成绩表.学号”下，若希望查询结果中包含“学生表”中不符合连接条件的行，这种连接称为左外连接；同样地，若希望查询结果中包含“学生成绩表”中不符合连接条件的行，这种连接称为右外连接。对例 1-3 使用左外连接的结果如表 1-4 所示。

表 1-4　左外连接操作的结果

学　号	姓　名	性　别	学　号	课　程	成　绩
01	张伟	男	01	古文	93
01	张伟	男	01	声乐	88
02	王霞	女	02	声乐	85
03	周平	男	Null	Null	Null

其中,Null 表示空值,计算机中空值不等于空串,空串表示已经赋值,其值为空的字符串,而 Null 表示没有赋值的状态。所有数据库管理系统都可以很容易地把 Null 显示为“”。把两张表的位置换一下,使用右外连接可以得到相同的结果。

最后,学生成绩表中的“99”表示的是一个临时加入考试的学生,在学生表中可能不需要加入该临时考生的信息,但查询结果中需要它。幸运的是,关系模型的数据操作中提供了全连接的操作,全连接就是把两张表中不符合条件的行均加入查询结果中,例 1-3 使用全连接的查询结果如表 1-5 所示。

表 1-5　全连接操作的结果

学　号	姓　名	性　别	学　号	课　程	成　绩
01	张伟	男	01	古文	93
01	张伟	男	01	声乐	88
02	王霞	女	02	声乐	85
03	周平	男	Null	Null	Null
Null	Null	Null	99	古文	83

连接运算本质上就是对笛卡儿积的结果再进行选择运算,只是在关系模型中增强了外连接的功能,理解这一点对以后灵活地运用 SQL 的查询语句解决实际问题非常重要。

5. 并、交和差

两张表的并、交和差就是把两张表的行作为两个集合的元素进行集合之间的并、交和差,很自然地要求两张表具有相同的列数且每一个对应列具有相同的类型。两张表的并、交和差的定义和两个集合 A 与 B 之间的并、交和差的定义完全相同。

- 并:两个集合的元素合并在一起构成的集合,相同的元素在结果中仅出现一次。
- 交:两个集合中相同的元素构成的集合。
- 差:出现在第一个集合中但不出现在第二个集合中的元素组成的集合。

当两张表进行并运算后,相同的行在结果中将仅出现一次。在 SQL 的查询语句中,并不是所有数据库管理系统均直接支持这三个运算,事实上除了并运算,后两个运算可以通过选择运算中使用子查询得到相同的结果,第 4 章将详细讲解。

下面通过一个简单示例来说明多张表进行并运算的必要性。

【例 1-4】 下面是一个商品流通企业常用的某商品的进销存表(实际的报表中还要包含价格、金额等数据,为简化起见,表 1-6 仅包含数量)。

进货和销售数据通常存放在进货表和销售表中,而上面的报表中同时包含了进货表和销售表的内容,可以用并运算把两张表合并在一起,然后按要求依据日期排序,再进行适当的库存计算,就可以得到上面这张表,并运算在这里起了至关重要的作用,4.4 节对如何输出该报表有详细的讨论。

表 1-6 并运算的实例

日 期	说 明	进 货	销 售	库 存
	上期结余			214
2018-1-1	供应商 A	200		414
2018-1-1	零售		130	284
2018-1-2	批发		80	204
2018-1-2	零售		100	104
2018-1-3	供应商 A	300		404
…				

6. 除

除运算是所有关系运算中最复杂也最难理解的运算，一般数据库管理系统使用的 SQL 不直接支持此运算。同交和差的运算一样，可以通过选择运算中使用子查询来实现除运算，详见 4.3 节。可以通过一个实例理解除运算的实际意义。假设有表 1-7 所示的两张表，第一张表存放学生的课程信息，第二张表存放学生的选课信息。

表 1-7 除运算示例

(a) 课程表

课程号	课程名	学分
S01	古文	2
S02	声乐	3
S03	美术	4

(b) 选课表

学号	课程号	成绩
01	S01	87
01	S03	92
02	S01	82
02	S02	78
02	S03	89
03	S02	95

现在要求查询选修了所有课程的学生学号，从上面两张表的数据中可以看出，符合条件的学生学号为“02”，这个结果正是“选课表在学号和课程号上的投影”÷“学生表”的结果。下面来分析一下除运算的过程。

(1) 确定相关列。

首先确定影响查询结果的列，剔除不相关的列。从上面的查询要求可以知道，和查询相关的列是“学号”和“课程号”，其他列的列值和查询结果无关，选取包含这两列的表即“选课表在这两个列上的投影”为除运算的第一张表。

(2) 确定结果列。

即要确定查询结果中包含的列，从上一步选出的相关列中确定两张表的公共列，除的结果由这些公共列组成，显然本例中查询结果所包含的列为“学号”，它正是相关列在两张表中的公共列。

(3) 确定结果行。

即确定除的结果由哪些行组成，对本例即确定除结果中包含哪些学号。除结果的行必须满足两个条件。

- 这些行必须被除运算中第一张表所包含，即“学号”必须包含在除运算的第一张表即学生表中。

- 除运算的第一张表即选课表中这些学号对应的课程号(课程号是相关列去除公共列后剩下的列)必须包含除运算中第二张表即选课表中出现的所有课程号。

所以对本例,除运算的结果是一个单列单行,值为“02”的表。其中,结果行必须满足的第二个条件中的“包含”关系反映了除运算的基本特征,理解此点也就不难理解为何把该运算称为除运算。理解除运算的实际意义是学会判断什么样的查询要求实际就是进行除运算,在第 4 章中将给出如何用 SQL 语句实现除运算的方法。

1.1.3 关系模型的数据约束

手工制表时,在登记每名学生的基本信息时,为保证数据的正确性和完整性,对登记的信息进行检查,这些检查内容正对应了关系模型的数据约束中的实体完整性、参照完整性和用户定义完整性。

1. 避免出现重复行——实体完整性

在 1.1.1 节中讨论了表的候选码和主码的概念,阐述了二维表中不出现重复行的条件和二维表存在主码的条件是等价的,而在数据正确输入的前提下,不出现重复行实际上是反映了表的每行的所有列值所构成的信息是完整的。

假设出现一种可能出现的极端情况,学校中出现了两个同名同姓、同性别、同出生日期的学生,那时,在“姓名”“性别”“出生日期”构成的表中就会出现两个完全相同的行,表示的却是不同的对象(实体),这反过来说明了由“姓名”“性别”“出生日期”来反映一名学生(实体)的信息是不完整的。

要做到完整性,就是要在任何情况下不出现重复行,这就是实体完整性的真正含义。确保实体完整性的基本方法是为对应的表设置主码,主码的存在性及基本特性参见 1.1.1 节。

2. 表之间的数据一致性——参照完整性和外码

假设在登记学生信息时,还要学生填写一张家庭情况表,那么学生在填写家庭情况表中的学号和姓名时,必须参照学生基本信息表,以保证两者的一致性,填完后,收表人员也必须对此进行核对,这实际上就是在确保家庭情况表与学生基本信息表的参照完整性。

在手工操作中,为了表格自身的可读性,家庭情况表必须包含学生基本信息表中包括学号在内的其他部分的学生信息,如姓名、性别等,典型的形成如表 1-8 所示,而事实上,这些信息相对学生基本信息表是重复的,由家庭信息表要获知学生基本信息表中的信息,只需要包含学号就足够了。如表 1-9 所示,可通过该表中的学号,获得该学生在学生基本信息表中的其他信息。尽管这在手工操作中比较麻烦,但在计算机中,使用 SQL,很容易根据表 1-9 中的学生家庭情况表和学生基本信息表所包含的信息,输出表 1-8 所示的包含部分学生基本信息的学生家庭情况表。

表 1-8 学生家庭情况表 1

学号	姓名	性别	家庭成员姓名	关系	工作单位	联系电话
01	张伟	男	张大中	父	单位 A	电话 A
01	张伟	男	李月梅	母	单位 B	电话 B
01	张伟	女	张　萍	姐	单位 C	电话 C

表 1-9　学生家庭情况表 2

学　号	家庭成员姓名	关　系	工 作 单 位	联 系 电 话
01	张大中	父	单位 A	电话 A
01	李月梅	母	单位 B	电话 B
01	张　萍	姐	单位 C	电话 C

参照完整性就是要保证家庭情况表中的学号和学生基本信息表中的学号的一致性，也就是要求家庭情况表的学号或者为空或者在学生基本信息表中存在，这种一致性必须在任何情况下均得以保持，具体讲就是要在删除学生基本信息表中某名学生的信息或修改某名学生的学号时，必须考查学生家庭情况表中是否有该学号学生的信息，若有，则从逻辑上讲处理方法可有以下 4 种选择。

(1) 不允许删除该学生信息或修改该学生学号。

(2) 若删除学生信息则同时删除该学生在家庭情况表中的信息；若修改学号则同时修改该学生在家庭情况表中的学号。

(3) 删除学生信息或修改学号的同时设置该学生在家庭情况表中的学号为空。

(4) 删除学生信息或修改学号的同时设置该学生在家庭情况表中的学号为某个默认学号，该默认学号必须在学生表中存在。

对本例，可能会选择第(1)种或第(2)种处理方法，第(3)种和第(4)种处理方法对本例没有意义，但在其他场合就可能有意义。并不是所有数据库管理系统均支持这 4 种处理方法，关于这方面更详细的说明见 3.7 节。

一般情况下，把学生家庭情况表中的学号称为该表的外码，其基本特征是它不是本表的主码，但是它是另一个称为参照表(学生基本信息表)的主码。参照完整性就是要求外码值或者为空，或者在参照表中存在。

3. 表中数据的合理性和有效性——用户定义完整性

在手工登记学生基本信息时，不自觉地在做一件事，那就是检查数据的合理性和有效性，如出生日期折算成年龄以及身高的值是否在合理的范围、手机号码的位数是否正确等，这些数据的约束随具体数据所表达的含义不同而不同，在关系模型的数据约束中称为用户定义完整性。

用户定义完整性还可以细分为列级约束和行级约束。所谓列级约束，其约束条件仅仅和某列相关，如上面提到的年龄和身高，假如年龄限制在 10～50 岁，身高取值该限制在 120～250cm。而行级约束条件可能涉及一个以上的列，如入学日期一定小于毕业日期等。

1.2　关系数据库管理系统

通过对具体问题的概括和抽象，1.1 节阐述了能符合一般需求的抽象的关系数据模型在结构、操作和约束 3 方面的目标和要求，这就如同开发一个通用的软件产品，必须首先由具体问题抽象出一般需求，然后依据一般需求构建通用的软件产品，关系数据库管理系统就是依据关系数据模型的一般需求构建的软件系统。它是程序的集合，这些程序管理数据库的结构，并且控制对数据库中所存储数据的访问，数据库管理系统使多个应用程序或用户共享数据库的数据成为可能。

目前，关系数据库管理系统的产品有很多，比较有影响的有甲骨文公司的 Oracle、IBM 公司的 DB2、微软的 SQL Server 等，各家公司都采用了自己独有的技术和架构体系，随着新版本的不断推出，其功能和性能也在不断地提升，但在满足关系模型的基本需求上是一致的，系统的安装和使用上也具有一定的相似性。以下以 SQL Server 2000 为例，初步介绍数据库管理系统的主要构成及工作原理，具体细节在各个数据库管理系统产品的文档中有详尽的说明。

每个数据库管理系统产品都会包含一个安装程序，在安装程序的引导下，可以比较容易地完成数据库管理系统的安装。安装后的内容分为两部分：一部分为服务器程序；另一部分为客户端程序。安装后的服务器程序运行在选定的数据库服务器上，也称为数据库引擎，它是数据库管理系统的核心，它接受客户端发来的指令，为客户端的各种请求提供服务，完成数据的存储、处理和安全管理，例如创建数据库、创建数据表、对数据表数据的写入以及完成各种查询操作。这个程序在 SQL Server 2000 中就是“服务管理器”，启动了“服务管理器”的计算机就成为一台数据库服务器，它可以是一台通过网络连接的计算机，也可以和客户端程序在同一台计算机上运行。

客户端程序则提供向服务器发出指令或请求的界面，服务器接受请求，根据请求执行相应的程序或指令，并把结果返回给客户端，客户端应用程序把返回的结果显示出来。客户端发出的指令通常就是由该数据库管理系统所支持的 SQL 组成，SQL 是所有数据库管理系统都必须支持的一种结构化查询语言，但每个数据库管理系统又都会在标准的 SQL 基础上进行补充和扩展，从而形成独有的 SQL 版本，如 SQL Server 所支持的 SQL 称为 T-SQL，Oracle 所支持的 SQL 为 P/L SQL。在 SQL Server 2000 及以前的版本中，这个客户端程序就是“查询分析器”。

为了让没有掌握 SQL 的人也能使用数据库，一般数据库管理系统还提供一个更方便和更易于理解与操作的客户端程序，在这个客户端程序中，可以在一个交互的和可视化的环境中建立数据库、数据表以及对数据库进行各种配置管理，并维护数据库中的数据，需要明确的是，这类客户端程序最终还是把用户输入的内容转换为 SQL 语句，提交数据库服务器执行。在 SQL Server 2000 中，这个客户端程序就是“企业管理器”。

第2章 范式与数据库设计

2.1 问题引出

继续第1章开始的例子。

假如在18级学生报到时要求记录学生的信息中要包含每名学生的专业和班级信息，对一个缺乏工作经验的人来说，可能会不假思索设计出如表2-1所示的表格。

表2-1 包含专业和班级信息的学生信息表

序号	姓名	性别	出生日期	联系电话	专业	班级	班主任
01	张伟	男	1999-3-2	62371299	计算机应用	01	周正云
02	王霞	女	1999-9-12	64532933	多媒体技术	01	毛小芬
03	周平	男	1999-6-11	67653293	计算机应用	02	陈 平
04	孙洁	男	1999-11-3	65231945	多媒体技术	01	毛小芬
05	黄海	男	1999-12-30	83253267	计算机应用	01	周正云
06	朱丽	女	2000-1-3	65363587	经济管理	03	童 云

这样的设计在实际操作中很快就会发现问题，因为对相同专业相同班级的学生，他们的专业、班级和班主任信息是一样的，存在重复抄写的问题，重复的信息显然会带来耗时和耗材的问题，并且在这种重复的抄写中很容易产生错误。所以，在实际操作中，会把表格按专业和班级分解成表2-2所示的形式，就可以避免上述所有问题。

表2-2 分解后的学生表

18级计算机应用专业01班　　班主任：周正云

学号	姓名	性别	出生日期	联系电话	家庭地址	邮政编码
01	张伟	男	1999-3-2	62371299	地址A	200051
05	黄海	男	1999-12-30	83253267	地址B	200002
…						

而在制作这个表之前，一定会先制作下列专业和班级表，表2-2是由表2-3的每行派生出来的。

表2-3 分解后的专业和班级表

专业号	专业	班级	班主任
01	计算机应用	01	周正云
01	计算机应用	02	陈 平
02	多媒体技术	01	毛小芬
03	经济管理	03	童 云

这是一个简单的例子，但却包含了范式理论要解决的所有问题(冗余和异常)和基本的解决方法(模式分解)。由于设计的缺陷，把重复的信息存储在计算机的存储器中，将其称为冗余；重复的信息或者应该一致的信息由于某种原因不一致了，在计算机中就称为异常。显然，冗余是产生异常的根源。把一个表分解成多个表以消除冗余和异常就是模式分解。

在实际的软件系统的开发中，所遇到的情况可能比本例复杂得多，一个应用问题，经过分析后形成的数据表的逻辑结构的设计方案会因人而异，有时很难凭直观的理解去评判哪一种设计更好，范式理论为解决这个问题提供了理论依据。

2.2 范式理论概述

范式是设计数据库中数据表的逻辑结构时应该遵循的规则。这里用了"应该"而非"必须"，换句话说，通常情况下，遵循规则的数据库设计在开发和运行的时间与空间的效率上比不遵循规则的设计要好。

范式理论作为关系数据库理论的一个重要组成部分，由被誉为关系数据库之父的 IBM 公司研究员埃德加·科德(Edgar Frank Codd)博士在 1971 提出，当时他提出了三级规范化形式 1NF～3NF(NF 为 Normal Form 的缩写，中文翻译为范式)。1974 年，由埃德加·科德和鲍依斯(Boyce)共同提出了以他们姓的开头字母命名的 BCNF。1977 年，Ronald Fagin 提出了第四范式，以后又相继提出了 5NF(Project-Join Normal Form (PJ/NF))、DKFN (Domain/Key Normal Form)和 6NF。除 1NF 外的所有范式都在关系模式的形式化定义的基础上有着各自严密的定义。

把所有符合 n 范式的数据库设计(一种数据库逻辑结构的设计也称为一个关系模式)看成一个集合并记为 nNF，则各范式具有以下包含关系：1NF⊃2NF⊃3NF⊃BCNF⊃4NF⊃5NF⊃DKNF⊃6NF。换言之，符合 6NF 的设计一定符合 DKNF，符合 DKNF 的设计一定符合 5NF，以此类推，符合 1NF 是符合其他所有范式的前提，范式的一切数学理论均基于关系模式符合 1NF。

把一个符合低一级范式的关系模式转化为符合高一级范式的关系模式，这个过程称为关系模式的规范化，其基本方法是模式分解，即通过对表的合理分解使其符合更高一级范式。

规范化的主要目的是消除冗余和因此引发的异常，使设计的系统的开发和运行更加高效和合理，一般消除了一张表的数据冗余(除外键引用为必要的数据冗余外)，该表也就符合了范式要求。反之，一张表符合范式要求，一般就不会产生不必要的数据冗余。但必须注意的是，范式消除的是一张表中的单行数据冗余，不能消除一张表的行间冗余和多张表之间的数据冗余，关于这点，在 2.9 节中有详细的讨论。既然规范化是着力消除一张表的冗余，那么要理解规范化的重要性就必须首先理解带有冗余的数据库设计会带来什么样的危害。

1. 冗余引发的问题

(1) 浪费了存储资源，并且重复的数据占用的空间随数据量的递增而递增。例如，一个专业的学生越多，那么专业名称的重复就越多。

(2) 由于数据的重复，为保证数据的一致性，将增加数据维护(插入、更新和删除)的代价，从而降低了系统的开发和运行效率。

(3) 各种意外还是可能造成重复数据的不一致，从而降低了系统的稳定性和可靠性。

(4) 冗余是产生插入、更新和删除异常的根源。

下面说明什么是插入异常、更新异常和删除异常。

2. 插入异常、更新异常和删除异常

仍以本章开始表 2-1 所示的例子来说明插入异常、更新异常和删除异常。

(1) 插入异常。在某个专业或班级还没有人报到时，从该表格中看不到这个专业和班级的信息，也就是说无法在还没有任何学生信息的情况下在表格中增加一个专业或班级信息，这就是插入异常。

(2) 更新异常。当某个专业已有很多学生进行了报到登记，突然发现专业名称全部写错了，这时需要进行更改，此时如果该专业已有大量的学生报到，修改的工作量是巨大的，并且很容易遗漏，更改数据时由于遗漏而造成同一专业学生专业名称不一致，这就是更新异常。

(3) 删除异常。与插入异常相反，当一个专业或班级的学生被全部删除后，专业和班级信息也将随之被删除，而有时恰恰需要删除某个专业或班级的所有学生，但要保留专业和班级的信息，这就是删除异常。

很显然，造成这些异常的根源是专业、班级信息的冗余(重复)，而改进后的如表 2-2 和表 2-3 所示的表格设计消除了部分冗余，上述异常问题得到了解决或改善：专业或班级信息在还没有学生的情况下可以插入专业和班级表中。删除学生表中一个专业或班级的所有学生，专业和班级表中该专业或班级的信息可以保留。修改专业名称只需要修改专业和班级表中的若干行该专业班级的数据，修改量大大减少。

3. 异常的分类

数据库设计的不规范引起的插入异常、更新异常和删除异常有的可以通过严密的算法或运用各种技术手段使它不发生，如上例中的更新异常可以使用很多方法避免更新后不一致的发生。而有的异常则无法回避，如上例中的插入异常和删除异常。可以把前者称为可避免的异常，后者称为不可避免的异常。

当数据库的设计中存在不可避免的异常时，需求将难以实现，设计者会自觉地消除这些异常。在上例中，一般会把一张表分解成若干表来消除不可避免的插入异常和删除异常，这时，规范化设计成为设计师自觉的行动，这也是很多系统的设计人员在根本不知道何为范式的情况下也能完成数据库的设计并使系统成功开发和运行的原因。自然，由于没有范式理论做指导，可能会在实现时才发现设计的问题，回过来修改设计，推翻原来的实现，这样的反复正是因为没有使用范式理论而付出的代价。规范化理论对设计者有指导意义的是消除可避免异常引起的数据冗余。

本章重点剖析最基本也最常用的 1NF～3NF 在应用上的实际意义，包含了在这方面容易引起歧义和争议的典型问题的分析。

2.3 1NF

2.3.1 1NF 的最常见的表述及认识上的误区

1NF 的第一种表述：若一张表中所有列是不可再分的数据项(原子项)，就称这样的设计属于或服从 1NF。

【例 2-1】 见表 2-4 示例，若把学生成绩表设计成包含“学号”“姓名”“成绩”3 列，它不符合 1NF，因为成绩的数据项可以再分。

可以把成绩细分为各门课的成绩，如“高等数学”“英语”“计算机科学”，那么，由“学号”“姓名”“高等数学”“英语”“计算机科学”这些不可再分的数据项构成的二维表就符合如上定义的 1NF，如表 2-4 所示。

表 2-4 学生成绩表与 1NF

学号	姓名	成绩		
		高等数学	英语	计算机科学
01	张伟	87	96	92
02	黄海	89	90	87

所以，很多数据库理论方面的书籍中都把符合 1NF 作为构建二维表必然会满足的要求。由于关系数据库中表中列之间的关系相互并列，本身不支持层次结构或数组，因此表面上看，只要是二维表就一定符合 1NF。就第一种表述很容易理解并得出这样的结论，正因为如此，大多数的教科书对 1NF 内容通常一笔带过。

可事实并非如此。如果对 1NF 局限在上述的理解上，那就抹杀了 1NF 对数据库设计的指导意义。事实上很多感觉上不合理的设计，用范式理论去分析，最终往往归结为是不符合 1NF。

2.3.2 1NF 的另一种表述和全面理解 1NF

1NF 的另一种表述：若一张表中不包含任何重复的数据项，称这样的设计属于或服从 1NF。

1. 1NF 的第一层次的理解

所谓重复的数据项是指这些数据项具有相同性质并且数据项数量具有变化的预期，如上例中由“学号”“姓名”“高等数学”“英语”“计算机科学”构成的二维表，在课程可能增加和变化的情况下，它仍然不符合 1NF。

道理很简单，一旦增加一门课程，该二维表的结构就必须进行修改。这种设计隐含了结构上的不稳定性，将会给据此设计的系统造成不断重复的修改。正确的做法是把成绩独立出来，形成的一个成绩表，包含“学号”“课程”“成绩”数据项。显然，这样的设计由于把原先用列来反映学生所修课程的信息改用行来反映，使其具有较前者大得多的适应性：每名学生均可有不同的必修和选修课，一个专业随学科发展学生的选修和必修课的数量与内容在发生变化的情况下该表的结构无须改变。

【例 2-2】 表 2-5 反映了学号为“01”的学生 3 门课的成绩，以及学号为“02”的学生同样 3 门课的成绩外加一门选修课的成绩。

类似地，在学生关系中有联系电话属性，而每名学生可能有不确定的电话数量，如家庭电话、父母单位电话、父母手机号码、学生手机等。若在学生信息表中增加属性“电话 1”“电话 2”…，同样不符合 1NF 要求，正确的做法是增加一张表，包含数据列“学号”“电话类别”“电话号码”。这样设计的表可记录每名学生任意类型和任意数量的电话。

表 2-5　学生和课程关系表

学　号	课　程	成　绩
01	高等数学	87
01	英语	96
01	计算机科学	92
02	高等数学	89
02	英语	90
02	计算机科学	87
02	大学语文	78

2. 1NF 第二层次的理解

定义中隐含了表中的一列不能组合多个数据，对此浅层的理解就是 1NF 的第一种表述，一名学生的成绩包括数学、语文、英语等，则成绩不能作为学生表中的一列。对此更深层的理解是不要把若干数据组合成一个字符串或组合列作为数据表的一列，这同样违反 1NF。这种例子在实际的数据库应用系统的开发设计中很常见，例如“学号”列往往包含了学生的年级、专业和班级信息，一个“会计科目号”列包含了从一级科目开始的各级科目的科目号信息。

这样做的风险是数据库管理系统对组合列中某个数据(通常为字符串的子串)的可操作性和操作效率通常比对列的操作要差。如一般数据库管理系统不支持把一列的子串作为外键，所以无法通过学号去关联一个班级表，为此，不得不在学生表中增加一个班级号的列，这样就产生了冗余并可能产生由冗余引发的一系列问题。

但是，上述“学号”这种非原子化的数据列的设计是自然沿袭手工操作的做法，并且从满足业务需求的角度讲，用户确实需要看到如此结构的“学号”。解决这个问题的基本思路是把学号改成学生在班级中的序号，通常也就是“学号”的后两位，在学生信息表中增加年级、专业和班号的列，在界面上或打印时若需要输出用户要求的“学号”，可由这些列组合生成。这样就既满足了 1NF 的要求，又满足了用户需求。

事实上，在 3.4.1 节中将看到，年级、专业和班级号这些列对学生表是必需的，在概念数据模型中，它反映的是学生和专业及班级的关系。

2.4　函数依赖

函数依赖是定义 2NF～BCNF 的基础概念，充分地理解它的含义对理解范式理论至关重要。这里不做严格的数学定义，而仅做直观描述性的定义。

1. 函数依赖

假设 A，B 分别包含了一个表的某些列，若 A 中的列值能唯一确定 B 中的列值，则称 B 函数依赖于 A，记为：$A \rightarrow B$。若 B 不函数依赖于 A，则记为 $A+>B$。

2. 平凡和非平凡的函数依赖

若 B 包含的列均在 A 中，则必然有 B 函数依赖于 A，如“姓名”必然函数依赖于(学号，姓名)，这种函数依赖称为平凡的函数依赖，没有任何的实际意义，所以后面除特别指出，函数依赖都隐含了条件：B 的列不被 A 所包含，称为非平凡的函数依赖。

若一个表的所有列均函数依赖于 A，则 A 一定包含候选码，这个明显的结论在后面的范式理论中要用到。

3. 部分和完全函数依赖

另外一种情况是 B 函数依赖于 A，但同时又函数依赖于 A 中的部分列，称 B 部分函数依赖于 A。如学生信息表中“性别”函数依赖于(学号，姓名)，在这个函数依赖中，“姓名”事实上是多余的，“性别”函数依赖于“学号”才是存在的更本质的函数依赖，由“性别”函数依赖于“学号”，必然可以得到“性别”函数依赖于(学号，姓名)。把 B 函数依赖于 A 并且不函数依赖于 A 的任意部分列称为 B 完全的函数依赖于 A。

非平凡的完全函数依赖才是有意义的，并且能反映函数依赖的本质，如果一张表的所有列均完全函数依赖于某些列，那么，这些列就一定构成该表的候选码。反之，一张表的所有列是否一定是完全函数依赖于候选码，结论是不一定，而这正是 2NF 要规范的问题。

4. 传递函数依赖

假设 A，B，C 分别由一张表的某些列构成，$A \rightarrow B$，但 $B + > A$，$B \rightarrow C$，那么自然得出 $A \rightarrow C$，把通过 B“传递”得到的 C 对 A 的函数依赖称为传递函数依赖。

在传递函数依赖中，排除了 A 和 B 相互函数依赖的情况，即在 A 和 B 相互函数依赖的情况下，$A \rightarrow B \rightarrow C$ 不构成传递函数依赖。这样定义的原因在 2.6 节中说明。

2.5　2NF

表的每一个非主属性列均完全函数依赖于任一候选码，这样的设计属于 2NF。由候选码的唯一性的特性可知，非主属性列函数依赖于候选码是必然满足的条件，所以一张表是否符合 2NF 的关键是验证其非主属性列是否全部完全函数依赖于候选码，或者是验证不存在非主属性部分依赖于某个候选码。

2NF 要求非主属性列完全函数依赖于候选码，而没有考虑主属性列，即主属性列是否完全函数依赖于任一候选码，在 2NF 中没有要求，而这正是 BCNF 的要求。从 2NF 的定义可以得出以下结论：若一张表的所有候选码由单列构成，则该表一定属于 2NF。下面介绍不符合 2NF 必然产生数据冗余以及消除冗余使之符合 2NF 的一般方法。

设 x、y 为一个表的两列，x 和 y 的组合为这个表的候选码，若这个表不符合 2NF，就一定存在另一个非主属性列 z 部分依赖于 x、y，不妨设 z 函数依赖于 y，由主码的最小性可以断言表中 y 值必有重复(若不可能重复则 y 就能成为候选码)，z 依赖于 y，z 值与 y 值同步重复。

一般可以把该表分解成两张表消除这个冗余，一张表由 y 和函数依赖于 y 的列(如 z)组成，另一张表由 x、y 和余下的其他列组成，分解后的关系消除了非主属性列对候选码的部分函数依赖带来的冗余，符合 2NF。

【例 2-3】 如果把到超市购物的购物单(俗称收银机打出的小票)设计成如表 2-6 所示的格式，它就不符合 2NF。

表 2-6 不符合 2NF 的购物单设计

单据号	销售日期	收银员	序号	品名	数量	单价
87112	2018-12-3	张三	1	A 商品	1	12.00
87112	2018-12-3	张三	2	B 商品	1	23.00
87112	2018-12-3	张三	3	C 商品	2	4.00
87113	2018-12-3	张三	1	B 商品	2	23.00
87113	2018-12-3	张三	2	D 商品	3	33.00
87200	2018-12-4	李四	1	E 商品	5	15.00
87200	2018-12-4	李四	2	F 商品	3	18.00
87200	2018-12-4	李四	3	C 商品	1	4.00

【例 2-4】 表 2-6 记录了 3 个顾客的购物内容，其中“单据号”“序号”为表的主码，“销售日期”“收银员”为非主属性，并且均函数依赖于“单据号”，即非主属性“销售日期” “收银员”部分依赖于主码，它不符合 2NF，重复的销售日期和收银员信息显而易见。

把表 2-6 分解为表 2-7 所示的两张表，通过单据号连接起来就能还原成表 2-6。

表 2-7 符合 2NF 的购入单设计

(a) 单据表

单据号	销售日期	收银员
87112	2018-12-3	张三
87113	2018-12-3	张三
87200	2018-12-4	李四

(b) 商品表

单据号	序号	品名	数量	单价
87112	1	A 商品	1	12.00
87112	2	B 商品	1	23.00
87112	3	C 商品	2	4.00
87113	1	B 商品	2	23.00
87113	2	D 商品	3	33.00
87200	1	E 商品	5	15.00
87200	2	F 商品	3	18.00
87200	3	C 商品	1	4.00

要注意的是，重复的列值并不一定表示冗余，如表 2-7 中销售日期和收银员还是重复多次，但很显然这种重复并不是冗余的信息，它表示每次交易的收银员。一个超市有很多收银员，不可能为每一个收银员的销售信息建立一张表，所以通常的做法是把所有收银员的销售信息放在一张表中，为了区分每次交易都是由哪个收银员做的，必须加入收银员列，而每个收银员可能要做成百上千笔交易，所以收银员的重复是必然的也是必需的。

然后，再来看看表 2-6 中的设计存在哪些真正的冗余信息。事实上，每次交易只要购物的商品品种超过一个，就会产生冗余信息，如单据号为“87112”的交易，销售日期和收银员重复了两次，在一次收银只可能在一天中完成并且由一个收银员完成的基本前提下，这两次的重复是完全没有意义的，在改进后的设计表 2-7 中，仅用一行来表示单据号为“87112”的销售日期和收银员。

通过仔细比较表 2-6 和表 2-7 中的表，不难发现消除冗余使设计符合 2NF 不是没有代价的，“单据号”分别出现在表 2-7 中的两张表中，较第一种设计重复了一次，但这种重复是必要的，试想其中任何一张表若没有“单据号”，都会使这两张表变成毫不相关，这样将无法还原销售单据完整的原始信息。这种重复与消除的冗余相比是合算的，用增加一列(通常是较短的代码)的代价，消除了大量的行的重复。

2.6　3NF

如果表中不存在非主属性列传递函数依赖于任一候选码，这样的设计就属于或服从第三范式。需要特别注意的是，这里的传递函数依赖和 2.4 节中定义的传递函数依赖条件略有放宽，传递函数依赖中的两个函数依赖中前一个可以是平凡的函数依赖，但必须不可逆，若存在这样的传递函数依赖就不属于 3NF。

下面先来说明为什么服从 3NF 一定服从 2NF，只需要说明它的逆反命题成立，即不服从 2NF 一定不服从 3NF。

首先若一张表不服从 2NF，则该表一定存在一个候选码不是单列构成的，所以可以假设一张表的候选码为(A,B)，并且存在非主属性 C 函数依赖于候选码的一部分 A，则显然 C 传递函数依赖于候选码(A,B)，即成立$(A,B)\rightarrow A\rightarrow C$，所以不服从 3NF。需要注意的是，$(A,B)\rightarrow A$ 是平凡的函数依赖，但 $A+>(A,B)$(若 $A\rightarrow(A,B)$，这与(A,B)是候选码矛盾)。

3NF 要求不存在非主属性列传递函数依赖于候选码，不考虑主属性列对候选码的传递函数依赖，即主属性列是否传递函数依赖于候选码，在 3NF 中没有要求，而这正是 BCNF 的要求。下面说明不符合 3NF 必然产生数据冗余以及消除冗余使之符合 3NF 的一般方法。

X,Y,Z 分别由一个表的某些列组成，且 X 为候选码，$X\rightarrow Y\rightarrow Z$，因为 $Y+>X$，所以 Y 必不包含任何候选码(候选码之间一定互为函数依赖)，即在关系的行中 Y 值必有重复，而 $Y\rightarrow Z$，所以 Z 值同步重复。

一般可以把表分解成两张表，一张表由 Y 和 Z 的列构成，另一张表由去除 Z 之后剩下的列构成，分解后的关系消除了非主属性列 Z 对主码的传递函数依赖带来的冗余，符合 3NF。

在 2.1 节中表 2-1 的设计就不符合 3NF。

【例 2-5】 表 2-8 存在"序号→(专业，班级)→班主任"的传递函数依赖，其中"序号"为主码，"班主任"为非主属性。使设计符合 3NF 同时消除"班主任"数据项冗余的方法是把该表分解成表 2-9 所示的两张表。

表 2-8　不符合 3NF 的学生信息表

序号	姓名	性别	出生日期	联系电话	专　　业	班级	班主任
01	张伟	男	1999-3-2	62371299	计算机应用	01	周正云
02	王霞	女	1999-9-12	64532933	多媒体技术	01	毛小芬
03	周平	男	1999-6-11	67653293	计算机应用	02	陈　平
04	孙洁	男	1999-11-3	65231945	多媒体技术	01	毛小芬
05	黄海	男	1999-12-30	83253267	计算机应用	01	周正云
06	朱丽	女	2000-1-3	65363587	经济管理	03	童　云

表 2-9　分解后的学生信息表和专业班级表

(a) 分解后的学生信息表

序号	姓名	性别	出生日期	联系电话	专　　业	班级
01	张伟	男	1999-3-2	62371299	计算机应用	01
02	王霞	女	1999-9-12	64532933	多媒体技术	01
03	周平	男	1999-6-11	67653293	计算机应用	02

续表

序号	姓名	性别	出生日期	联系电话	专　业	班级
04	孙洁	男	1999-11-3	65231945	多媒体技术	01
05	黄海	男	1999-12-30	83253267	计算机应用	01
06	朱丽	女	2000-1-3	65363587	经济管理	03

(b) 分解后的专业班级表

专　业	班　级	班主任
计算机应用	01	周正云
多媒体技术	01	毛小芬
计算机应用	02	陈　平
多媒体技术	01	毛小芬
计算机应用	01	周正云
经济管理	03	童　云

这样的分解得到的两张表和手工情况下设计的表 2-2 和表 2-3 表示的两张表有所不同，手工情况下可以把专业和班级放在表外，同时为每个专业和班级制作一张表，如在数据库设计时也这样做，就必须动态地为每个专业和班级建立一张表，这显然是不可取的，所以必须把表头的信息用表中的列来反映，其目的是使该表可以容纳所有专业所有班级的学生信息。

如果每名学生都有一个不同的联系电话，则联系电话就是候选码，则表 2-9(a)中就存在函数依赖“序号→联系电话→姓名”，但由于同时成立“联系电话→序号”，因此不构成传递的函数依赖，该表仍符合 3NF。事实上从直观的意义上看，该表并不存在冗余，这就是传递函数依赖 $A \rightarrow B \rightarrow C$ 要求 $B+>A$ 的原因。

2.7 BCNF

2NF 消除了非主属性对任一候选码的部分函数依赖带来的冗余，而 3NF 则消除了非主属性对任一候选码的传递函数依赖带来的冗余，两者均不考虑主属性对候选码的传递函数依赖带来的冗余。BCNF 则是消除主属性对候选码的部分函数依赖和传递函数依赖。

首先构造一个例子，由此证明确实存在服从 3NF 但同时存在主属性对候选码的部分函数依赖或传递函数依赖的情况。

【例 2-6】 在表 2-5 的学生和课程关系中增加一个“任课教师”列，如表 2-10 所示。假设一个教师只上一种类型的课，则(学号，课程)和(学号，任课教师)均为关系的候选码(无同名教师)，即“学号”“课程”“任课教师”为主属性，“成绩”为唯一非主属性，显然，成绩不传递函数依赖于上述两个码，所以关系属于 3NF。

表 2-10　满足 3NF 但不满足 BCNF 的表

学　号	课　程	成　绩	任课教师
01	高等数学	87	周云龙
01	英语	96	朱　强
01	计算机科学	92	黄海兵

续表

学　　号	课　　程	成　　绩	任课教师
02	高等数学	89	周云龙
02	英语	90	朱　强
02	计算机科学	87	黄海兵
02	大学语文	78	闵　明

由于一个教师只上一种类型的课，存在“任课教师→课程”的函数依赖，即存在“课程”对候选码（学号，任课教师）的传递函数依赖和部分函数依赖：“（学号，任课教师）→任课教师→课程”“课程”随“任课教师”同步重复。

消除冗余的方法与 2NF 和 3NF 相同，把表 2-10 分解成表 2-11 所示的两张表。

表 2-11　符合 BCNF 的学生选课表

（a）成绩表

学　　号	任课教师	成　　绩
01	周云龙	87
01	朱　强	96
01	黄海兵	92
02	周云龙	89
02	朱　强	90
02	黄海兵	87
02	闵　明	78

（b）任课教师表

任课教师	课　　程
周云龙	高等数学
朱　强	英语
黄海兵	计算机科学
闵　明	大学语文

下面考虑用更简洁的方式定义 BCNF。

X，Y 分别包含了一个表的某些列，若 $X \to Y$，则 X 必包含候选码，该表就满足 BCNF。

上述定义等价于所有列均不部分函数依赖或传递依赖于候选码，下面分别从两个方向说明这一点。在“所有列均不部分函数依赖或传递函数依赖于候选码”的条件下，要证明“若 $X \to Y$，则 X 必包含候选码”。

下面用反证法证明这一点。若 $X \to Y$ 但 X 不包含候选码，设一个候选码为 Z，则一定成立 $Z \to X \to Y$，而 $X +> Z$（若 $X \to Z$，则 X 可确定所有的列值，必包含候选码），即 Y 传递函数依赖于候选码 Z，这与条件矛盾。

在条件“若 $X \to Y$，则 X 必包含候选码”的条件下，要证明“所有列均不部分函数依赖或传递依赖于候选码”，同样用反证法。第一种情况假设存在某些列 Y 部分函数依赖于某个候选码，即 $Z \to X \to Y$，其中 Z 为候选码，X 为 Z 的一个部分，则由于 X 不可能包含候选码，即由 $X \to Y$，不能得出 X 一定包含候选码，与条件矛盾。第二种情况假设存在某些列 Y 传递依赖于某个候选码，$Z \to X \to Y$，其中 Z 为候选码，$X +> Z$，所以 X 同样不可能包含候选码，与条件矛盾。

2.8　实例分析

本节通过对典型的数据库设计的若干实例的不同设计方案的分析，对范式理论的应用做一步的解析。这些实例具有以下两个特点：一是典型性和应用的广泛性，很多数据库的设计问题的本质特征和本书列举的案例是一样的，所以解决方法也是一样的；二是具有一定的复杂性和深刻性，这些例子存在不同的设计方法，并且在对是否满足范式的问题上存在不少模糊和错误的认识，通过分析选择一种最优的方法，其蕴含的思想是深刻的。

2.8.1 正确理解 1NF——树节点的数据表设计

把一个公司的部门、商品的分类或会计科目看成一个个节点，这些节点的关系构成一个树状结构，本节讨论使用二维表存放这种包含层次关系的树状结构数据的两种方法，并通过两种方法在冗余、扩展能力和空间利用率、引用关系以及算法设计上的比较，验证范式理论尤其是本书对 1NF 全面解析的正确性和有效性。

【例 2-7】 以一个商场的商品分类为例，图 2-1 是一个百货商场的商品分类的部分内容。

这种设计参考了会计科目的设置方法，即通过代码来表达各节点的层次结构，长度为 2 的代码表示第一层节点，长度为 4 的代码表示第二层节点，4 位代码中的前两位为其父节点的代码，以此类推。代码列可以作为该表的主码，对会计科目，这一列就是科目号。下面分析此设计是否满足范式。

可以用表 2-12 所示方式存放商品分类信息。

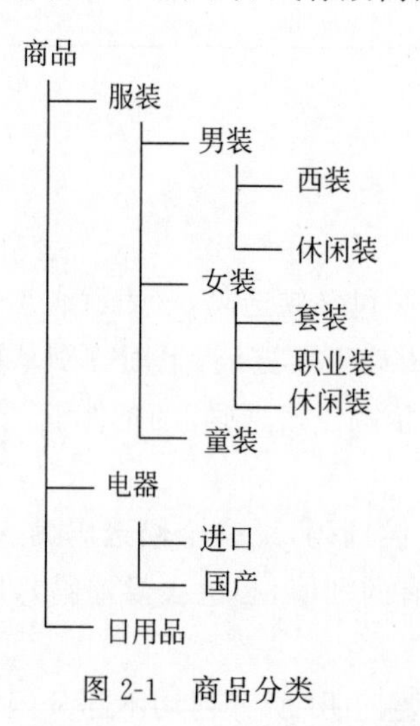

图 2-1 商品分类

表 2-12 商品分类表的一种设计

代码(主码)	名　称
01	服装
0101	男装
010101	西装
010102	休闲装
0102	女装
010201	套装
010202	职业装
010203	休闲装
0103	童装
02	电器
0201	进口
0202	国产
03	日用品

显然，表 2-12 的主码由“代码”单列构成，所以不存在对码的部分函数依赖，除去“代码”列，其他列(就剩下一个列)之间不存在函数依赖关系，所以不存在某个列对码的传递函数依赖，因此它似乎满足 BCNF。

可事实并非如此，如此设计恰恰是不满足 1NF，因为“代码”列不是原子项，它至少包含了下列信息：本级代码和上级代码，而上级代码又包含了上述两个信息。

需要对上列的设计进行规范化，主要任务是把“代码”项分解为原子项。第一个想法是把“代码”项分解成“本级代码”和“上级代码”两项，但由于“上级代码”仍可能包含“本级代码”和“上级代码”，因此仍不是原子项。第二个想法是由于“代码”实际包含了一棵树的结构信息，参考数据结构中的方法，可以把“代码”分解成下列原子项。

Id：每一节点的唯一标识，可取流水号。

Code：本级代码。

PId：父节点的 Id。

这样就可以把原设计（表 2-13(a)）转换为下列设计（表 2-13(b)）。

表 2-13　符合所有范式的树节点存储表设计

(a) 第一种设计

Code	Name
01	服装
0101	男装
010101	西装
010102	休闲装
0102	女装
010201	套装
010202	职业装
010203	休闲装
0103	童装
02	电器
0201	进口
0202	国产
03	日用品

(b) 第二种设计

Id	Code	PId	Name
	0		0
1	01	0	服装
2	01	1	男装
3	01	2	西装
4	02	2	休闲装
5	02	1	女装
6	01	5	套装
7	02	5	职业装
8	03	5	休闲装
9	03	1	童装
10	02	0	电器
11	01	10	进口
12	02	10	国产
13	03	0	日用品

表 2-13(b)的每一列都是不可再分的原子项，符合 1NF 及以后的所有范式。为以后算法实现的方便，较表 2-13(a)，增加了第一行表示根节点。

不考虑范式的因素，从感觉上第一种不符合 1NF 的设计似乎更简单和直观，事实果真如此吗？下面从 4 方面对这两种设计进行比较分析。

(1) 冗余。

第一种设计是存在冗余的，只是其冗余的信息隐藏在一个列中。每一节点只需要知道其父节点的节点代码，就可以构建一棵树，而根据第一种设计，其每一节点均包含了其所有祖先的节点代码，这就是冗余的信息，并且这种冗余随树结构层数的增加而增加。

(2) 扩展能力及空间利用率。

第一种设计表示的树节点的层数受 Code 列长度的限制，而第二种设计则没有这种限制。为了能适应节点层数的扩展，第一种设计不得不加大 Code 列的长度，由于 Code 列为主码，从效率角度考虑，通常其数据类型会首先考虑使用 char 型，因此在实际的代码后会存在大量的空格。在每一级代码长度不一样的情况下，第二种设计的 Code 列则会产生少量的空格，但由于 Code 列不是主码，可以把其类型定义为 varchar 解决这个问题。

(3) 节点的引用。

第一种设计若直接选择 Code 列主码，则一旦代码进行修改，通过外码引用该表的关系也要进行修改。而第二种设计由于其他关系通过 Id 列引用该表，因此当 Code 列修改后，通过外码引用该表的关系无须修改。当然，设计一也可人为地增加一个主码，但客观上又造成新的空间占用。

另外，由于第二种设计中 Id 的长度通常要远远小于第一种设计中 Code 的长度，因此对引用表，以 Id 作为外码较以 Code 作为外码对空间的占用要小。

以上分析结果都支持符合 1NF 的设计要优于不符合 1NF 的设计。

(4) 算法比较。

对比两种设计树节点在实际应用中常用算法的复杂性，比较结果如下，其中一部分算法实现将作为第 2 篇一些章节后的练习。

① 规范化设计比非规范化设计简单的算法。

- 对某一节点是否为叶节点的判断。
- 获取树的所有叶节点(通常被引用节点必须为叶节点)。
- 获取某一节点从根节点开始的完整的名称路径，如“服装.女装.休闲装”。

② 规范化设计与非规范化设计复杂性相近的算法。

- 单节点的增加、删除和修改，确保树结构的正确性。
- 一个或一组连续节点的迁移、复制和交换。
- 各节点包含数据(如各商品分类的销售额)逐级向上求和的实现。

③ 规范化设计劣于非规范化设计的算法。

- 取某节点的所有子节点(可能为复制、迁移或交换作准备)。
- 获取节点所在层数(如某级代码加长，则首先要获得节点所在层数)。
- 由于某节点子节点容量超过该级代码长度时，某级代码长度加长(原代码前补“0”)。
- 获得节点在设计一中的 Code，实际就是节点代码的完整路径，如“服装.女装.休闲装”，其代码路径为“010203”。

可以在第二种设计中增加一个 Level 列表示该节点所在的层数，这样可以用很少的空间和算法代价，使③规范化设计劣于非规划设计中的第 1 到第 3 个算法变得和非规范化设计一样简单，具体的分析见 2.9.2 节。也可以使②规范化设计与非规范化设计复杂性相近的算法中的第 3 个算法大大简化而明显优于非规范化设计，此部分内容在 7.6.5 节中有具体的算法实现。

通过以上分析，不难得出结论，符合 1NF 的第二种设计尽管从结构上看上去比第一种设计复杂，但其在上述各方面的比较中，大部分内容优于第一种设计。这也证明正确、全面理解 1NF 并遵循 1NF 的重要性。通过此例可以看出，一个看上去比较复杂的设计并不一定会给以后的实现带来更多的复杂性，或换个角度讲，范式对设计数据库的指导意义就在于此。

2.8.2 3NF 在实践中的应用问题

1. 问题的提出

本节通过两个典型的实例来分析 3NF 的应用问题，其共同的特征是对引用数据发生变更的处理。

【例 2-8】 系名问题：学校系名变更，要求各时期学生的系名仍使用当时的系名。在特殊情况下，一名学生在求学期间系名可能发生变化，可能对应多个系名。

【例 2-9】 供应商问题：商品的供应商名称发生变更，要求变更前进货单中的供应商仍保留原来名称。

供应商问题与系名问题不同的是一个进货单只可能对应一个供应商名。

上述两种情况，若在学生表或进货单表中仅以系编号或供应商编号引用系信息或供应商信息，符合3NF，但一旦被引用而信息发生变更（如供应商名称变更），原信息将被覆盖（丢失）。

2. 供应商问题

在不考虑供应商名称会发生变化的情况下，进货单表通常以供应商编号作为其外码引用供应商的其他信息，包括供应商名称。但如果供应商名称在某个时刻发生变化，上述设计只能修改供应商表中的供应商名称，原供应商名称被覆盖，造成的后果是在供应商名称修改前的进货单通过外码引用得到的将是新的供应商名称，而与当时实际的进货单产生不一致。

供应商问题常见的有以下的解决方案，下面分别就这些解决方案是否符合范式及特点进行分析。在下列分析中，只涉及进货单中的"进货单号""进货日期""供应商编号""供应商名称"，其他数据由于与本问题的讨论无关将被忽略。

(1) 把可能发生变更的数据放入引用表中，如把供应商编号和进货时的供应商名称同时存入进货单中。

相关的表结构设计如下，其中，* 表示该列为主码。

供应商（* 供应商编号，供应商当前名称，…）
进货单摘要（* 单号，日期，供应商编号，供应商名称，…）

范式分析：在不考虑供应商名称变更情况下，由于存在传递依赖"进货单号→供应商号→供应商名称"，上述设计不符合3NF。在供应商名称可能发生变化的情况下，进货单上的供应商名称实际是进货时的供应商名称，显然，函数依赖"供应商号→进货时供应商名称"不成立，所以上述传递函数依赖也就不再成立，这样的理解使得设计似乎符合了3NF，其实不然。事实上仍然成立传递依赖"进货单号→(供应商号，进货日期)→进货时供应商名称"，所以关系仍不符合了3NF。

冗余分析：不符合3NF，必然存在冗余。读者可以自己对本设计产生的冗余进行分析。

设计特点：在供应商名称发生变化的概率很小的情况下，冗余是巨大的。

(2) 使用供应商名称变更表记录供应商所有曾用名。

相关的表的结构设计如下。

供应商（* 供应商编号，供应商当前名称，…）
供应商名称变更表（* 供应商编号，* 名称版本号，变更日期，供应商原名称）
进货单摘要（* 单号，日期，供应商编号，名称版本号，…）

变更表记录供应商的原名称，而最新的供应商名称总是存放在供应商表中。供应商名称变更表合理假设同一天供应商名称不会变更两次，所以可以以（日期，供应商编号）为主码。但考虑引用的便捷性，加入一个版本号，即流水号，对每个供应商，其版本号从1开始，名称每变更一次加1，并以（供应商号，名称版本号）作为该表的主码。

范式分析：符合所有范式。

冗余分析：基本没有数据冗余，只有在供应商名称发生变化时才会在供应商名称变更表中添加行，对没有发生名称变更的供应商，基本与原设计相同。

设计特点：若原系统设计没有考虑供应商名称变更问题，则此设计对原设计影响较小。供应商名称变更较少发生的情况下，本设计对系统的性能（查询效率）基本无影响。

(3) 使用供应商名称表记录所有供应商的名称。

供应商名称全部放在"供应商名称变更表"中，相关的表的结构设计如下。

供应商(* 供应商编号, 地址, 电话, …)
供应商名称表(* 供应商编号, * 供应商名称版本号, 名称设定日期, 供应商名称)
进货单摘要(* 单号, 日期, 供应商编号, 版本号, …)

范式分析：符合所有范式要求。

冗余分析：基本没有数据冗余。

设计特点：若原系统设计没有考虑供应商名称变更问题，则此设计对原设计影响较大。与方案二比较，程序设计较简单。若进货单查询中要包括供应商的其他信息，则不论供应商名称是否发生过变更，都要连接供应商表和供应商名称表，较方案二多连接一张表。

(4) 使供应商信息表可包含该供应商所有的历史变更信息。

相关的表的结构设计如下。

供应商信息及信息变更表(* 供应商编号, * 供应商信息版本号, 设定日期, 供应商名称, 电话, 地址, …)
进货单摘要(* 单号, 日期, 供应商编号, 版本号, …)

范式分析：若供应商名称之外的某一信息不可能变化或者变化后系统不需要记录变化前的信息，则不符合 3NF，如需求中对供应商的地址只需要保留最新地址，则存在"(供应商编号，供应商信息版本号)→供应商编号→地址"的传递依赖。若供应商的所有信息都可能发生变更，并且需求中要求记录所有历史信息，则上述传递依赖中"供应商编号→地址"就不成立，设计符合所有范式要求。

冗余分析：依据以上分析，符合范式的情况下没有数据冗余，不符合范式的情况下就有数据冗余。

设计特点：和前面的设计相比，其特点是把供应商信息表的名称变更表合并为一张表，一旦供应商名称变化，该供应商其他信息要复制一遍，这是缺点，但也是优点，即具有了变更供应商其他属性的能力，在信息变更不常发生的情况下，重复的数据量很小，适合名称变化少量发生的情况。

读者可以在以上设计的基础上，通过概要设计对以上设计方案的特点进行比较，概要设计的内容可以包括新增进货单时对供应商名称的引用、供应商名称发生变化时要进行的处理和查询进货单(包括供应商名)的 SELECT 语句。

最后需要指出的是，以上所有设计中不论是引用和被引用表中的名称版本号并不是必需的，事实上进货单可以根据进货日期，在包含供应商的名称变更信息的表中找到进货当时的名称，其实现方法将在 4.6 节中给出。

3. 系名问题

类似供应商问题，一名学生所在系的信息，在不考虑系名会发生变化的情况下，一般是通过学生表中的"系编号"外码来引用系信息表的其他内容，包括系名。但如果系名在某个时刻发生变化，上述设计只能修改系信息表中的系名，原系名被覆盖，造成的后果是所有该系的学生，不论是在读的或已经毕业的，所在系的名称通过"系编号"外码引用得到的将是新的系名，而使历史的信息无法再现。如一个已经毕业的学生要求打印一份在校的成绩证明，如果毕业后他所在系的系名已发生变更，则打印出的成绩单上的系名将是新的系名，与其毕业证书上的系名将不一致。

与供应商问题不同的是对某个进货单，供应商名称一定是唯一的，所以可以用(供应商编号，供应商名称版本号)引用供应商名称，但学生在读期间，特殊情况下，系名可能发生多次变更，所以一名学生并不确定对应一个系名，可以使用与供应商问题中完全相同的方法存储系名及其系名的变更信息，但学生表对系名的引用将与进货单对供应商名称的引用有所不同，由于一名学生可能在不同时期对应不同的系名，因此系名信息不可能存放在学生表中，而通过学生表中的系编号可能引用到系信息表或系信息变更表中多个系名。采用供应商问题的第二个解决方案，对系名问题的数据表进行如下设计：

系信息表(＊系编号，当前的系名称，系主任，电话，…)
系名变更表(＊系编号，＊系名变更日期，原系名)
学生表(＊学号，姓名，系编号，…)

要确定某名学生所在的系名，必须附加"日期"的条件，因为在某个"日期"，学生通过系编号对应的系名才是唯一确定的。由此，对系名问题，要获取某名学生在某个日期所在系的系名，首先需要解决根据系及系名变更表获得某一日期的系名的算法，事实上通常可以使用一个 SELECT 语句实现这个算法，在第 4 章中将会讨论这个问题。除此之外，系名问题的设计方法的范式分析、冗余分析和设计特点与供应商问题相同。

受系名问题解决方法的启发，供应商问题中的进货单是否也可废除版本号，而根据进货单日期获得进货时的供应商名称？答案显然是肯定的，但此方法比使用版本号的方法实现复杂，执行效率差。由此，小结两个问题的不同的处理方法，得到如下更一般的结论。

当引用的信息所表达的是某一时刻的特征，如供应商问题中进货单对供应商名称的引用，可采用"编号＋版本号"作为外码引用被引用对象当时的信息。

当引用的信息表达的是某一时期的特征，如系名问题中学生信息引用各时期的系名，则必须结合日期用查询语句得到该日期的将被引用的信息。

2.9 范式的局限——对冗余的进一步讨论

使一个设计符合范式，通常可以消除冗余，同时也就消除了各种异常，将使后继的算法设计和程序的运行更有效率，但范式也有局限，具体表现为范式并不能消除所有冗余，即使满足范式，冗余还是可能出现在表的单行、行间和多表之间，如果能以较少的空间代价和算法代价换取较高的系统运行效率，这样的冗余可能是合理的，有时还是必需的，尽管由此可能造成设计不符合某个范式。

2.9.1 范式无法消除的冗余：计算列问题

一些数据库管理系统引入了计算列的概念，所谓计算列是指其列值可以依据表的其他列值计算得到的列，如销售单中每一笔销售的金额＝数量×单价，"金额"可以作为销售单数据表的计算列。计算列通常被处理成逻辑上的虚拟列，实际不占用物理空间，在需要时由系统计算得到。

在一些不支持计算列的数据库管理系统中，为了提升查询速度，有些设计人员会在上述销售单表中加入"金额"列，由于该列函数依赖于"数量"和"单价"列，而"数量"和"单价"又函数依赖于该表的主码，因此"金额"列传递函数依赖于主码，所以这样的设计存在冗余并且不符合 3NF。

但是，另一种情况是计算列完全由主码列的值计算得到，如在学生表中增加一个学号的校验列，该列的数值是依据某个算法由学号中的各位数字计算得到，目的是检查学号的正确性，这个列并不传递函数依赖或部分函数依赖于码"学号"，所以增加这个列并不会改变原设计所符合的范式，但是这个列的信息完全可以由学号计算得到，冗余是显而易见的。也就是说，范式并不能消除可以由主码直接计算得到的列所产生的冗余。

2.9.2 突破范式限制

有时为了提高运行的时间效率需要突破范式限制，突破范式限制一般都会在空间上付出代价，以空间换时间，或使一个复杂的算法变得简单和高效。下面讨论在 2.8.1 节的实例中增加节点在树中的层数 Level 列后是否符合范式，以及如此设计的合理性。

首先考察一下原设计要获得某一节点层数算法的复杂性：假设某一节点的实际所在层数为 n，计算 n 实际上就是搜索该节点有几个祖先，由于所有节点的联系都是通过确定其父节点实现的，因此首先要进行整表扫描获得该节点的父节点，然后进行整表扫描获得父节点的父节点，如此循环，直至找到得父节点为根节点结束，所以，原设计要获得第 n 层节点的层数 n 要对整表扫描 $n-1$ 遍，当树节点层次很深并且节点很多时，执行效率低。然后分析增加层数列 Level 后的情况。

直接通过 Level 获得节点所在层数，效率的改善是显而易见的，在节点加入时(一般总是在父节点已知的情况下)为其赋值，Level 值＝父节点 Level 值＋1，所以算法较原设计也简单得多。付出的代价是产生了少量的数据冗余(即 Level 列)及数据不一致的风险，当节点发生迁移(父节点发生变化)时，必须考虑其 Level 值的同步变化。

另外，一个通用的系统每一层节点的代码长度往往是由用户定义而由系统产生或验证的，要产生每层代码的长度或验证代码长度的正确性就必须首先获得节点所在的层数，所以获得节点所在层数是一个常用的算法。如果在需求或设计中经常需要获得节点的层数，增加 Level 列的设计显然是更有效和更合理的设计。

下面来看看增加 Level 列的设计是否满足范式要求。

由于本设计主码为单列构成，不存在非主属性对码的部分函数依赖问题，因此关键问题是从语义上判定是否成立传递函数依赖：Id→PId→Level，并且主要判定后者是否成立。

关于 PId→Level 可能会存在一些误区，由于某一节点的 PId(父节点)确定后，Level 值还取决于 Id＝PId(父节点)对应的 PId(父节点)取值，即 Level 并不完全取决于节点自身的 PId，还取决于父节点的父节点，换句话说，PId 值(父节点)不变，而 Id＝PId 行的 PId 值(父节点的父节点)变化，Level 值就会变化，所以，结论是 PId→Level 不成立。

这是一个错误的判断，错误就在于对函数依赖的理解上，假设 A，B 由一张表的某些列构成，$A\to B$ 的判断必须是基于数据表中的数据处于任何一种静态情况下的判断，可以给出 $A\to B$ 的一个更有效的验证方法：在数据表合理取值的任何情况下，所有满足 $A=A_0$(A_0 代表某个常量)的行对应的 B 的列值唯一确定。

回到本例，由于在任意一种树节点关系确定的情况下，所有父节点(PId)相同的节点的 Level 相同，因此 PId→Level 成立。由上述讨论得出的结论：改进后的设计不符合 3NF。

2.9.3 范式无法消除的冗余及合理冗余

2.9.1节阐述的计算列可能成为范式无法消除的冗余，并且这种冗余通常是不合理的，有经验的设计者会使用数据库管理系统提供的函数或计算列功能去获得这些计算列的值，很少会在表中实际加入这些可以计算得到的列。

本节将讨论另外几种范式无法消除的冗余，并且这些冗余通常是设计者为提高系统性能而进行的合理冗余。

1. 表间冗余

从所有范式的定义中可以看出，范式一般只涉及一张表，所以只能消除一张表中存在的数据冗余，而无法消除表和表之间的数据冗余。事实上，表间的数据冗余与各表是否满足范式要求无关。

出于对运行效率和安全性等方面因素的考虑，在某些场合，多表之间的冗余是必要的。如出于安全性考虑，对一些比较重要的不可丢失的数据，需要设计两套相同结构的表，同时存放完全相同的数据。

另一种情况是出于运行效率上的考虑，需要把基于时间的和基于大量数据的计算结果存储在一张表中，以便在需要这些数据时，能经过相对有限的计算获得这些数据。

【例2-10】 对一个大型的超市，每个商品都必须输出各时间周期的进货、销售和库存情况，记录该情况的表简称进销存表。不考虑如退货和溢缺等其他情况，库存数量可由进货数量和销售量计算得到：库存数量＝进货合计－销售合计。

但由于超市中商品的流通尤其销售非常频繁，数据量是巨大的，并且数据随时间的推移会无限膨胀，为了得到库存数据，每次都对所有进货和销售进行合计是不可行的。为提升库存数量统计的效率，可以设计如下数据表，保存每日的销售和库存数据：

进销存汇总表(日期，商品编号，销售量，销售金额，进货数量，进货金额，库存数量，库存金额)

显然，该表的数据完全可由销售表和进货表数据经过统计得到，是一个可以通过程序生成的冗余数据表，然而该表对提升输出各个时间周期各个商品的进销存表的效率至关重要。例如，要统计某商品的月进销存数据，该商品在该月的销售合计和进货合计不再需要对该月所有的销售单和进货单进行统计，而只需要对上表中该商品在该月的每日销售和进货数据进行合计(对最多31行数据进行合计)，而最后一列“库存数量”可用下列公式计算得到：

月库存数量(或金额)＝上月库存数量(或金额)＋本月进货数量(或金额)－
本月销售量(或金额)

冗余的代价除了占用了更多的存储空间外，要产生冗余数据并保证冗余数据和原始数据的一致性，通常，需要在每日结束营业后，由系统生成该表数据，并且要求生成数据后当日不再有销售或进货数据的录入。这种提升系统效率的冗余数据表的设计要根据实际情况进行调整，如对一个小超市或便利店，由于数据量较小，可能就不需要保存每天的统计数据，而只需要每月统计保存一次，设计上只需要把上表的“日期”改成“月份”，然后系统每月生成一次数据，如果平时(非月末)要输出进销存表，只需要根据销售单和进货单数据统计本月的销售和进货数据，然后从该表中获取上月的库存数据，通过上述公式计算就可以得到统计当日的库存数据。

2. 单表冗余

所谓单表冗余指一张表的某行某列数据可由本行及其他行的数据计算得到。行间冗余可能不符合某一范式，如 2.9.2 节中讨论的为树节点表中增加一个 Level 列就属于此类情况，也可能符合所有范式，如下例，此类冗余属于范式无法消除的冗余。

【例 2-11】 表 2-14 是一张家庭收支情况表，这也是对各类企业各个部门常见的一类报表的简化。其中：余额＝上一行的余额＋本行的收入－本行的支出。

表 2-14　家庭收支表

日　期	摘　要	收　入	支　出	余　额
01-01	上期余额			1400
01-05	工资	8000		9400
01-07	存款		5000	4400
01-10	水电煤		400	4000
01-11	超市购物		200	3800

下面给出可行的设计并讨论这些设计是否符合范式，是否存在数据冗余。最简单直接的设计是构建一张和表 2-14 结构基本相同的表：收支表(流水号，日期，摘要，收入，支出，余额)。由于原表中找不到主码，因此加入了一个流水号作为主码。很显然，该设计符合所有范式要求，要注意的是并不成立"流水号→(收入，支出)→余额"的传递函数依赖。

由于余额可以由表的本行和其他行的数据计算得到，因此"余额"列是存在的行间冗余，即这是一个符合范式但存在行间冗余的例子。去除"余额"列就可以消除冗余，随之出现的问题是：无论要求输出哪个时段的报表，第一行的"余额"必须通过对该行日期以前的所有行的收入和支出的计算得到，随着该表数据量越来越大，效率会逐日下降。

不希望产生太多的冗余，又要确保系统的效率保持在一定的水平上，读者可以按某个恰当的时间周期把余额保存到一个余额表中，如按月保存一个月的月初余额(即上月的月末余额)，在要输出某个月的上述报表时，可以直接从余额表取出月初余额，然后计算不超过一个月的数据行就可以得到报表的以下各行。可以根据数据的具体流量来确定是以日、周、月、季或年来保存余额。

【例 2-12】 上述设计的另一个问题是"收入"和"支出"列会出现大量的空值(总量的 50%)，通常可以把"收入"和"支出"列改成"收/支"列和"金额"列，其中"收/支"列只有两个值，分别表示"金额"是收入还是支出，可以选用数据库管理系统提供的对空间占用最小的数据类型作为"收/支"列的类型，对支持布尔型的数据库管理系统，就选用布尔型，对 SQL Server 可以选用 bit 型，用 1 表示收入，用 0 表示支出。通过"收/支"列和"金额"列的某种运算，可以得到原表设计中的"收入"和"支出"值，如对 SQL Server，可用"收/支 * 金额"计算"收入"，用"(1－收/支) * 金额"计算"支出"，其关系如表 2-15 所示。

表 2-15　收入和支出的还原算法

	收/支	金　额	计 算 方 法	计 算 结 果
收入	1	1000	收/支 * 金额	1000
支出	0	1500	(1－收/支) * 金额	1500

由于“收/支”列选用了数据库管理系统提供的对空间占用最小的类型，因此此设计大大减少了对空间的占用。

3. 冗余的代价

冗余所带来的空间上所付出的代价是必然的，需要考虑的是如何以较少的空间代价，换取较大的时间效率的提升，上节实例中正确合理地选用日、周、月、季或年来保存余额就是一个例子。

冗余的另一个必然的代价是保证冗余数据的一致性所必须付出的，设计人员必须严密地考虑如何保证在各种情况下数据的一致性，有时这种一致性还有很严格的时间要求（如要求同步），这通常不是一件轻松的工作，会有不小的风险，再周密的设计有时也难免出现问题，还必须考虑如何发现不一致，以及发现不一致后如何修复数据等问题。

对上文中大型超市的实例，如果选择以日为周期保存所有数据，则设计人员必须考虑以下问题。

- 何时计算并保存这些数据。
- 数据保存后，要通过系统控制该日的所有进货和销售数据不能再做修改。
- 一旦数据计算保存后，该日的所有进货和销售数据发生变化（这在系统试运行阶段，由于各种原因可能造成数据差错，有时开发人员不得不手工去修改原始数据），必须提供重新计算更新这些数据的功能。

假如一个超市的总经理要求随时能动态地看到当日的销售额，即实时地查询进销存汇总表，还必须考虑在何时用何种方式在不断有销售数据进入系统的过程中，刷新累计的销售额，而使延迟时间在许可的范围内。可以看出，保证冗余数据的一致性的代价有时是高昂的，但当系统的其他需求，如安全性、可靠性、实时性需求更重要时，可能别无选择。

范式一般能消除一张表的单行冗余，但计算列是一个例外。有时为了提高系统的效率，可以突破范式的限制，但必须做全面而详细的论证，因为更多的情况是符合范式比不符合范式从总体上更合理和高效。

一张表行之间的数据冗余和多张表之间的数据冗余不是范式所能规范的范围，对这种数据冗余的合理性、有效性和因此为保证冗余数据的一致性而在算法上付出的代价，同样要做全面和详细的评估。

第3章 数据库静态结构设计和实现——数据库设计

第 2 章讲述了数据库设计应该遵循的规范，即范式理论及其在实践中的灵活运用，本章则要解决如何把用户的需求转换为合理并能充分反映用户需求的数据库设计。数据库的设计是整个数据库应用程序设计的基础，从第 2 章的讨论中可以看出，数据库的设计好坏直接关系到数据库应用程序整体的设计、开发和运行的效率。

把用户需求转换为一种合理的数据库设计的方法是把用户需求抽象为概念模型，然后由概念模型产生数据库的逻辑结构设计。

建立概念模型可以借助数据库模型设计的软件工具，使用工具的最大好处是设计者在进行上述的转换过程中，只需要把用户需求转换为概念模型，而概念模型转换为数据库设计完全可由软件自动完成，工具甚至能产生针对某个数据库管理系统的构建数据库的数据定义语句。所以，本章的重点是讨论概念模型以及如何把用户需求转换为一个好的概念模型的方法，所谓一个好的概念模型，是设计者很少或不必为满足某种需求而去修改由概念模型产生的数据库的逻辑结构。选用的工具为 PowerDesigner 9，版本并不重要，本书涉及的仅仅是概念模型的核心概念，这对所有版本都是一样的。

本章首先介绍概念模型的一般概念，然后通过实例讨论如何使用 PowerDesigner 根据一些典型需求建立概念模型，并比较同一需求建立的不同的概念模型的优劣，讨论并纠正一些建立概念模型过程中常见的错误。

3.1 概念模型的一般概念

概念模型用于信息世界的建模，是现实世界到机器世界的一个中间层次，是数据库设计的有力工具，也是数据库设计人员和用户之间进行交流的语言。基于上述目标，就要求概念模型具备较强的语义表达能力，能够方便、直接地表达用户需求，并且简单、清晰、易于用户理解，同时还要求其易于向数据模型(如关系模型)转换。

3.1.1 概念模型的两个要素：实体和关系

实体和关系是构成概念模型的两个要素，简单的构成充分体现了概念模型清晰和简单的原则。

1. 实体

(1) 实体(Entity)、实体型(Entity Type)和实体集(Entity Set)。

客观存在并可相互区别的事物称为实体。实体可以是具体的人、事、物或抽象的概念，如某名学生。

具有相同特性的实体称为实体型。如学生，这里的学生并非指具体某名学生，而是泛指，是对具有学号、姓名、性别、年龄、在读学校、所在年级和班级等特性的所有学生的抽象。

实体和实体型的关系类似高级语言中数据类型和变量的关系，也类似于面向对象程序设计中类和对象的关系。实体型是构成概念模型的第一要素，在不至于引起混淆的情况下，通常把实体型简称为实体。

同属一个实体型的实体的集合称为实体集。如某班的所有学生构成一个实体集。

(2) 属性(Attribute)。

实体所具有的某一特性称为属性。一个实体可以由若干属性刻画。如学生实体型可以用如下形式表示：

```
学生(学号,姓名,性别,年龄,家庭电话,手机)
```

属性是实体的主要构成。

(3) 域(Domain)。

域是一组具有相同数据类型的值的集合。例如，整数、实数、介于某个取值范围的自然数(如年龄)、长度指定的字符串(如姓名)和介于某个取值范围的日期(如生日)等。

为某个属性指定一个域，也就限定了该属性的取值范围。不同的属性可对应同一个域，如性别，所有涉及人的实体型都可能有“性别”属性，不必为每个这样的属性指定可取的值，只需要定义一个称为“性别”的域，其取值为{“男”，“女”}，然后所有实体型中“性别”属性的数据类型指定为“性别”域，这样就可以最大限度地确保“性别”取值范围的一致性，也节省了设置取值范围的工作量，这是引入域概念的主要目的。

(4) 码(Key)。

唯一标识实体的属性集称为码。这里的码和二维表的候选码有完全相同的要求和特点，同样必须具备唯一性和最小性，关于候选码的定义见 1.1.1 节。

码是区别实体集中不同实体的关键属性，所以很多场合码也称为键。

2. 关系

概念模型中的关系(Relationship)是指两个或两个以上实体集中实体之间的对应关系。可以把这种对应关系分为一对一、一对多和多对多 3 种类型，分别记为 1∶1、1∶n 和 m∶n。

(1) 1∶1 关系。

如果一个实体集 A 中的实体，在另一个实体集 B 中至多有一个实体与之对应，反之，实体集 B 中的实体，在实体集 A 中也至多有一个实体与之对应，则称 A 和 B 具有 1∶1 的关系。

假设一名学生至多拥有一张有效的校园卡，则学生和校园卡之间就是 1∶1 关系。要注意的是，即使允许学生可以不办校园卡，即某些学生没有对应的校园卡，这种 1∶1 的关系依然成立。

(2) 1∶n 关系。

如果一个实体集 A 中至少有一个实体，在另一个实体集 B 中有多于一个实体与之对应，同时，实体集 B 中实体在实体集 A 中至多有一个实体与之对应，则称 A 和 B 具有 1∶n 的关系。

班级和学生就是 1∶n 的关系，即一个班级可对应多名学生，而一名学生只能对应一个班级。一个商场的供应商和商品的关系通常为 1∶n 关系，即一个供应商一般会同时向商场提供多种商品，而一个商场同一种商品在某个时期的供应商通常只有一个。学生和校园卡一般为 1∶1 关系，但只要允许一名学生可申请一张以上的校园卡，则学生和校园卡关系就变成了 1∶n。

(3) m∶n 关系。

如果一个实体集 A 中至少有一个实体，在另一个实体集 B 中有多于一个实体与之对应，同时，实体集 B 中也至少有一个实体在 A 中有多于一个实体与之对应，则称 A 和 B 具有 m∶n 的关系。

学生和课程关系就是 m∶n 关系，一名学生在读期间必须要修多门课程，而学校开设的每门课程一般会有多名学生选修。一个商场的供应商和商品的关系通常为 1∶n 关系，但只要有一个商品对应一个以上供应商，则供应商和商品的关系就变成了 m∶n 关系。

实体之间的关系会随具体需求的变化而变化，如一个工厂的产品和零件的关系，可能为 1∶1 关系，也可能为 1∶n 关系，如果所有产品的零件各不相同，即同一种零件不可能使用在两个不同的产品上，则产品和零件就是 1∶n 关系，如有零件可同时使用在两个或两个以上的产品上，则产品和零件就是 m∶n 关系。

(4) 3 种实体间关系的关系。

显然，给出 3 种实体间关系的定义，互不包含和交叉，两个实体之间的关系属于也只能属于其中的一种类型，这是和一些数据库理论书籍中的定义方式的不同之处。这种定义方式可以使开发者更好地明确两个实体间的关系。

m∶n 关系在 $m=1$ 时就退化为 1∶n 关系，1∶n 关系在 $n=1$ 时就退化为 1∶1 关系，所以在对 3 种关系的计算机处理中，1∶1 关系可以看成 1∶n 关系的特例，1∶n 又可以看成 m∶n 关系的特例。即对 1∶n 的关系处理适用 1∶1 关系，对 m∶n 关系的处理方式适用 1∶n 和 1∶1 关系，自然，对 m∶n 关系的处理方式最复杂。

3. 实体关系图

一般用实体关系(Entity-Relationship，E-R)图来表达和构建概念模型。E-R 图表达了概念模型的核心概念实体型、属性和实体之间的关系。

在 E-R 图中，用矩形表示实体型，矩形框内写明实体名。用椭圆形表示实体的属性，并用无向边将其与相应的实体连接起来。用菱形表示实体之间的关系，菱形框内写明关系名，并用无向边分别与有关实体连接起来，同时在无向边旁标上关系的类型 1∶1(一对一)、1∶n(一对多)或 m∶n(多对多)。关系本身也可以有属性。如果一个关系具有属性，则这些属性也要用无向边与该关系连接起来。

【例 3-1】 图 3-1 是一个 E-R 图示例，一名学生可选多门课程，而一门课程会有多名学生选，所以学生所选课程的成绩既无法作为学生实体的属性，也无法作为课程实体的属性，它应该作为“选课”关系的属性。

图 3-1 所示的概念模型是依据需求而建立的，可以把根据需求建立概念模型的步骤归纳为：

(1) 根据需求确定概念模型由哪些实体构成。

确定每个实体的属性，但不要包含反映实体关系的属性，关于这点，3.1.2 节有专门的讨论。

(2) 确定各实体的关系。

(3) 确定关系中所包含的属性(一般仅仅对 m∶n 关系有此需要)。

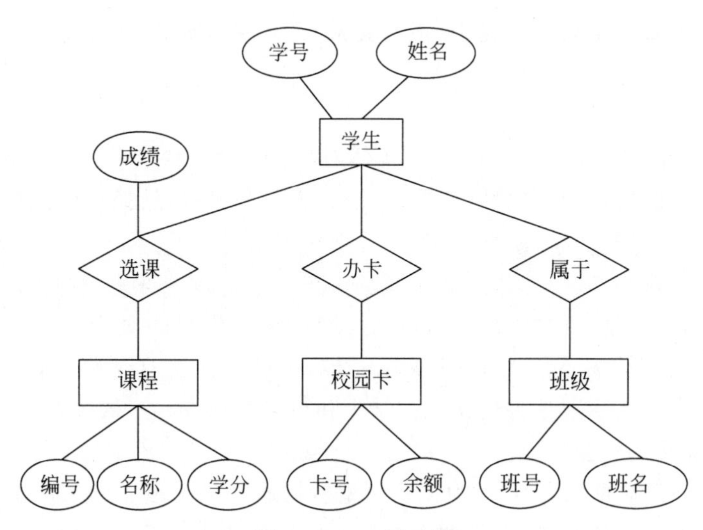

图 3-1　E-R 图示例

每个实体实际的属性可能远不止图 3-1 所示的内容，对一些包含几十甚至上百个属性的实体，用以上形式的 E-R 图是难以表达的，在实际应用中，图 3-1 形式的 E-R 图更多地用于表达系统包含哪些实体以及实体之间的关系。即使能把所有的属性都反映在 E-R 图上，由 E-R 图所包含的信息仍不足以产生关系数据模型，还必须补充属性的数据类型、取值范围等其他信息，这在后面介绍 PowerDesigner 的章节中会有详细说明。

建立了完整的概念模型后，可以很容易地把它转换为关系数据模型，并进而产生适合某个数据库管理系统的数据定义语句。

4. 概念模型向关系模型转换的方法和规则

概念模型转换为关系模型，就是要把概念模型中的两个要素"实体"和"关系"转换为关系模型中关系，即二维表。概念模型中的每个实体被转换为关系模型中的一个关系，实体的属性即为关系的属性，实体的码即为关系的码。

概念模型中实体之间的关系将分下列情况按一定的规则转换为关系模型中的关系或某个关系中的属性，其目标是使用关系模型中的关系（二维表）能表达概念模型中实体之间的关系。

(1) 1∶1 关系的转换。

在任意一方实体对应的关系（二维表）中，加入另一方实体对应的关系（二维表）的码作为其属性（即外码）。

如例 3-1 中的学生和校园卡，转换后的关系可以是以下两种关系模型的一种：

```
学生(*学号,姓名,性别,…,校园卡号),校园卡(*校园卡号,办卡日期,余额,…)
学生(*学号,姓名,性别,…),校园卡(*校园卡号,办卡日期,余额,…,学号)
```

这样的转换实际上体现并非 1∶1 关系，而是 1∶n 关系，因为第一种设计可允许一张校园卡对应多名学生，而第二种设计可允许一名学生对应多张校园卡。

还有一种转换方式是独立地建立一个关系：学生_校园卡(*学号，*校园卡号)，这种转换允许学生和校园卡存在 m∶n 的关系。

要真正保证关系模型只能接受 1∶1 的关系，必须引入属性的 Unique 特性，关于这点，可参见 3.3 节。

(2) 1∶n 关系的转换。

在 1∶n 的两个实体中的“多”的一方实体对应的关系(二维表)中，加入另一方实体对应的关系(二维表)的码作为其属性(即外码)。如学生和班级，转换后的关系为：

```
学生(＊学号,姓名,性别,…,班号)
班级(＊班号,班名,…)
```

这两个关系，通过学生中的“班号”，可以反映一名学生只能对应一个班级，而一个班级可对应多名学生的实体关系。同 1∶1 关系一样，也可以独立地建立一个关系：学生_班级(＊学号，＊班号)，而实际上这种转换允许学生和班级存在 m∶n 的关系，一般很少被采用。

(3) m∶n 关系的转换。

m∶n 的两个实体的关系，转换为关系模型后将通过一个独立的关系予以反映，该关系的属性由这两个实体的码组成，并把两个实体的码合并作为该关系的码。

“学生”和“课程”的关系是 m∶n 关系，转换为关系模型后对应关系为：

```
选课(＊学号,＊课程号)
```

其中，“学号”和“课程号”分别是“学生”和“课程”两个实体的码。

3.1.2 确定实体属性的重要规则

综上所述，概念模型中的实体关系在概念模型转换为关系模型时，将被转换为属性或独立的关系，所以在根据需求创建概念模型时，实体应该避免包含反映实体关系的属性，因为这些属性在由概念模型生成关系模型时将被自动生成。

例如，在概念模型中，不少设计人员会把“班长”作为“班级”实体的一个属性，而这实际上是一个错误的概念模型，“班长”事实上反映的是学生和班级的一种 1∶1 的关系，这种关系用 E-R 图表示如图 3-2 所示。

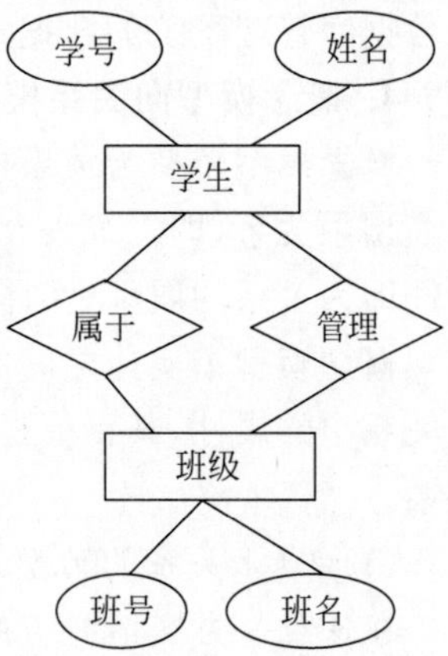

由此概念模型，按上述规则，可生成下列关系模型中的关系：

```
学生(学号,姓名,班号)
班级(班号,班名,学号)
```

图 3-2　两个实体的双重关系

其中，学生关系中的“班号”由班级和学生的 1∶n 关系产生，用于记录每名学生所在班级，而班级实体中的“学号”则是由学生和班级的 1∶1 关系产生，用于记录每个班班长的学号。如果班级实体本身错误地包含了“班长”属性，则生成的关系模型中，班级关系中出现“学号”和“班长”两个指向班长的属性。

同样，把辅导员作为班级的一个属性也是一个错误的概念模型，如果一个辅导员可带多个班级，则班级实体中的辅导员属性实际反映的是班级实体和辅导员实体之间的一对多的关系。

3.2 PowerDesigner 概述——概念数据模型

PowerDesigner 是 Sybase 公司的提供的一个功能强大的数据建模工具，使用它可以更方便、直观地分析和建立数据模型，它几乎包括了数据库模型设计的全过程。

对数据库的模型设计而言，PowerDesigner 可以根据需求建立概念数据模型，然后由概念数据模型生成关系数据模型，同时依据用户选择的具体数据库管理系统，产生数据定义语句(DDL)。所以，使用 PowerDesigner 为关系数据库建模的主要和关键的工作是建立正确、有效的概念数据模型，这也是本章下面重点介绍的内容。

3.2.1 概念数据模型概述

PowerDesigner 的概念数据模型(Conceptual Data Model，CDM)实际上是对 E-R 图表达形式的改进和表达内容的扩展，使之适应计算机的特点以及由 CDM 生成物理数据模型(Physical Data Model，PDM)的需要。CDM 的主要作用如下：

(1) 以图形方式表示数据的组织结构(E-R 图)。

(2) 检验数据设计的有效性。

(3) 产生 PDM，其中包含了数据库的物理实现。

(4) 可以产生一个使用 UML 标准表达的面向对象模型(Object-Oriented Model，OOM)。

建立 CDM 的依据是需求，它独立于任何软件或数据存储结构，不需要考虑实际物理实现的细节，明白这一点对设计正确、有效的概念模型很重要，一些软件设计人员常常会不知不觉地把设计思想放到 CDM 中，包括本书中的一些例子也常见这种错误。

在 PowerDesigner 中，CDM 是存放概念数据模型内容的文件扩展名，由概念数据模型生成的关系数据模型即数据表的逻辑结构被称为物理数据模型，PDM 是存放物理数据模型内容的文件扩展名。

用户也可以在 PowerDesigner 中直接建立物理数据模型或对生成的物理数据模型进行修改。下面将通过实例介绍 PowerDesigner 概念数据模型的基本概念，重点要关注的是概念数据模型所有对象特性(Properties)的不同设置的实际意义和对由此生成的物理数据模型将产生的影响。

3.2.2 CDM 分析设计的一般流程

本节用一个实例展示如何使用 PowerDesigner 根据需求建立 CDM，由 CDM 生成 PDM 以及 MySQL 的数据定义语句的整个过程。

【例 3-2】 仍以 3.1.1 节的实例为例，合并图 3-1 和图 3-2 中的 E-R 图得到如图 3-3 所示的 E-R 图。

(1) 使用 PowerDesigner 建立 E-R 图。

在使用 PowerDesigner 建立上面的概念数据模型时，仅使用图上的信息是不够的，必须对实体属性和实体关系的特性进行更详细的刻画，因为这是生成物理模型所必需的。图 3-4 是在上面手工画的 E-R 图的基础上，补充了实体的主码特性、属性的数据类型等诸多特性后，在 PowerDesigner 中建立的 CDM。

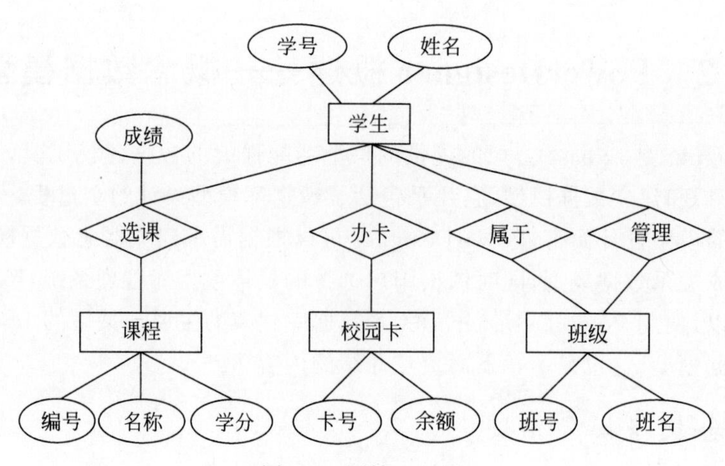

图 3-3 原始 E-R 图

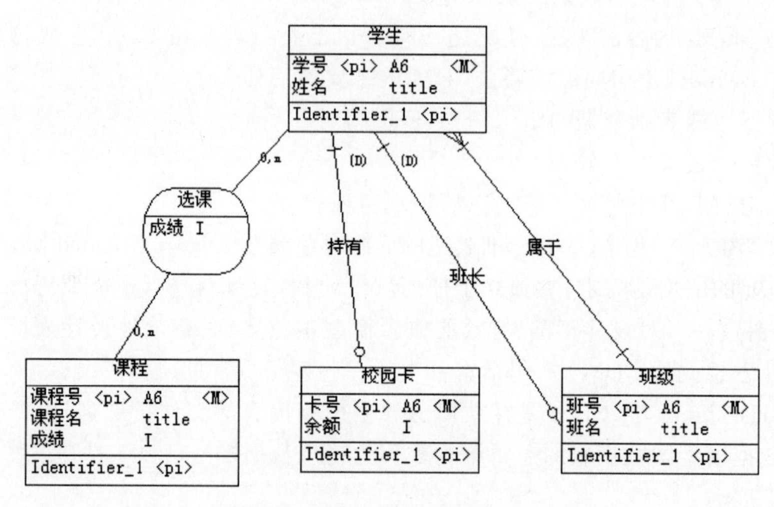

图 3-4 PowerDesigner 的 CDM

根据 CDM 由 PowerDesigner 可生成 PDM，对图 3-4 的 CDM 生成的 PDM 如图 3-5 所示。

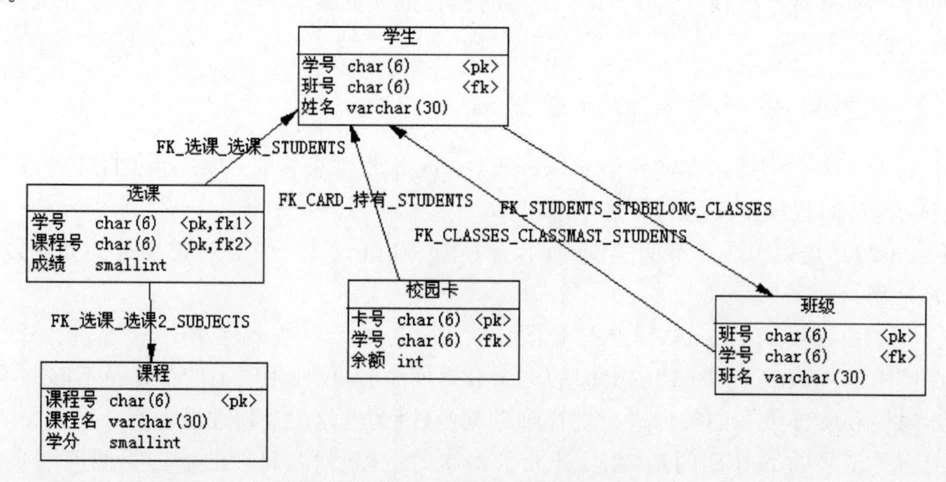

图 3-5 PowerDesigner 生成的 PDM

PDM 中每个框对应就是关系数据库中的一张表，每一个有向的线段表示两张表之间的引用关系。概念模型中的选课关系是 $m:n$ 关系，所以被转换为一张选课表以及选课表和学生表、选课表和课程表之间的引用关系，其中选课表以学生表和课程表的主码属性组合起来作为主码，并包含了选课关系中的属性“成绩”。概念模型中的其他关系，根据 3.1.2 节中的规则通过实体对应表中加入外码属性及引用关系来实现，如“学生”和“校园卡”之间的 $1:1$ 关系，通过在校园卡属性中加入“学号”并建立与“学生”的引用关系来实现；学生和班级的 $1:1$ 和 $1:n$ 的关系分别通过学生中加入“班号”（学生所在班）和班级中加入学号（班长）得以实现。

（2）生成 DDL。

在产生 DDL 的同时，PowerDesigner 同时生成了由用户选择的数据库管理系统的数据定义语句。如对学生表，其对应的 DDL 为：

```
create table Students (
StdId       char(6)     not null,
ClassId     char(6)     not null,
Name        title       null,
constraint PK_STUDENTS primary key (StdId)
)
alter table Students
add constraint FK _ STUDENTS _ STDBELONG _ CLASSES foreign key (ClassId) references classes
(ClassId)
```

其中，create 语句用于在数据库中建立学生表（Students），title 为 PowerDesigner 中定义的一个域（Domain）；alter 语句在学生表（Students）中加入学生表和班级表（classes）通过外码“班号”（ClassId）而建立的引用关系。

PowerDesigner 中，CDM 中的实体和属性等都有一个 Code 特性供用户设置，该特性就是产生上述 DDL 语句中的表名和列名的依据。

3.2.3 建立 CDM 的一般操作

建立一个新的 CDM 的步骤如下。

（1）新建一个概念模型。

选择 New（新建）菜单，然后在弹出的对话框中选择 Conceptual Data Model（概念数据模型），确认后，在 Browse（浏览）窗口中显示的树节点的根节点 Workspace（工作空间）下将产生一个名为 ConceptualDataModel_1 的概念数据模型节点，在该节点下已自动加入一个 Diagram-1 节点（即图节点），Diagram-1 显示为一个空白的窗口，用户可以在该窗口中构建 E-R 图，并以图形化的方式显示概念数据模型，一个概念数据模型下至少有一个图，自动显示概念数据模型下的所有 Entity（实体）、Relation（关系）等对象。图如果被关闭，则可通过双击浏览窗口中的 Diagram（图）节点打开它。

右击 Browse（浏览）窗口中的 ConceptualDataModel_1，使用弹出的快捷菜单中的 Rename 菜单，把概念数据模型更名为 TeachingCDM。

（2）概念模型中对象的增加、删除和修改。

概念数据模型图中的元素可以取自称为 Palette（调色板）的窗口中的元素，在 Palette（调色板）窗口中单击需要的对象，然后单击 Diagram（图形）窗口的合适位置，该位置处就会出现该对象，选择Palette（调色板）窗口中的Pointer（指针），然后双击新加入的对象，就可以对该对象的所有Properties（特性）进行设置。对实体，特性包括General（一般特性）、Attributes（属性）和Identifiers（标识）等。对于在图中增加的对象，在Browse（浏览）窗口的树状节点中也可以看到。若Palette（调色板）窗口不小心被关闭，则可以右击工具栏，在弹出的快捷菜单中选择Palette（调色板）菜单打开该窗口。

在概念数据模型中增加或修改对象的另一个方法是右击Browse（浏览）窗口中的概念数据模型，在弹出的快捷菜单中选择New菜单，然后选择要加入的对象，被加入的对象自动显示在图中。同样可以通过双击加入的对象，设置其所有特性。

所有对象的一般特性中均有Name（名称）和Code（代码）特性，名称特性用于PowerDesigner中显示，所以一般取中文，而代码特性用于生成物理模型的对象名（如表名、列名等），一般用能表达该对象含义的英文字母组成。删除概念数据模型中对象的方法是选择要删除的对象，然后按Delete键。

概念数据模型对应文件的默认名为该概念数据模型名，也可以以其他名称命名，但不改变概念数据模型的名称。在获得概念数据模型中的所有实体的属性信息后，必须分析、整理出具有相同特性或必须保持一致特性的属性，把它们定义为域（Domain）或数据项（Data Item），这对保证概念数据模型中数据定义的一致性，非常重要，尤其是在团队开发的情况下。

3.3 实体定义——域、属性和数据项

3.3.1 域定义

域由域名、数据类型、长度、默认值、最大值和最小值等特性组成，定义了一个域后，实体的属性的类型就可以用域表示，具有同一个域的属性就具有和该域一样的数据类型和数据约束。

使用域可以保证一组实体属性的数据类型和数据约束的一致性，一旦需要修改，不必再逐个对实体属性进行修改，而只要对定义的域做一次修改，减轻了设置的工作量。在PowerDesigner中，在一个概念数据模型下定义一个域的方法是右击Browse（浏览）窗口中的概念数据模型，在弹出的快捷菜单中选择New（新建）→Domain（域）菜单，然后在弹出的对话框中设置域的特性。

域的一般特性包括名称（Name）、代码（Code）、数据类型（Data Type）、数据长度（Length）和精度（Precision）。标准检查（Standard Checks）特性中包括最小值（Minimun）、最大值（Maximun）、默认值（Default）以及数据格式（Format）等。

【例3-3】 定义一个名称域title，其数据类型为variable character，长度为20，有了该域的定义后，学生和课程实体中的名称属性的域就可选取title，而不必再定义这两个属性的数据类型。也可以为一个教学管理系统中所有实体的成绩属性定义一个域，其数据类型为integer，最大值为100，最小值为0。

标准检查（Standard Checks）中设置的所有内容，将对选取该域的实体属性生成物理模型中的SQL语句产生影响，如定义年龄域，数据类型为int，默认值为18，最大值为22，最小值为16，并且在此区间内，只能取值16，18，20，22，如果学生实体中年龄属性取该域，则生成

的 SQL Server 的数据定义语句中将包含：

```
…
age int null default 18
    constraint CKC_AGE_ENTITY_1 check(age is null or(age between 16 and 22 and age in(16,18,
20,22)))
```

3.3.2 数据项

在为实体定义属性后，PowerDesigner 会在 Browse（浏览）窗口的概念数据模型下建立一个数据项目录，并自动把所有实体的属性作为数据项罗列在该目录下进行统一管理，相同代码的属性被视为是同一个数据项，即系统会自动保证具有相同代码的属性（对应一个数据项）具有相同的数据定义。

（1）增加新的数据项及实体属性对数据项定义的引用。

有两种途径增加新数据项：一种是在实体中设置的所有属性将被自动加入在数据项目录下作为数据项进行集中管理；另一种是直接在数据项目录下使用弹出式菜单增加数据项，这样定义的数据项不属于任一个实体，若某个实体属性使用该数据项定义，只要在该属性的代码特性中输入该数据项的代码即可。

（2）修改数据项的定义。

具有相同代码的实体属性对应的是一个数据项，对这些实体属性中的任一个属性的修改，都可以改变该数据项的定义，也就改变了所有这些代码相同的属性的定义。也可以直接修改数据项的定义，结果是所有与该数据项具有相同代码的属性定义被同步改变。

（3）数据项的删除。

删除某个实体属性，PowerDesigner 并不会自动删除对应的数据项，要删除某个数据项，必须在数据项目录下选择要删除的数据项，然后按 Delete 键予以删除。删除了数据项，也就删除了所有实体中与该数据项代码相同的所有属性，这点要特别注意。

（4）数据项机制的意义、限制及与域的异同。

引入数据项机制的意义在于：

① 相同的数据项只需要定义一次，节省了设置的工作量。

② 最大限度保证了不同实体中相同性质的属性定义的一致性。

③ 保证了相同性质的列名的一致性。

其中，第①、②条和域的作用相似，第②、③条在团队开发情况下非常有用，第③条是和域作用的不同之处。

【例 3-4】 在销售管理系统中，订单、进货单、销售单中可能都会有“价格”属性，假如进货和销售由两个不同的人员进行分析设计，则很可能他们会为“价格”属性取不同的名称和代码，这会为以后的开发带来困难，编码人员在使用价格时，他不得不去分清并记住不同单据中“价格”列的名称。

相反的情况，由于相同代码的实体属性对应的是一个数据项，而代码在转换为物理模型时就是列名，因此会要求代码必须能表达属性的含义，引出的问题是相同含义的实体属性，如果具有不同的数据定义时就要避免取相同的代码。

【例 3-5】 在商场管理信息系统中，很多单据都有“数量”属性，若这些“数量”属性具有相同的长度和精度要求，则其属性的代码可以相同。但实际情况是，一个零售企业的进货数量和销售量通常不在一个数量级，为满足同数量含义属性的不同的数据定义，必须为它们取不同的代码，例如进货的“数量”属性的代码取 OrderQty、销售单的“数量”属性取 SaleQty 等。

(5) 选作实体主码数据项的排他性。

在 PowerDesigner 的默认配置的情况下，若一个实体属性是一个实体的主码，那么它对应的数据项就不能再作为其他实体的属性，即下列在软件开发中常见的做法不被允许。

① 在销售管理系统中，所有单据的单据编号属性取相同的代码，如 sheetno，它们同时是这些单据实体的主码。

② 在教学管理中，教师和学生的“编号”属性取相同的代码，如 Id，它们同时是教师和学生实体的主码。

③ 把班长学号 Id 作为班级的属性，Id 为学生实体的主码。

这种限制的合理性在于 PowerDesigner 假设与某一实体主码同名(Code 相同)的属性必是外码，而外码是在生成物理模型时根据实体间的关系自动生成的，在概念模型中无须设置。

上面列举的例子中，①和②中单据号和编号都是对应实体的主码，所以属性的代码名不能相同，而③班级的班长不应该作为实体班长的属性，班级的班长应该通过学生和班级之间的 1∶1 关系来表达，这在 3.1.2 节中已做详细阐述。

(6) 突破限制的方法。

对上述数据项的诸多限制，认为是合理的并且是建立正确、有效的 CDM 必须遵守的规则，这对以后生成合理、稳定的物理模型具有重要的意义。

尽管如此，PowerDesigner 作为一个功能强大的软件，还是提供的解除这些限制的方法。

这些配置在选择 Tools(工具)→Model Options(模型配置)菜单弹出的对话框的 Model (模型)目录下，其选项包括 Unique Code(代码唯一)和 Allow Reuse(允许重用)，默认情况下，这两个配置均被打开，关闭 Unique Code(代码唯一)将允许两个数据项有相同的代码，关闭 Allow Reuse(允许重用)，将使一个数据项只能被一个实体的属性使用。

在生成的物理模型的对话框中，有选项：Convert Names into Codes(把名称转化为代码)，打开它 PowerDesigner 将用属性的名称取代代码作为表的列名。

在此，强烈地建议不要改变这些配置，在遇到问题时，应该尽可能地去改变 CDM，很有可能这些问题是因为建立了错误的 CDM 所造成的。

(7) 对数据项的小结。

综上所述，可以得到关于使用域和数据项代码设置的建议。

① 对存在不同含义但具有相同数据定义的属性，可以使用域。

② 对存在相同含义又具有相同数据定义的属性，使用相同的属性代码，即视为同一个数据项。

③ 对具有不同数据定义的属性，必须取不同的代码，尤其对那些含义相同但具有不同数据定义的属性，要避免属性代码相同。

④ 对主码属性，要确保其代码在整个 CDM 中的唯一性，可以用实体的代码名(或部分

缩写)作为其代码的前缀。

3.3.3 实体

在实体的特性中,主要介绍属性(Attribute)、规则(Rule)和标识(Identifier)。

1. 实体属性

在实体的特性窗口的属性框中设置实体的属性。选择某个实体属性,并双击该属性前的→符号,可设置该属性的各种特性,其内容与域的设置相同。

数据类型和域设置:只需要设置其中的一个,选择了数据类型后再选择域,域的定义将取代选择的数据类型,如果先选择域然后去设置数据类型,而两者不一致,系统会提示,可以选择用域的定义将取代选择的数据类型,也可以保留两者,但在生成物理模型时将出现错误。

属性的 M、P 和 D 含义分别如下。

M=Mandatory(强制):选中表示属性值必须非空。

P=Primary Identifier(主标识):选中则表示该属性为主码或是主码的组成部分。

D=Displayed(显示):选中则在图中显示该属性,否则不显示。

2. 规则

对单个实体属性的取值约束,可以通过属性的标准检查(Standard Check)特性设定其取值的约束条件(参见 3.3.1 节),有时一个实体属性之间的取值可能存在一定的约束关系,这时就必须使用规则(Rules)。

首先,在 Browse(浏览)窗口的概念数据模型下,新建一个业务逻辑(Business Role),在 Expression(表达式)下的 Server(服务)框中输入某个实体各属性要满足的表达式,在 General(一般)框中的 Type(类型)中选择 Constraint(约束)。

然后,在实体的特性设置窗口中,选择 Rules(规则)框,然后单击 Add Objects(增加对象)按钮,系统将列出所有可供选择的规则,选择要应用于本实体的规则,确定后就完成了实体规则的设置。实体约束类型的规则将在生成物理模型的数据定义语句中表现为表级约束。如成本价格和销售价格为商品实体的两个属性,其必须符合规则:成本价格≤销售价格。

假设成本价格和销售价格属性的代码分别为 Costprice 和 Saleprice,则规则的表达式应该设置为:Costprice <=Saleprice,生成物理模型的 SQL Server 的数据定义语句为:

```
create table goods(
BarCode       char(15)          not null,
GName         varchar(20)       null,
Gunit         varchar(10)       null,
CostPrice     decimal(10,2)     null,
SalePrice     numeric(10,2)     null,
constraint PK_GOODS primary key(BarCode),
constraint CKT_GOODS check(Costprice < = Saleprice)
)
```

3. 实体标识

所谓标识指一个实体的属性或属性组合,其值能唯一地标识一个实体。对那些属性或属性组的值必须唯一的属性,可以把它们定义成标识。定义方法为:在 Identifiers(标识)框中增加一个标识，然后双击新增标识前的→符号，在弹出的对话框中选择 Attributes(属性)框，单击 Add Attributes(增加属性)按钮，在列出的可用属性前选择取值必须唯一的一个或一组属性。

一个实体可有多个标识，但只能指定一个为主标识(Primary Identifier)，即主码，其他标识一定为非主标识。在生成物理模型时主标识对应属性即为主码，非主标识对应属性被定义为唯一性(Unique)约束。主标识和非主标识的共同点是对应的属性或属性组的值都必须唯一，区别在于两方面：一方面是主标识对应属性不能为空，但非主标识的属性或属性组的值在确保唯一的情况下可以为空，若把"姓名"属性定义为非主标识，则所有实体姓名不能相同，但允许存在一个空值；另一方面是实体的主标识只能有一个，而非主标识可以有多个。

在按照前面介绍的方法给一个实体属性或属性组定义主标识后，PowerDesigner 会自动创建一个 Identifier_1，其对应的属性就是构成主标识的属性。但去除已定义成主标识属性的 Primary Identifier 标识，并不会自动删除 Identifier_1，但对应属性被自动删除，Identifier_1 就变成一个不对应任何属性的空标识，这时生成物理模型时会出现错误，必须手工删除 Identifier_1。反之，删除 Identifier_1 或去除对应属性或去除其 Primary Identifier 标识，则实体中被标以主标识(P=Primary Identifier)的属性将自动去除该标识。

如在一个销售系统中，商品实体的条形码可以作为主码，在一品一码的条件下，可设置商品名称属性为标识，但如果同一商品不同包装单位的条码不同而名称相同，就只能把商品名和包装单位两个属性构成属性组作为标识。生成的物理模型的 SQL 语句为：

```
create table goods (
barCode      char(15)          not null,
GName        varchar(20)       null,
Gunit        varchar(10)       null,
constraint PK_GOODS primary key(barCode),
constraint AK_IDENTIFIER_2_GOODS unique(GUnit, GName)
)
```

3.4 实体之间的关系

PowerDesigner 提供了两种方法建立实体之间关系：E-R 模型表示法和 Merise 表示法，Merise 为一种信息系统设计和开发的方法，类似 UML。

E-R 模型表示法通过使用 Palette(调色板)窗口中的工具 Relationship(关系)建立实体之间的各种关系，Merise 表示法则通过使用 Palette(调色板)窗口中的工具 Association(关联)和 Association Link(关联连接)建立实体之间的各种关系。在一个 CDM 中，实体之间的关系可以只使用关系或只使用关联来表示，也可以两者同时使用。

3.4.1 关系

选择 Palette(调色板)窗口中的关系，假如要建立实体 A 和实体 B 的关系，在概念数据模型的图中，把鼠标指针移动到实体 A 上，按住鼠标左键，然后把鼠标指针移动到实体 B 上放开鼠标左键，这样就建立了实体 A 和实体 B 的一对多的关系，在图形上显示为一根连接实体 A 和实体 B 的两端带有特殊形状的线段。

然后根据需要对建立的两个实体的关系进行修改，即要修改关系的特性，双击图形上连接两个实体的线段，将弹出关系特性的设置窗口，其中最重要的是 Detail（细节）框中的内容，在这里可以对 1∶1、1∶n 和n∶m 三类关系进行更细致的设置，在生成物理模型时，这些设置将对生成的物理模型产生影响。

在 Detail（细节）框中，关系的基本特性包括关系类型、1∶1 关系中的主导作用（Dominant）、依赖关系（Dependent）、强制关系（Mandatary）和基数（Cardinality）。

关系类型在 Detail 窗口表示为单选框，其选项包括“One-One(1-1)”“One-Many(1-多)”“Many-One(多-1)”和“Many-Many(多-多)”。不同的关系类型在图形上表示为连接两个实体的线段的两端所具有的不同的形状，如实体 A 和实体 B 为 One-Many 关系，则实体 A 与线段为一线（表示 1）连接，实体 B 与线段为发散的三线（表示 n）连接。

以下假设建立关系的两个实体的名称分别为 A 和 B，在 Detail（细节）框中分别有“A to B”和“B to A”两个面板，其中均包含了角色名、依赖与强制的选项，其中两个面板中的“角色名”分别用于描述“实体 A 和实体 B”和“实体 B 和实体 A”的关系，对生成物理模型不产生影响。

1. 主导作用

该选项只有在 One-One(1-1)情况下可选，其选项包括“None”“A to B”“B to A”。“学生”和“校园卡”之间的 1∶1 关系中，“学生”为起主导作用的实体，总是先有学生，然后才会有对应的校园卡，所以应该选“学生 to 校园卡”，生成的物理模型中将在校园卡对应的表中出现“学号”列作为学生表的外码。None 表示两个实体没有哪个实体起主导作用，产生的物理模型将在两个实体对应的表中分别产生外码。这种情况在实际应用中比较少见。

通常，可以把两个 1∶1 关系的实体合并成一个实体，但如果这两个实体分别处在两个相对独立的子系统中，自然合并就不合理，如校园卡系统可能就是一个相对独立的系统，教学管理系统中的学生实体的很多信息在校园卡系统中可能并不需要，合理的做法是把它作为一个单独的实体，具有自己特有的属性，然后在整个系统中，与教学管理系统中的学生实体建立 1∶1 的关系。

2. 依赖关系

“A to B”的依赖关系表示要确定实体 A 的一个实例，必须首先确定实体 B 的一个实例，或者说 B 的标识是构成 A 的标识的一个部分。

“A to B”的依赖关系反映了一个实体 A 对实体 B 的依附关系，其基本特征是实体 A 必须通过实体 B 来唯一标识

【例 3-6】 对一个学校，“学生”实体的学号仅仅为他所在班级中的序号，那么已知一名学生的学号，要确定这名学生，首先就要确定他所在的班级，所以“学生”实体和“班级”实体的关系为多对一的依赖关系，如图 3-6 所示。

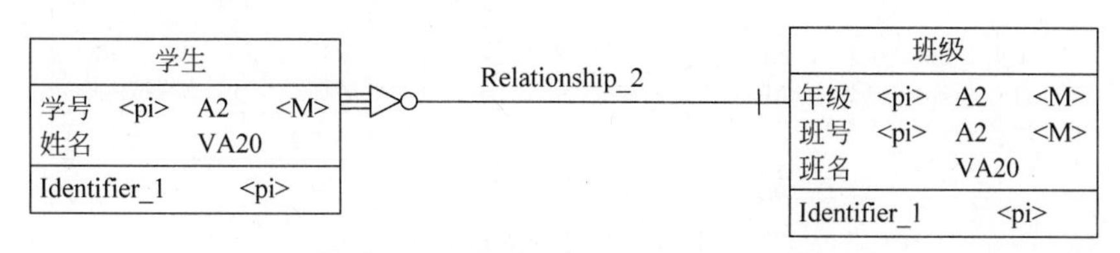

图 3-6 “学生”实体对“班级”实体的依赖关系

“A to B”的依赖关系对生成的物理模型的作用是：实体 B 的主码和实体 A 的主码合起来作为 A 表的主码，同时实体 B 的主码作为 A 表的外码。就例 3-6 而言，生成的学生表将以年级、班号和学号作为主码，其中学号为“学生”实体的主码，年级和班号为“班级”实体的主码，同时在学生表中年级和班号被设置成外码，反映了学生表与班级表的引用关系。

以上的概念数据模型中学生对班级的依赖关系，是以标识学生的学号仅仅为班级中的序号即学号本身不包含班级信息为前提的，如果学号本身包含了班号，则这种依赖关系自然就不再成立。如仍然用依赖关系建立学生和班级的关系，就会产生问题。如在实际的教学管理中，分配给学生的学号通常在学校范围内是唯一的，即包含了学生所在班级的信息，“学生”实体仅以“学号”单列就能构成主码，图 3-7 所示的学生表中由年级、班号和学号构成的主码就不符合码的最小性原则。

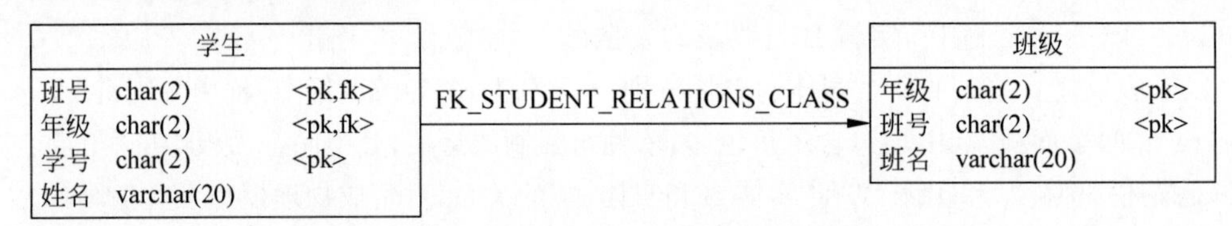

图 3-7　依赖关系生成的物理模型

学号中包含班级信息在 2.3.2 节中已说明这种设计不属于 1NF，这是造成以上概念数据模型中概念混乱的根本原因，这从一个侧面再次证明了 2.3.2 节中对 1NF 论述的有效性。所以建议不要采用惯性思维把教学管理中的组合了诸多信息的学号直接作为学生的属性，而应该用学生在班级中的序号作为学生的学号，只要确保学生的学号属性在他依赖的“班级”实体中是唯一的。在需要输出教学管理中的学号时，只需要把相关的属性组合起来。

这样就引出了一个问题，即在引入依赖关系后，对一个实体的主码属性的唯一性必须做一个修正：如果一个实体存在与另一个实体的依赖关系，则该实体的主码属性只需要在其依赖的实体范围内唯一。另外，从以上对依赖关系含义的分析上可以看出，依赖关系通常只能发生在多对一(如学生对班级)的关系中，因为从逻辑上前者通常从属于后者，后者包含了前者。实体的依赖关系具有传递性，如图 3-8 所示。

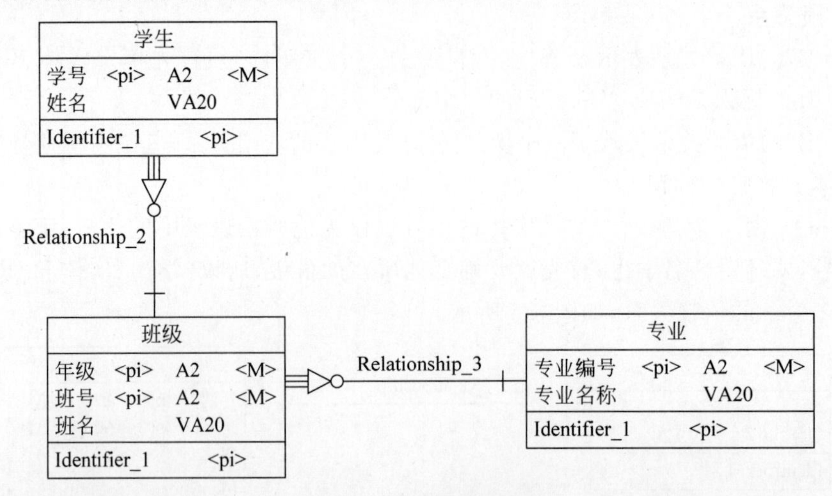

图 3-8　传递的依赖关系

【**例 3-7**】 例 3-6 中，“班级”实体又是多对一地依赖于“专业”实体的，所以真实的教学管理系统中完整的概念数据模型以及产生的物理模型如图 3-9 所示。

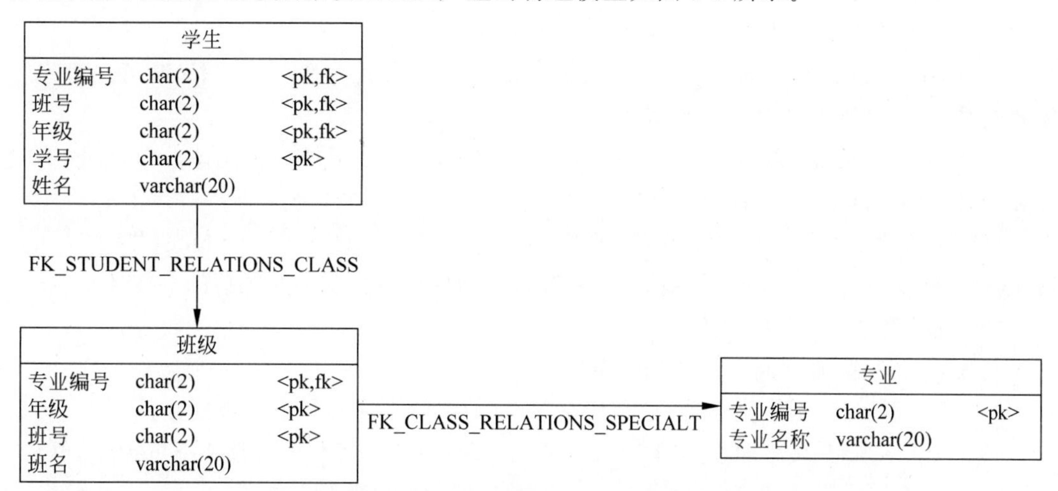

图 3-9 传递的依赖关系生成的物理模型

3. 强制关系

“A to B”的强制关系的含义是 A 的每个实例需要一个 B 的实例与之对应，在生成的物理模型中，A 实体对应表中对 B 实体对应表的外码属性被定义为非空。“学生”和“班级”的多对一关系通常情况下就是一个强制关系，因为每名学生必须对应一个班级，在生成的物理数据模型中，学生表中的班号被定义成非空，即每名学生必须有一个班号。

强制关系在图形上表示为在连接 A 和 B 实体线段的 B 端，出现一根与线段垂直的小线段，可以理解成“1”，表示 A 的每个实例必须至少有一个 B 的实例与之对应，参见图 3-8 中学生和班级关系中“班级”这一端。非强制关系则在同样位置上出现一个小圆圈，可以理解成“0”，表示 A 的每个实例可以没有 B 的实例与之对应，参见图 3-8 中学生和班级关系中“学生”这一端。

对 One-One(1-1)情况，如“学生 to 校园卡”，假设学生可不办校园卡，则“学生”和“校园卡”非强制关系，否则为强制关系。对 Many-One(多-1)情况，如学校为学生开设了若干兴趣班，每名学生最多可参加一个，则“学生 to 兴趣班”为多对一关系，假设一名学生可不参加任一个兴趣班，则学生和兴趣班的多对一的关系为非强制关系；假设一名学生必须参加一个兴趣班，则就为强制关系。

并非所有的强制关系都会对生成的物理数据模型产生影响，在学生和班级的多对一关系中，若设置班级对学生为强制关系，其含义是一个班级必须至少有一名学生，这样的设置将不对物理数据模型产生影响，事实上，物理数据模型无法做到这一点。从实际应用的角度讲，总是先设置班级再设置学生信息，即在设置班级信息时，学生信息可能还不存在，所以上述的班级对学生强制关系并不成立。

4. 基数以及和其他特性的关系

“A to B”的基数可选 “0,1”“1,1”“0,n”“1,n”，其中，“m,n”表示一个实体 A 可对应 m～n 个实体 B。

(1) 基数和关系类型的关系。

基数是对“1-1(One-One)”“1-多(One-Many)”“多-多(Many-Many)”关系类型的更细的划分。如果A和B为“1-多(One-Many)”关系,则:

① “A to B”可选的基数为“0,n”和“1,n”,前者表示对A中任一个实体,B可以没有实体和它对应,后者则至少要有一个实体和它对应。

② “B to A”可选的基数为“0,1”和“1,1”,前者表示对B中任一个实体,A可以没有实体和它对应,后者则一定有一个实体和它对应。

可以通过改变“A to B”和“B to A”的基数来改变A和B的“1-1(One-One)”“1-多(One-Many)”“多-多(Many-Many)”关系类型,系统将自动保证基数和关系类型的一致性。

(2) 基数和依赖、强制之间的关系。

基数和依赖、强制之间存在下列约束关系。

① 0,1:不强制、不依赖。选择“0,1”,系统自动选择不强制和不依赖。

② 0,n:不强制、无依赖。选择“0,n”,系统自动选择不强制,依赖选项不可选(灰色)。

③ 1,1:强制、依赖可选。选择“1,1”,系统自动选择强制,依赖可选。

④ 1,n:强制、无依赖。选择“1,n”,系统自动选择强制,依赖选项不可选(灰色)。

“A to B”的基数为“1,1”或“1,n”,表示A中任一实体一定有B的至少一个实体与之对应,这就是强制关系的含义。

若“A to B”为依赖关系,根据分析,表明A和B为多对一的关系,所以只有“A to B”的基数为“0,1”和“1,1”才可能存在依赖关系。对“0,1”,表示A中实体可以在B中没有对应实体,就图3-6的实例来讲,如果学生对班级的基数为“0,1”,表示学生可以没有班级,那么学生就不能依赖于班级,所以基数为“0,1”则一定不能是依赖关系,最后结论是只有基数为“1,1”的情况才可能存在依赖关系。

5. 多对多关系

实体之间的“多-多(Many-Many)”关系在生成物理模型时将生成一个独立的表,该表包含了两个实体的主码属性,并以此为生成表的主码和外码。

【例3-8】 假如“学生”和“课程”的关系为多对多关系,如图3-10所示,图3-11是它们的概念模型以及由此生成的物理数据模型。

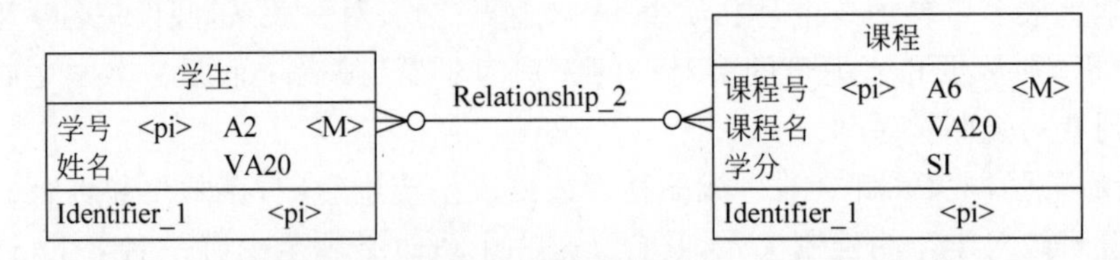

图3-10 多对多关系

上面这种做法仅仅表达了两个实体的关系,若关系本身包含了属性,如“学生选课”的“成绩”,就必须把关系转换为实体,具体做法是在概念数据模型的图中右击表示多对多关系的线段,在弹出的快捷菜单中选择Change to Entity(转换为实体)→Standard(标准),多对多的连线将被分解,并出现一个实体,修改实体的名称为“学生选课”,然后在实体中加入“成绩”属性,得到如图3-12所示的概念数据模型。

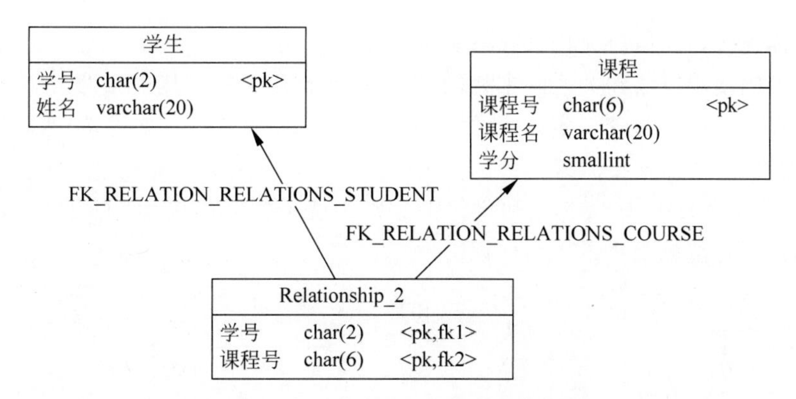

图 3-11　多对多关系生成的物理数据模型

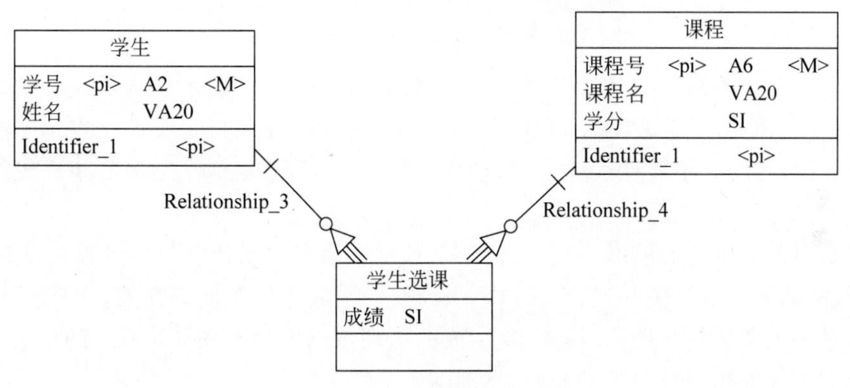

图 3-12　多对多关系转换为实体

从图 3-12 中可以看到，多对多关系被分解成两个多对一的强制的依赖关系，依赖关系表明最后生成的"学生选课"表将以"学生"和"课程"表的主码属性为主码，强制关系表明"学生选课"表中的"学号"和"课程号"必须非空，但由于"学号"和"课程号"为"学生选课"表的主码，因此非空要求必然会被满足，图 3-13 是生成的物理数据模型。

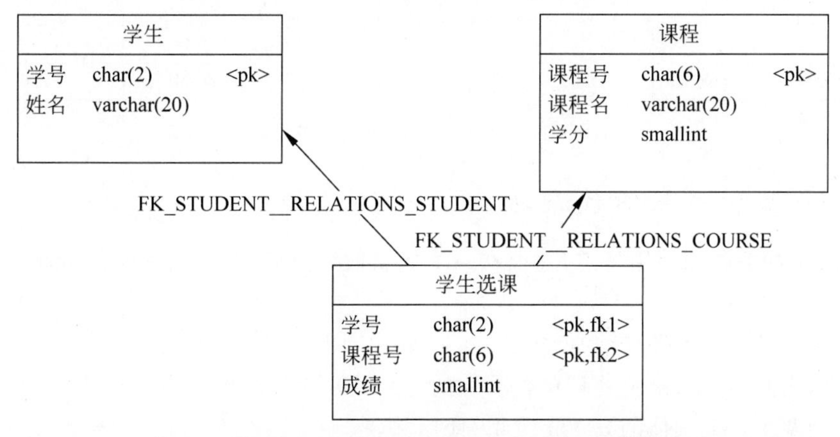

图 3-13　包含属性的多对多关系生成的物理数据模型

3.4.2　关联和关联连接

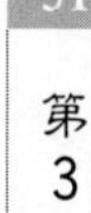

关联和关系相同，也是用于建立实体之间的关系，主要区别是一个关联可以通过关联连

接与多个实体连接，并可包括自己的属性。

关联连接的使用方法和关系基本相同，即可以直接用关联连接连接两个实体，结果将产生一个关联和两个连接关联与实体的关联连接。也可以先加入一个关联，然后用关联连接分别把关联和两个实体连接起来。

图 3-14 中间为关联，连接学生和班级的分别为两个关联连接，双击关联连接可设置其特性，主要内容为“基数”和“是否为标识”。

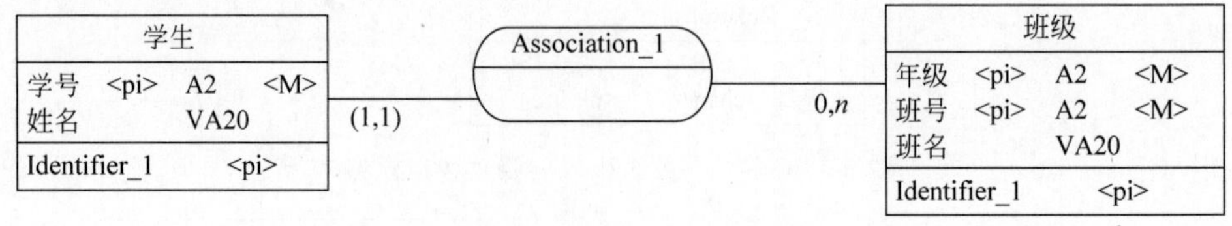

图 3-14 使用关联建立的学生和班级关系

基数的含义和关系一致，但是是相对于关联而言的，“1，1”表示一名学生在关联中出现并只出现一次，而“0，n”表示一个班级在关联可出现 0～n 次，其实质还是表示学生和班级的多对一关系。注意，不要像关系一样把“1，1”和“0，n”直接理解为学生和班级关系的基数，那样会得出相反的结论。

在关联中没有属性的前提下，生成的物理数据模型和关系建立的学生和班级关系一样，“1，1”外加的括号表示该关联连接中选中了标识选项，其作用等同于在关系中设置了学生对班级的多对一关系为依赖关系，图 3-14 生成的物理数据模型与图 3-6 所示的用关系建立概念数据模型生成的物理数据模型相同，见图 3-7。

可以在关联中设置属性，设置的方法和在实体中设置属性的方法一样。

【例 3-9】 图 3-15 是使用关联建立的“学生”和“课程”的多对多关系，其表达的含义等效于图 3-12，生成的物理数据模型与图 3-13 相同。

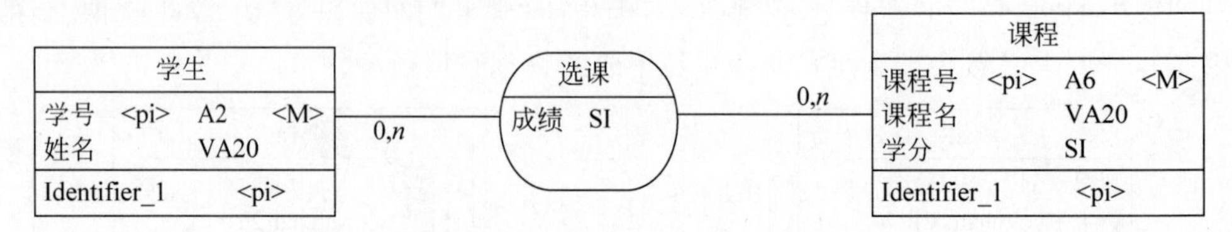

图 3-15 用关联建立的多对多关系

3.4.3 关系和关联的使用特点

针对关系和关联的使用特点，建议在一个概念数据模型下，根据不同的情况使用不同的方法。

- 对 1∶1、1∶n 和不包含属性的 m∶n 关系，使用关系。
- 实体之间的 m∶n 关系且包含属性的使用关联比较简单。
- 处理两个以上实体的 m∶n 关系，使用关联。
- 在处理比较复杂的问题时，如要建立关系之间的关系或关系与实体之间的关系，只能使用关系，因为关系可以把关系转换为实体，该实体又能和其他实体建立关系，这点关联无法做到。

在 3.6 节中，可以看到关于概念数据模型设计的更多实例。

3.5 继承关系

引入继承是借鉴了面向对象的程序设计思想，是对概念数据模型的又一个扩展。继承关系的一端连接具有普遍性的实体，称为父实体(Parent Entity)，继承关系的另一端连接具有特殊性的一个或多个实体称为子实体(Child Entity)。

一般可以把具有诸多相同属性的实体中的公共属性抽象出来作为父实体，其他实体从父实体继承这些属性，这样做可以确保公共属性的一致性，也节省了重复设置这些属性的工作量，在子实体之间不存在相互引用的情况下，也可以避免主码属性名的排他性。

【例 3-10】 一个业务系统中可能会处理大量的各种类型的单据，这些单据可能都具有单据号、日期等公共属性，可以把这些公共属性组成一个抽象的“单据”实体作为父实体，具体的单据实体继承这个抽象的“单据”实体，这时所有单据的单据号(主码)都从父实体继承过来，所以可以同名。

【例 3-11】 “学生”可以作为“本科生”与“研究生”的父实体，后者为前者的子实体，可以建立如图 3-16 所示的概念数据模型，由于“学生”实体为一个抽象的实体，实际并不存在，因此在生成物理数据模型时并不需要生成对应的表，可以在该实体的特性窗口的 General(一般)特性框中关闭 Generate(生成)选项，生成的物理数据模型如图 3-17 所示。

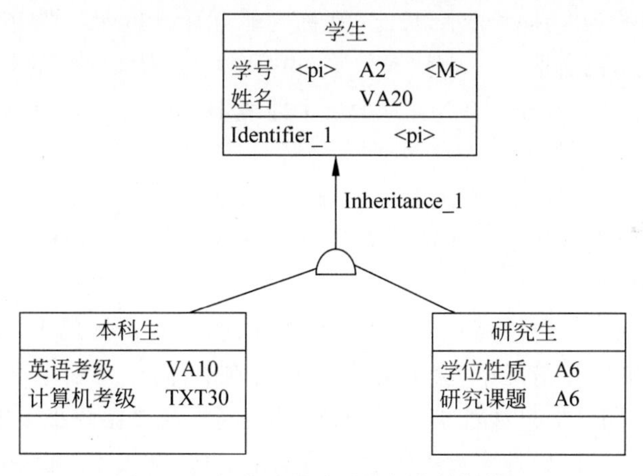

图 3-16 包含继承关系的概念数据模型

本科生		
学号	char(2)	<pk>
英语考级	varchar(10)	
计算机考级	text	
姓名	varchar(20)	

研究生		
学号	char(2)	<pk>
学位性质	char(6)	
研究课题	char(6)	
姓名	varchar(20)	

图 3-17 仅生成子表的继承关系生成的物理数据模型

通过对继承关系的特性设置可以控制由此生成的物理数据模型。

在特性窗口的 Generation(生成)框中，Generate Parent(生成父表)的设置和父实体的特性窗口中的 Generate(生成)的设置作用是一样的，关闭这个选项，父实体对应的表将不在物理数据模型中生成。打开这个选项，则父实体对应的表将在物理数据模型中生成，并且子实体对应的表将以父实体的主码属性为主码同时为外码。

在打开 Generate Children(生成子表)选项后，可选 Inherit All Attributes(继承所有属性)或 Inherit only Primary Attributes(仅继承主属性)，这两个选项确定在物理数据模型中对应的表是包含父实体所有属性还是仅包含父实体的主属性。

如关闭 Generate Children(生成子表)选项，则仅生成父实体对应的表，该表将包含子实体所有属性并可在特性窗口的下方设置 Specifying Attribute(指定属性)，这些属性将出现在父实体对应的表中，通常用作区分每一行对应的是哪个子实体。

【例 3-12】 本科生实体和研究生实体共同属性很多，而在不同属性很少的情况下，可仅生成父表，即用一个表来存放本科生和研究生实体信息，在图 3-16 所示的概念数据模型中，在继承关系的特性窗口的 Specifying Attribute(指定属性)中设置一个"学生类型"属性，该属性将出现在生成的父实体对应表中，以区分每行是本科生还是研究生，最后生成的物理数据模型为如图 3-18 所示的单个表。

学生		
学号	char(2)	<pk>
姓名	varchar(20)	
学生类型	bit	
学位性质	bit	
研究课题	char(6)	
英语考级	varchar(10)	
计算机考级	text	

图 3-18　仅生成父表的继承关系生成的物理数据模型

另外，在继承的特性设置中，有一个称为 Mutually Exclusive Children(互斥性继承)的选项，其含义是同一事件不能出现在同一父实体的两个子实体中，这种继承称为互斥性继承，反之，则称为非互斥性继承。如父实体中一名学生只能是本科生或研究生，两者取其一，则"本科生"和"研究生"为"学生"的互斥性继承，否则，如一名学生可同时为本科生和研究生，则为非互斥性继承。此设置只影响文档而不影响生成的物理数据模型。

综上所述，在使用继承时，应注意以下事项。

- 使用继承的前提条件是子实体具有较多的共同属性。使用继承可避免共同属性重复维护并保持其一致性。
- 在子实体之间共同属性相对少而差异大的情况下，可选择仅生成子实体对应表。在子实体之间非互斥情况下，会有冗余。如上例中，同一名学生可能既是本科生又是研究生，其共同的信息如性别、出生日期必须同时存放在两张表中。
- 在子实体之间共同属性多而差异小的情况下，可选择仅生成父实体对应表。如子实体之间互斥，其中差异部分的属性值会有空值，会占用一定的空间。
- 子实体之间共性属性多而差异也大的情况下，可同时生成父实体对应表和子实体对应表，此情形子实体仅需要继承父实体的主属性。生成的物理数据模型中的子实体对应表会通过外码关联到父实体对应的表。互斥和非互斥情况均适用，互斥情况下父表的一行对应某张子表的一行，非互斥情况下父表的一行可能对应多张子表中的一行。

3.6 概念数据模型实例分析

本节通过分析几个典型的并在建立概念模型时比较容易出现错误的实例，进一步说明正确建立概念数据模型的方法和重要性。

3.6.1 单据的概念数据模型

在各种类型的业务系统中，需要处理大量的各种类型的单据，单据是记录业务流程数据的最常见的形式。如一个商场有订货单、进货单、退货单和销售单等单据；一个制造企业有采购单、领料单、出厂单等单据。由于单据通常都具有相似的数据形式，如何为单据建立正确的概念数据模型就显得非常重要，下面就以一个商场进货单为例进行说明。

【例 3-13】 商场一张进货单可能包含多个商品，其格式如图 3-19 所示。

进 货 单

进货单号：　　　　　　　　供应商名：　　　　　　　　进货日期：

货号	货名	单位	单价	数量	金额
合计					

图 3-19　商品进货单

同所有类型的单据一样，可以把进货单中的数据项分成两部分：一部分是和单据一对一关系的属性，如进货单号、进货日期，这些数据项组成单据摘要；另一部分是和单据一对多关系的属性，如货号、货名、单位等，这些数据项组成单据明细。

进货单是一个实体，进货单号和进货日期为它的属性，供应商名由于反映的是进货单和供应商实体的关系，因此不应作为进货单的属性，而应该通过进货单和供应商的多对一关系来反映，关于这一点由于和本例的主题无关，因此不予考虑。剩下的是货号、货名、单位等是否是进货单的属性，显然不是，因为这些数据项对进货单而言不是原子项。

所以就会看到一种常见的如图 3-20 所示的错误，如前所述，把单据分成单据摘要和单据明细两个实体，事实上这个概念模型是由物理模型反推出来的，其错误表现为把本为一个实体的单据分成两个实体(其实已经包含了设计思想)，其中，进货单明细对商品实体和对进货单摘要的一对多关系被设置成依赖关系是为了使(单据号，商品条形码)成为单据明细的主码。

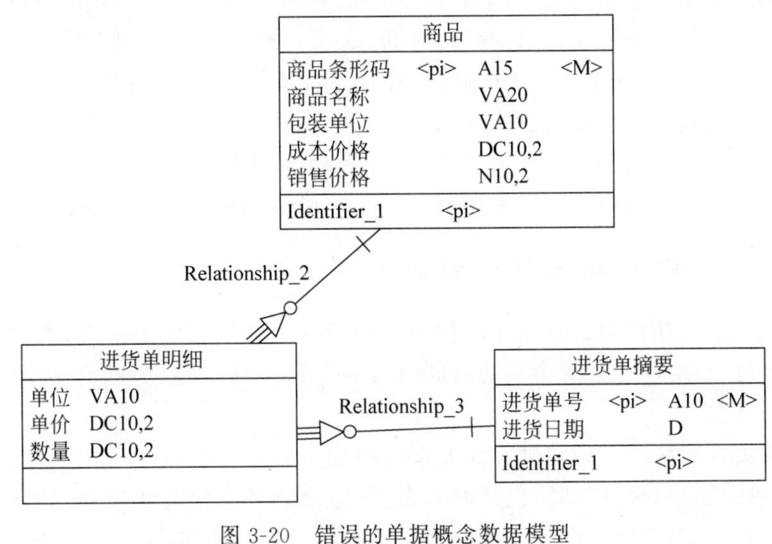

图 3-20　错误的单据概念数据模型

犯上述错误的原因是没能看出单据明细本质上是反映了单据实体和商品实体的多对多关系，所以更自然的符合实体概念的做法是如图 3-21 所示使用关联建立商品实体和单据实体的多对多关系，在多对多关联中增加单位、单价和数量属性，其生成的物理数据模型与图 3-22 所示的相同，只是进货单明细是由商品和单据之间的多对多的关联生成。

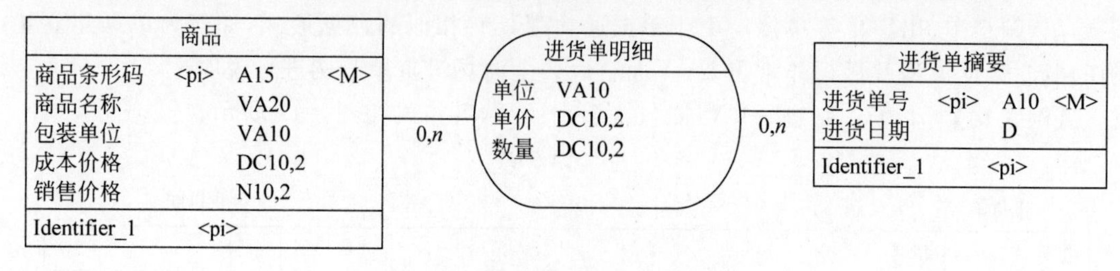

图 3-21　使用关联表达进货单明细

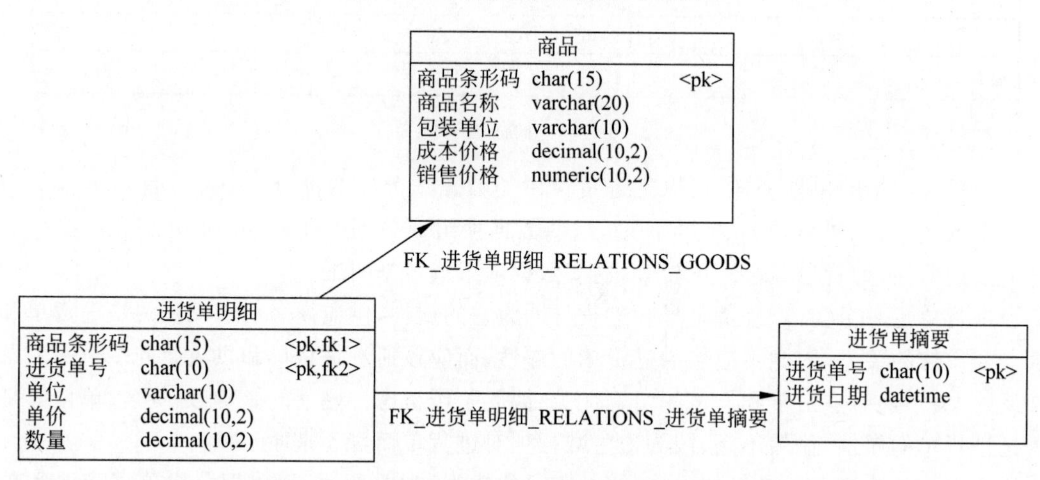

图 3-22　进货单物理数据模型

3.6.2　考勤系统的概念数据模型

【例 3-14】　某企业要求对员工的每日上下班、迟到、早退、出差、病事假进行记录统计，员工每日首次到公司必须打卡记录到公司时间，最后一次离开公司则必须打卡记录离开公司时间，其整天不到公司或工作日中间外出，则必须填写请假单。请假单分病假、事假和公假三种。设计概念数据模型如图 3-23 所示。

员工和考勤卡为 1∶1 关系，且员工对考勤卡为主导作用，考勤卡依赖于员工，请假单与员工为 1∶n 关系，且请假单对员工为强制关系。生成的物理数据模型如图 3-24 所示。

3.6.3　商品多供应商问题的概念模型

【例 3-15】　一个超市中某种商品的供应商一般一个时期固定为一个，所以商品和供应商的关系为多对一，但可能会有个别商品同时有多个供应商，即对个别商品，商品和供应商的关系为多对多。

通常的解决方案是把商品和供应商关系处理成多对多的关系，这也符合实体多对多关系的定义，生成的物理数据模型将包括商品表、供应商表和商品与供应商的对应表，因为对于极个别的商品，查询任何和商品及供应商相关的信息都必须连接三张表，查询效率较低。

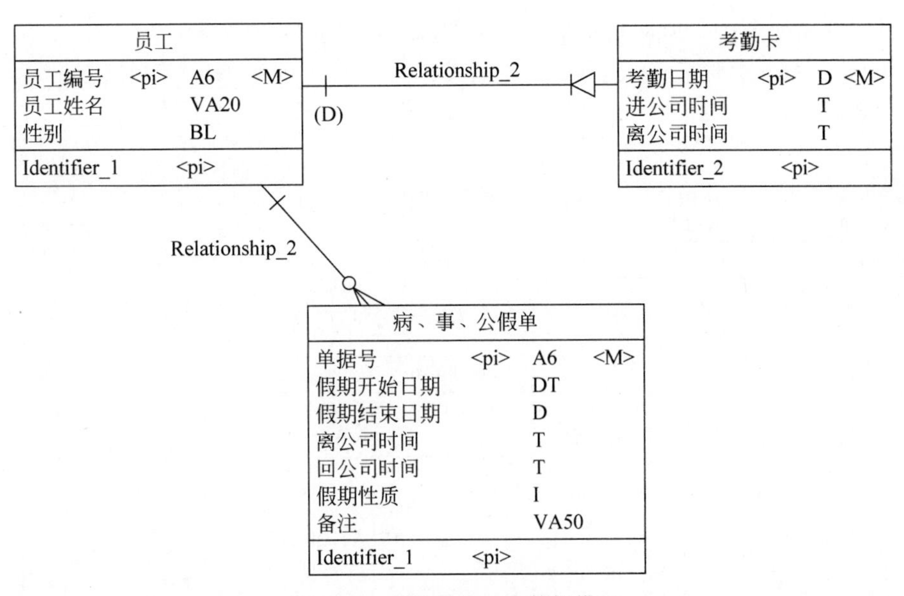

图 3-23 考勤系统概念数据模型

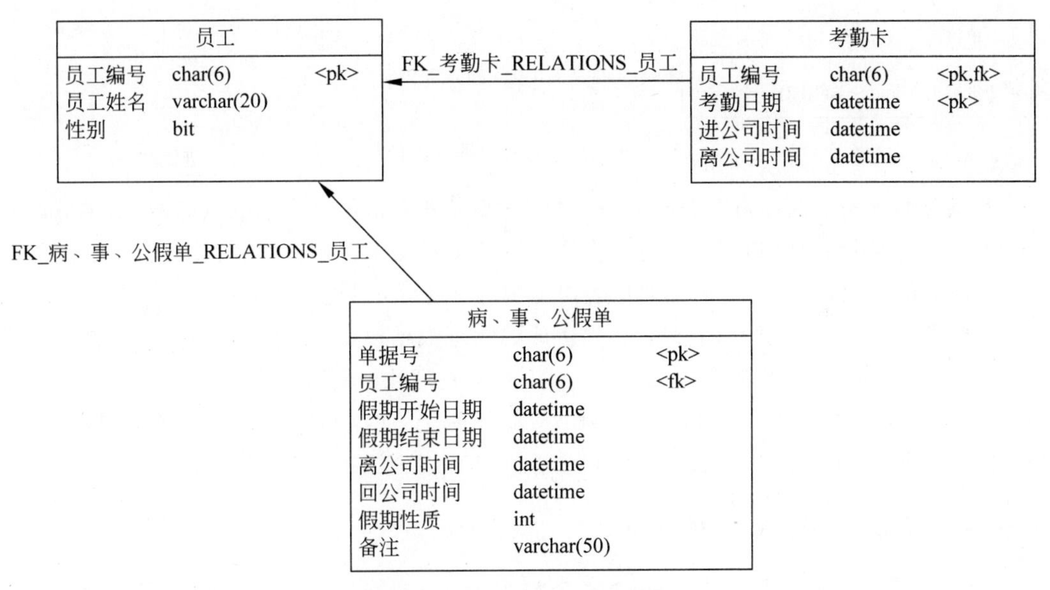

图 3-24 考勤系统物理数据模型

为了优化查询效率，在只有个别商品存在多供应商的情况下，设计人员在概念数据模型中把商品和供应商关系仍处理成多对一，即对于大多数商品，查询商品和供应商相关信息时，只与两张表相关，然后在生成的物理数据模型中增加一张表，存放少量的商品和供应商的多对多关系，只有在查询结果中包含这些个别商品时，才需要连接三张表。

如前所述，建立概念数据模型的一个原则是尽可能不要修改由概念数据模型生成的物理数据模型，问题是能否建立一个概念数据模型直接产生如上要求的物理数据模型。

答案是肯定的。

可以在商品和供应商上之间建立两个关系，分别为多对一和多对多的关系，然后在“商品”属性中增加一个“多供应商”标志属性，或指定一个特殊区段的商品号为多供应商的商品

编号。概念数据模型和生成的物理数据模型如图 3-25 和图 3-26 所示。

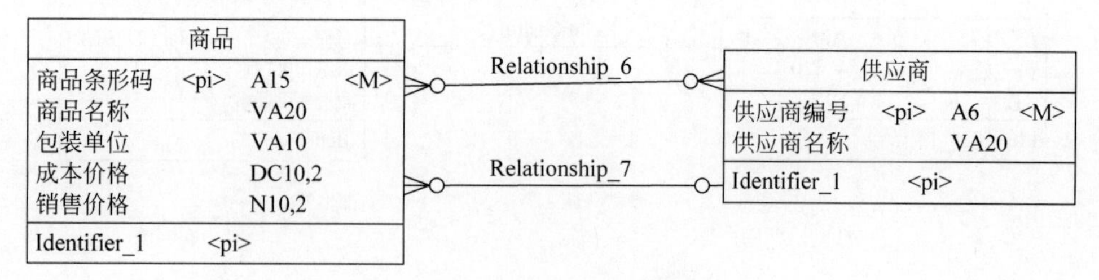

图 3-25　多供应商概念数据模型

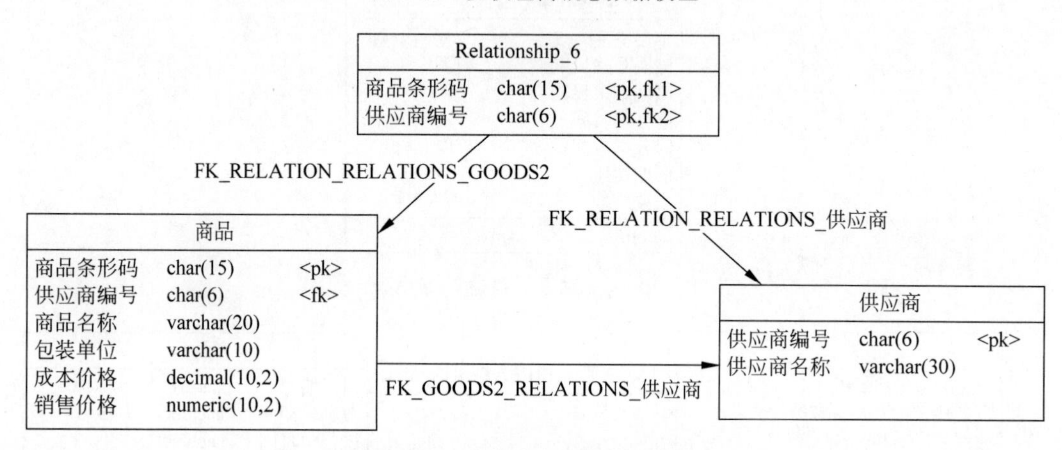

图 3-26　多供应商物理数据模型

对供应商唯一的商品,使用商品表的供应商编号外码指定该商品的供应商,对供应商不唯一的商品,使用供应商和商品对应表实现两者的多对多关系,若一个商场只有个别商品存在多供应商的情况,供应商和商品对应表可能只存在少量的数据。

此例表明,建立概念数据模型后,如果生成的物理数据模型需要优化,不一定要修改物理数据模型,而可以通过改变概念数据模型达到对生成物理数据模型优化的目的,前提是概念数据模型仍能如实地反映客观需求。如上例供应商和商品的两个关系分别表示对多数商品,商品实体和供应商实体为多对一关系;对个别商品,商品实体和供应商实体为多对多关系。

3.6.4　单据相关人员的处理

【例 3-16】 一个单据通常会包含多个相关人员,如输入员、审核员、记账员等,根据 3.1.2 节中的规则,这些人员不应该作为单据的属性,而应该通过单据实体和人员实体的关系来反映。

单据与相关人员的概念数据模型如图 3-27 所示,生成的物理数据模型如图 3-28 所示。这样的物理数据模型存在以下两个问题。

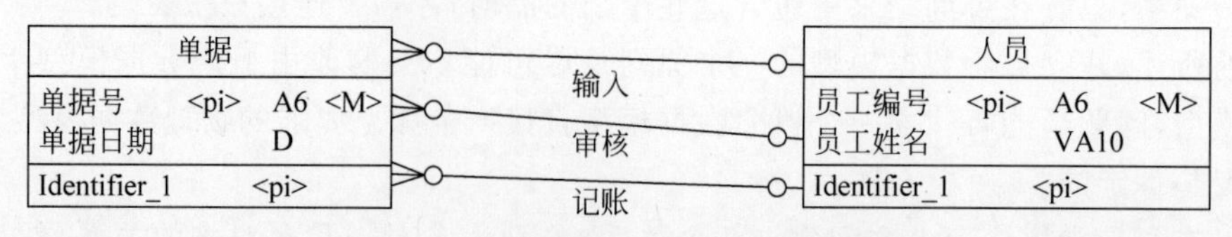

图 3-27　单据与相关人员的概念数据模型

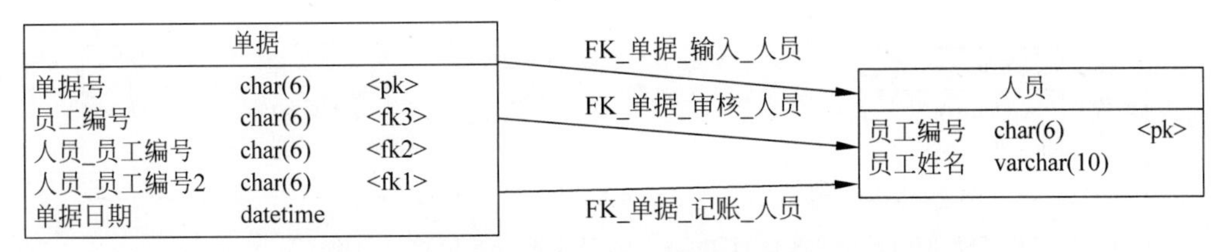

图 3-28　单据中员工的物理数据模型

第一个问题是由于在概念数据模型中无法控制生成对应表的外码名称，只能修改生成的物理数据模型，把这三个外码名称分别改为“输入员”“审核员”“记账员”，在每次修改概念数据模型、重新生成物理数据模型后，可能需要做重新修改物理数据模型。

第二个问题是从范式角度看，“输入员”“审核员”“记账员”为重复项，在单据的相关人员有变化预期的情况下，不符合 1NF。

是否有更好的方法建立概念数据模型，使得对生成的物理数据模型不必做修改而生成的物理数据模型符合所有范式？

由于“输入”“审核”“记账”分别表示员工对一张单据的责任，为此可以增加一个单据责任实体，包含单据的所有责任类型。

这里分析一下单据实体、人员实体和单据责任实体三者的关系。

- 单据和人员的关系为多对多关系，即一张单据对应多个责任人，一个人员可对应多张单据。
- 单据和单据责任也为多对多关系，即一张单据可有多个责任，一个责任对应多张单据。
- 人员和单据责任则要分两种情况：若一张单据中不同责任人可为同一个人，则人员和单据责任为多对多，即一个员工可以对应多个责任，而一个责任可对应多个员工；若一张单据中的责任人不能相同，则人员和单据责任为多对一，即一个人员只能对应一个责任，而一个责任仍能对应多个员工。

对上述第一种情况，可建立如图 3-29 所示的概念数据模型，生成的物理数据模型如图 3-30 所示。

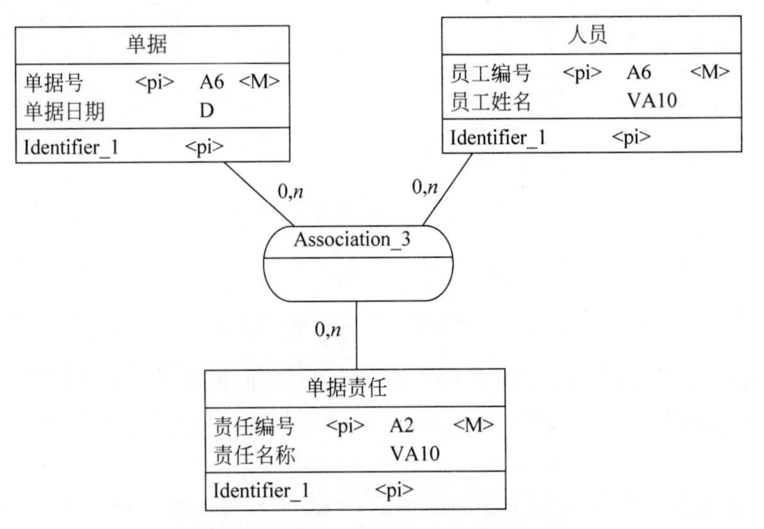

图 3-29　单据责任人概念数据模型一

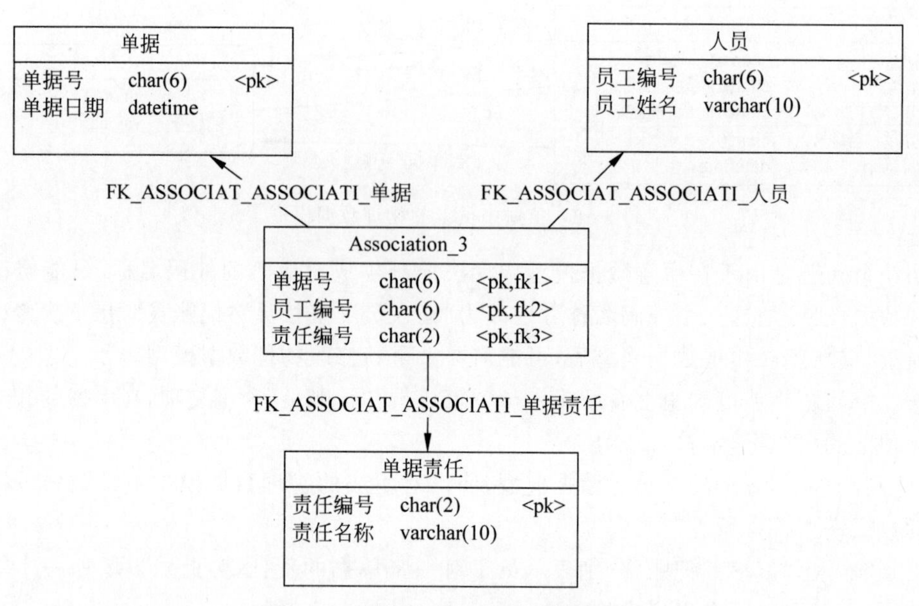

图 3-30　单据责任人物理数据模型一

其中,通过关联建立了三个实体相互之间的多对多关系,由于一个员工可以对应多个责任,因此对于一张单据的不同责任的责任人可为同一个人,如制单和审核可以为同一个人,这通常与企业的管理制度不一致。

所以建立人员和责任的多对一关系可能更符合实际的管理要求,而用一个关联建立的三个实体之间的关系,无法通过修改三个关联连接的基数同时满足它们两两之间的关系类型(原因读者自行思考)。

于是只能通过建立三个实体两两之间的关系来表达这个需求,概念数据模型如图 3-31 所示,生成的物理数据模型如图 3-32 所示。

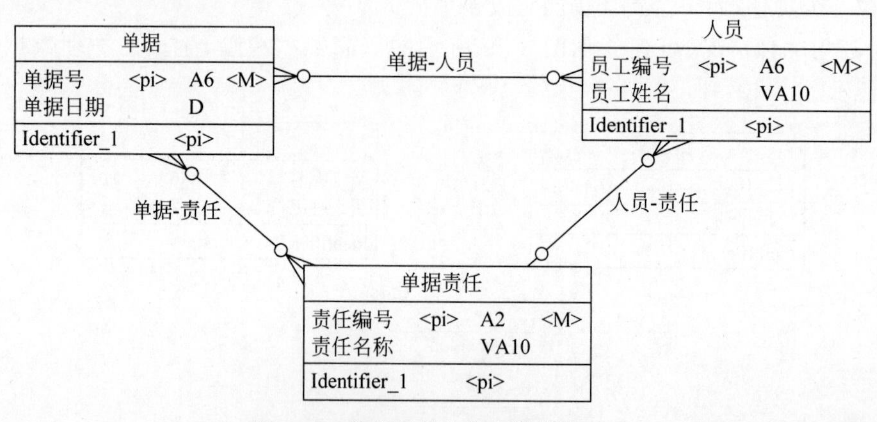

图 3-31　单据责任人概念数据模型二

通过"单据-责任"得到一张单据有哪些责任,通过"单据-人员"可以得到一张单据有哪些相关人员,至于这些相关人员对应哪些责任,由"人员"表中的每个人员唯一对应的责任编号来确定。

如此的概念数据模型仅适用于一种类型的单据,同时对一种类型的单据,单据和单据责

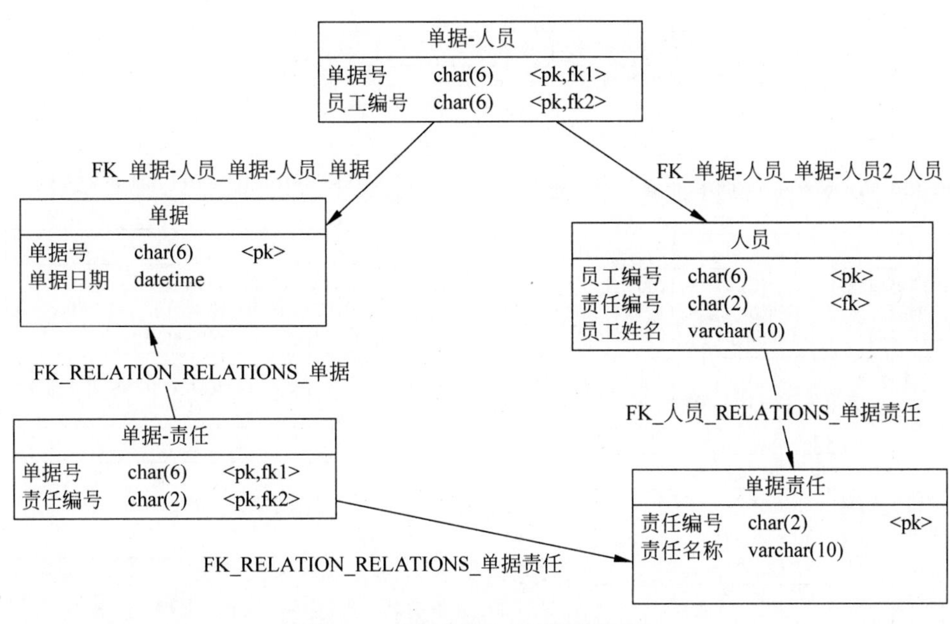

图 3-32　单据责任人物理数据模型二

任的关系是确定不变的。也就是说,“单据-责任”表中只需要存放一张单据和单据责任的关系就足够了,其他单据和单据责任的关系都是一样的,即该表存放了大量的冗余信息。由此就自然想到需要一个单据类型的实体,通过该实体和单据责任建立联系,就不会有冗余(一种类型的单据只对应一个单据类型的一个实体),同时也可以使概念数据模型适用于多种类型的单据。

单据和人员以及人员与单据责任的关系不变,原单据和单据责任的关系通过单据类型作为桥梁来建立:单据类型和单据责任的关系为多对多,即一个单据类型可以对应多个单据责任,而一个单据责任也可对应多个单据类型,如进货单要包括输入、审核、记账等多个单据责任,而输入的单据责任要出现在所有的单据类型中。单据和单据类型的关系很显然地为多对一关系,并且可以把它设置为依赖关系。概念数据模型和生成的物理数据模型分别如图 3-33 和图 3-34 所示。

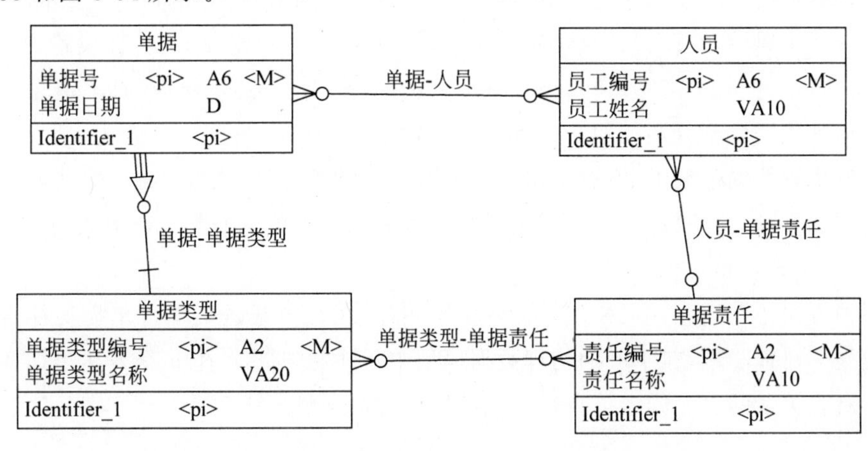

图 3-33　单据责任人概念数据模型三

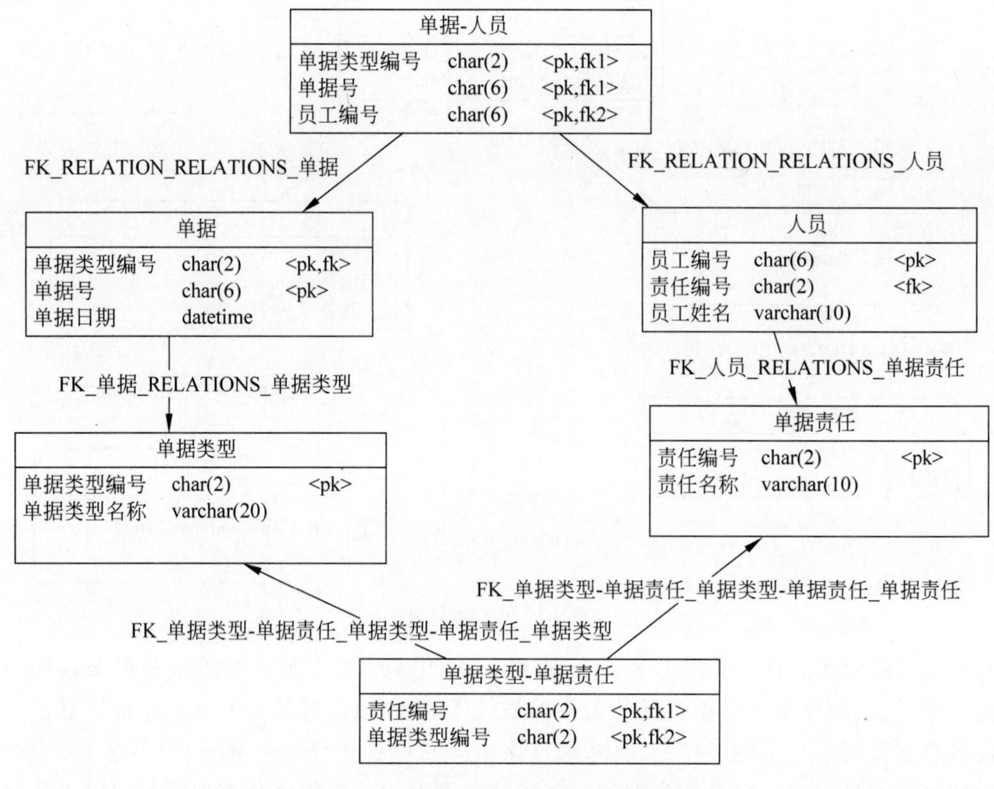

图 3-34 单据责任人物理数据模型三

上述的概念数据模型把所有单据作为一个实体处理，在实际应用中不同类型的单据数据项可能存在较大的差异，不同单据之间也可能存在关系，所以把所有单据作为一个实体不能满足这些需求，需要考虑把不同类型的单据作为不同的实体时，如何建立对应的概念数据模型。

可以在图 3-33 所示的概念数据模型三基础上进行扩展，把单据实体理解为由所有单据实体的公共属性构成的父实体，其他单据如订单、进货单等作为该实体的子实体，并且仅从父实体中继承主属性，并设置各自特有的属性，在 Inheritance(继承)的特性设置中同时选择 Generate Parent(生成父实体)和 Generate Children(生成子实体)对应的表，概念数据模型和生成的物理数据模型分别如图 3-35 和图 3-36 所示。

生成的物理数据模型中，所有单据表中都有单据类型编号，该编号对一种类型的单据来说值不变，是一种冗余的数据，但该冗余的数据是为了和各单据公共数据构成的单据建立引用关系，所以是必须和必要的冗余。

另一种方法是在概念数据模型中去除单据实体，让订单或进货单等单据实体直接和人员实体建立多对多联系，在生成的物理数据模型中，n 种单据将产生 n 个表达单据实体和人员实体多对多关系的表。读者可自行按此方法建立概念数据模型。

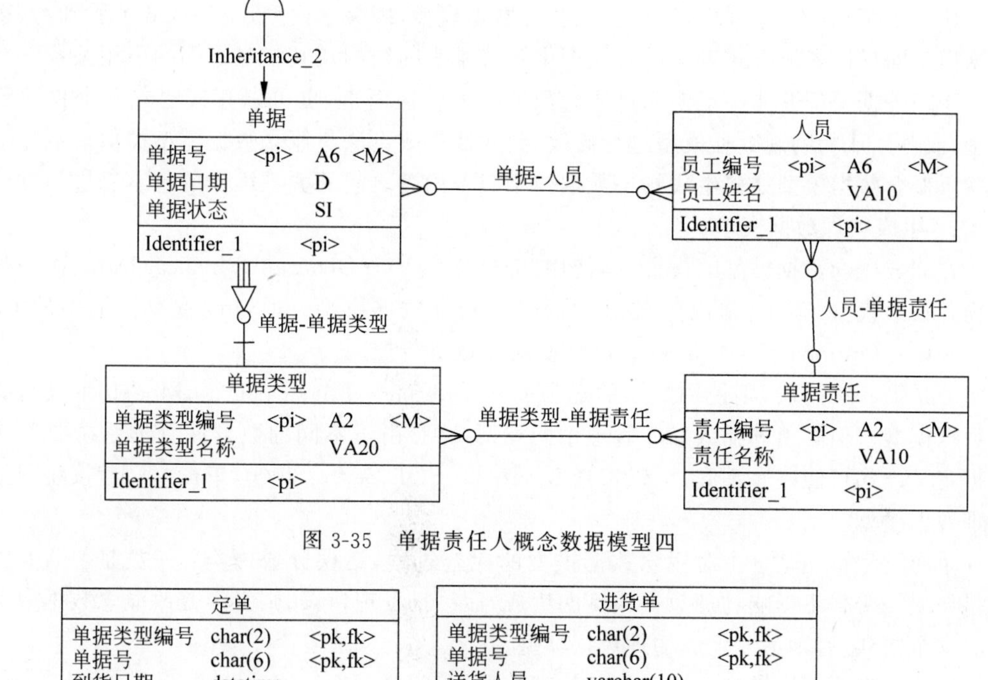

图 3-35 单据责任人概念数据模型四

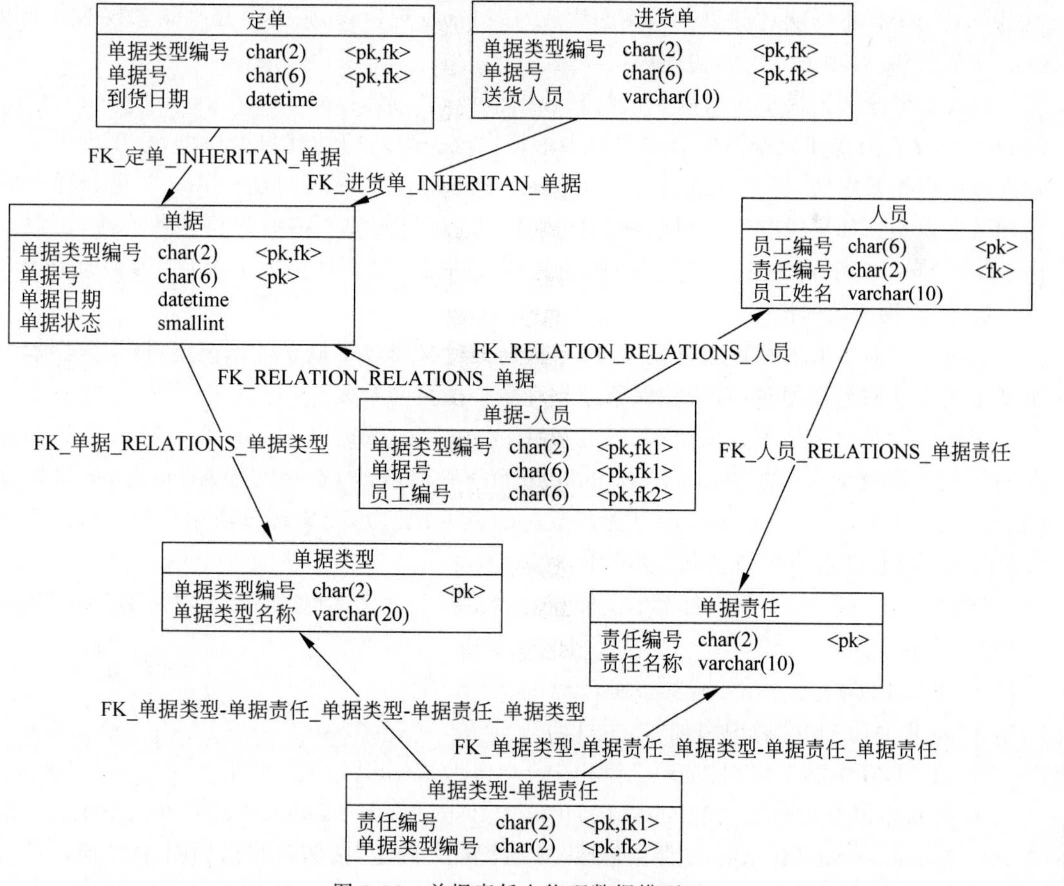

图 3-36 单据责任人物理数据模型四

3.7 PowerDesigner 的物理数据模型

建立了概念数据模型后，可以生成物理数据模型，即关系模型，正如 3.6 节看到的，物理数据模型同样以图形方式表达关系模型中各二维表的结构及其相互之间的引用关系。

物理数据模型并非一定要通过概念数据模型转换而来，也可以直接建立一个物理数据模型，或对生成的物理数据模型进行修改，建立和修改方法与概念数据模型类似。本节重点描述由概念数据模型如何生成物理数据模型以及两者之间的关系维护的基本思想和方法。

1. 生成物理数据模型

在完成概念数据模型的设计后，使用 Tools（工具）→Generate Physical Data Model（生成物理数据模型）菜单，弹出生成对话框生成物理数据模型。通过设置对话框中的 PDM Generation Options（PDM 生成参数配置）对生成进行控制。

若是第一次生成，则使用默认的选项 Generate New Physical Data Model（生成新的物理数据模型），但必须选择数据库管理系统类型，这是由于不同的数据库管理系统要生成的数据定义语句可能略有不同，可以选择 Microsoft SQL Server 2000，单击“确定”按钮则生成物理数据模型。

生成过程首先是一个对概念数据模型的检查过程，错误分成两类：一类是警告；另一类是错误。警告不影响物理数据模型的生成，而一旦发现错误，则必须修改概念数据模型以排除这个错误，否则不能生成物理数据模型。

修改了概念数据模型后再次生成物理数据模型，仍可选择 Generate New Physical Data Model（生成新的物理数据模型），此选择表示将生成一个新的物理数据模型，原来已生成的物理数据模型被保留，但默认的选择是 Update Existing Physical Data Model（更新存在的物理数据模型），如果没有对生成的物理数据模型进行修改或不需要保留这些修改，可关闭 Preserve Modifications（保留修改）选项，单击“确定”按钮则重新生成 PDM 并覆盖原 PDM。

2. 修改物理数据模型

有时可能对生成的物理数据模型进行修改，此后又修改了概念数据模型，概念数据模型重新生成物理数据模型时，希望能保留原物理数据模型的修改。

解决方法是生成物理数据模型时，打开 Update Existing Physical Data Model（更新存在的物理数据模型）中的 Preserve Modifications（保留修改）选项，PowerDesigner 将根据 CDM 生成 PDM，并与原来生成后可能修改过的 PDM 比较，差异部分由用户选择哪些内容要根据新的 PDM 进行更新、删除或增加。

【例 3-17】 CDM 中有一名学生实体，包括“学号”“姓名”“性别”属性，“性别”类型为布尔型。

- 生成 PDM。
- 在 PDM 的学生表中增加“出生日期”。
- 将 CDM 中学生性别(Sex)类型由 Boolean 改成 Char(1)。
- 重新生成 PDM，选择 Update Existing Physical Data Model（更新存在的 PDM）中的 Preserve Modifications（保留修改）选项，单击“确定”按钮后弹出如图 3-37 所示的界面，左边是新生成的 PDM，右边是原生成并已增加“出生日期”的 PDM，其中，对于所有比较后的不一致项用户可打钩表示用新 PDM 更新。更新方式是：不一致项上的“－”表示删除，“＋”表示增加，“＝”表示更新。

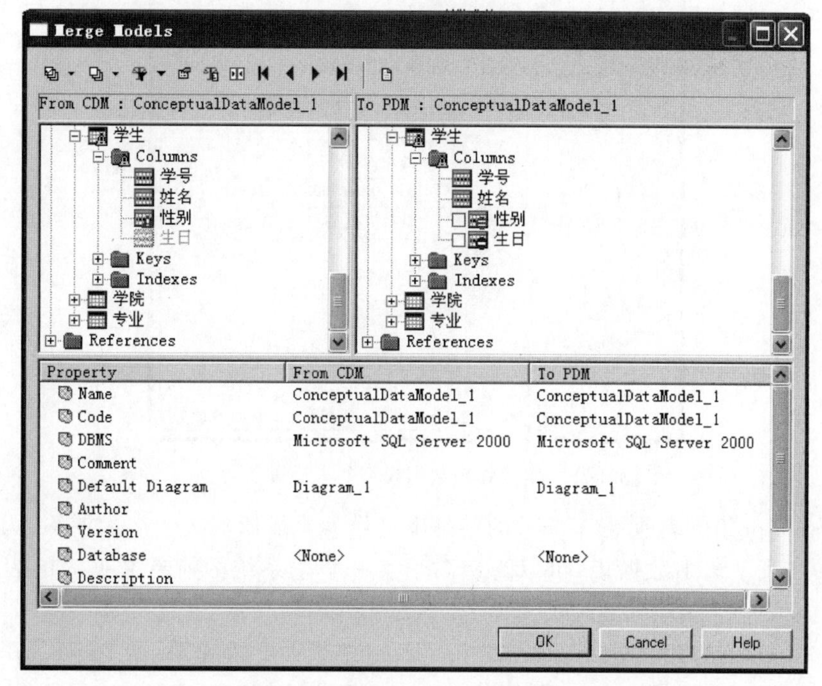

图 3-37　更新时原 PDM 和新生成 PDM 比较控制界面

本例中，希望保留 PDM 的“出生日期”，而更新 Sex 的定义，所以仅在右边“性别”前打钩。单击 OK 按钮，产生的新 PDM 将保留“出生日期”，性别类型改为 Char(1)。

显然，如果对物理数据模型有较多的修改，在概念数据模型生成物理数据模型时，对物理数据模型的一些修改可能要保留，一些修改要根据新概念数据模型产生，所以修改生成的物理模型的弊端是每次修改概念数据模型后，需要对生成的物理模型重复以上修改，尽管 PowerDesigner 提供的对生成的物理数据模型进行更新的可选机制，在更新的情况下可保留原来对物理数据模型的修改，但要记住哪些变更项要更新、哪些变更项要保留本身是一件容易出现差错的事情，所以应该尽可能地建立完善、合理的概念数据模型，不要或尽可能少地修改生成的物理模型。

3. 生成物理数据模型的其他控制

可以对概念数据模型生成物理数据模型进行其他的参数配置，其主要内容在生成物理数据模型对话框的 Detail(细节)选项卡中，如图 3-38 所示。

(1) Check mode(检查模式)：打开该开关，再生成 PDM 前检查模型是否有错，有错则停止生成。

(2) Save generation dependencies(保存生成的依据)：打开该开关，PowerDesigner 将跟踪每一个生成对象的标识，在以更新方式生成 PDM 时，即使同时修改了对象 Name 和 Code，在新老 PDM 的比较时，系统仍能识别是同一对象。

(3) Convert names into codes(把名称转换为代码)：在生成时把对象 Name 作为 Code，即以 Name 作为 PDM 的对象名(如表名和列名)。

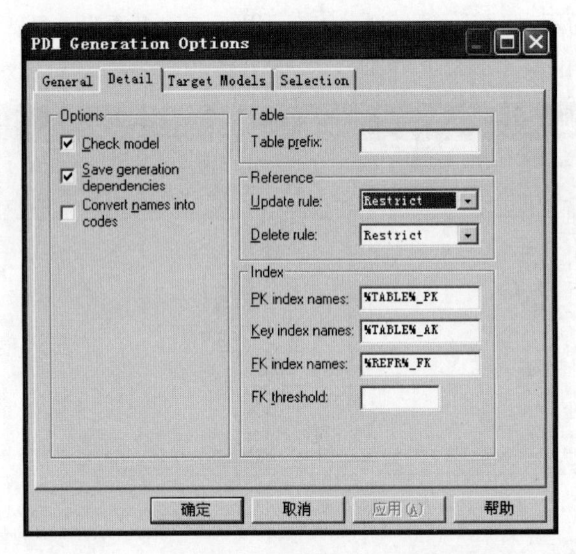

图 3-38　生成物理数据模型的参数配置界面

(4) Table prefix(表前缀)：输入的字符串将作为生成所有表表名的前缀,为了能区分一个系统中各子系统中数据表,可以为从属于某一个子系统的所有数据表的表名加一个前缀。

(5) Reference(引用)选项区域：其中,Update rule(更新规则)和 Delete rule(删除规则)分别可选 None(无)、Restrict(限制)、Cascade(级联)、Set Null(置空)和 Set Default(置默认值),这些设置将决定对建立了引用(子表)和被引用(父表)关系的两个表,当被引用表的行中对应引用表外码的属性发生变化(被删除或修改)时,引用表应该如何做相应的变化,如学生表通过班号引用班级信息,当班级信息中发生了与班号相关的变化(被删除或修改)时,学生表应该如何变化。

① None(无)：被引用表修改,引用不变,即不进行任何控制。如班号被修改或删除,但学生表中的班号仍不变,这通常不符合实际需求,因为所有引用该班号的学生,班级信息丢失。

② Restrict(限制)：对被引用表中已经被引用的数据,不允许修改或删除。假如已经有学生的班号取值为"19001",并且已经设置更新规则为限制,则班级表中班号为"19001"的行,班号不能被修改；如果已经设置删除规则为限制,则班级表中班号为"19001"的行不能被删除。

③ Cascade(级联)：被引用表修改了已经被引用的数据,则引用表将被同步修改。假如已经有学生的班号为"19001",如果已经设置更新规则为级联,班级表中修改班号"19001"为"19002",则所有学生表中班号为"19001"的行的班号被同步改成"19002"；如果已经设置删除规则为级联,删除班级表中班号为"19001"的行,则所有班号为"19001"的学生将被同步删除。

④ Set Null(置空)：被引用表修改或删除了被引用的数据,引用表中引用的数据被设置成空值。如商品通过分类代码对商品分类引用,在商品分类需要调整时,可能需要删除某些分类而保留该分类的商品,所以在删除该商品分类时,把该类商品的分类代码设置为空,表示这些商品的分类需要被重新定义。

⑤ Set Default(置默认值)：被引用表修改或删除了被引用的数据，引用表中引用的数据被设置成默认值，该默认值必须在被引用用表中存在。仍以商品和商品分类为例，在商品分类需要调整时，可能需要删除某些分类，而原属于这些分类的商品，统统把它们归类到一个特殊的分类中，此时，就可以选用本引用规则。建立该引用之前，在商品分类中设置一个特殊的分类，然后设置商品的分类代码的默认值为该特殊的分类代码。

在实际应用中，限制和级联是常用的选择，数据库管理系统提供的数据定义语句也并不支持所有的这些选择，对 SQL Server 而言，其数据定义语句也仅支持限制和级联两种规则的引用，如果上述选择为 Restrict(限制)，则不对生成的物理数据模型中的数据定义语句产生影响，因为 SQL Server 定义一个引用的默认方式就是限制方式，如果上述选择为 Cascade(级联)，则生成的数据定义语句中会出现 on delete cascade 或 on update cascade，分别表示级联删除和级联修改。对另外两种引用规则，SQL Server 可以使用触发器来实现，具体方法可见 7.4.1 节中的实例。

如果选择了数据库管理系统不支持的引用规则，在生成的物理数据模型中，双击图中生成的引用，在其特性窗口的 Preview 框中看不到生成的 SQL 语句，而是提示：

```
-- The preview is empty because of the setting.
-- Check the generation option.
```

正是由于这种局限，一些系统的分析设计人员放弃使用外码，做出这个决策应该是慎重的并且必须经过全面的分析和比较，因为放弃使用外码，也就放弃了数据库管理系统提供的确保引用数据一致性的强大功能，不得不自己写程序，例如编写触发器来确保这一点。

最后要指出的是，PowerDesigner 没有在概念数据模型中为要生成的每个关系提供引用规则的选择，而是在生成物理数据模型时提供选择，其后果是一个概念数据模型生成的所有关系都必须具有同样的引用规则，这在适用性上存在缺陷。另外，使用 PowerDesigner 9 在数据库管理系统选择为 SQL Server 的情况下，选择引用规则为级联，在生成的数据定义语句中没有包含与选择的引用规则所对应的语句，PowerDesigner 的后继版本如 12.5 修正了这个缺陷。

3.8 数据库的建立

有了物理数据模型以及数据定义语句，接下来就可以创建数据库了。创建数据库分两个步骤：第一步是使用 create database 语句建立一个空的数据库；第二步是在该数据库中建立数据表、约束、引用关系以及存储过程和触发器等内容。

1. 在 PowerDesigner 中建立数据库

物理数据模型中包含的 SQL 语句并不包括创建数据库的语句，所以可以使用 SQL Server 的企业管理器或查询分析器创建数据库，也可以在 PowerDesigner 中的物理数据模型的状态下，使用 Database(数据库)→Execute SQL(执行 SQL)菜单，在弹出的对话框中单击 Add(新增)按钮，新增一个 ODBC 数据源，该数据源可以对应任一 SQL Server 中已经存在的数据库，然后在 Machine data source(机器数据源)中选择该数据源，单击 Connect(连接)按钮后，将出现类似 SQL Server 查询分析器的界面，输入并执行建立数据库的命令。

由于原来建立的数据源并不对应新建的数据库，因此要重新建立一个数据源，使该数据源对应新建的数据库，然后选择这个数据源，重新连接，连接成功后，在出现的类似查询分析器的界面中输入并执行创建数据库中对象的命令，这些对象将被创建在新建的数据库中。

2. 在数据库中建立数据库对象

可以在数据库中逐个建立物理数据模型中的对象，也可以一次全部建立。

(1) 逐个建立数据库对象。

在物理数据模型各个对象的特性窗口中，都有一个 Preview(预览)框，其中包含了在数据库中创建这个对象的数据定义语句，并且也包含了对需要创建的对象是否已经存在的判断以及存在情况下进行删除的操作，这样就使创建工作可重复进行。

【例 3-18】 下面是一个系统生成的建立数据表的数据定义语句：

```
if exists(SELECT 1
            FROM   sysindexes
            WHERE  Id     = object_Id('goods')
            and    Name   = 'goods_PK'
            and    indId > 0
            and    indId < 255)
   drop index goods.goods_PK
go
if exists(SELECT 1
            FROM   sysobjects
            WHERE  Id = object_Id('goods')
            and    type = 'U')
   drop table goods
go
/* ============================================================== */
/* Table: goods */
/* ============================================================== */
create table goods (
Id             char(12)             not null,
Name           varchar(20)          null,
Unit           varchar(6)           null,
costprice      price                null,
saleprice      price                null
)
go


/* ============================================================== */
/* Index: goods_PK */
/* ============================================================== */
create unique index goods_PK on goods(
Id
)
go
```

其中，if 语句用来判断索引和表是否已经存在，若存在则删除它。

建表语句中 price 为一个已定义的一个域，在概念数据模型中定义了该域，域的名称(Name)为“价格”，代码(Code)为“price”，所以在执行该语句前，先要建立 price 域，即先要执行下列语句，这些语句可以在生成的物理数据模型下的“价格”域的特性窗口中的 Preview 框中找到。

```
if exists(SELECT 1 FROM systypes WHERE Name = 'price')
      execute sp_unbindrule price, R_price
go
if exists(SELECT 1 FROM systypes WHERE Name = 'price')
begin
   execute sp_droptype price
    drop default D_price
end
go
if exists(SELECT 1 FROM sysobjects WHERE Id = object_Id('R_price') and type = 'R')
      drop rule R_price
go
create rule R_price as
        @column is null or(@column between '100' and '1000' )
go
/* ============================================================ */
/* Domain: price                                              */
/* ============================================================ */
execute sp_addtype price, 'char(10)'
go
create default D_price
      as '500'
go
sp_bindefault D_price, price
go
execute sp_bindrule R_price, price
go
```

该域定义了最大值1000、最小值100及默认值500，SQL Server是通过定义规则R_price、默认对象D_price和使用过程sp_addtype定义域price，然后把R_price和D_price绑定到price。

(2) 一次建立所有数据库对象。

选择Database(数据库)→Generate Database…(生成数据库…)菜单，在弹出的对话框中选择目录和文件名，所有建表的SQL语句将放入该文件中，并选中ODBC Generation(ODBC生成)选项，以建立数据表。

确认后将弹出Connect to an ODBC Data Source(连接到一个ODBC数据源)的对话框，选择数据源，确认后将生成要执行的数据定义语句，单击Execute按钮执行这些数据定义语句。

也可以关闭ODBC Generation(ODBC生成)选项，在单击“确定”按钮后，系统将把所有数据定义语句放入上面指定的文件中，把这些语句粘贴到查询分析器中执行，可以达到相同的在数据库中建立所有数据对象的目的。

第2篇 SQL程序设计

结构化查询语言(Structured Query Language,SQL)是关系数据库的标准语言,它是通过一组提交给数据库服务器执行的命令实现对数据库中元素的定义、操纵和控制,通常这也是访问关系数据库的唯一途径,即无论用什么工具或什么语言去访问数据库,最终都一定是通过 SQL 来实现的。如 MySQL 的 Workbench 具有很简单友好的界面,让用户不需要懂 SQL 也可以创建数据库以及数据表,而事实上,当在界面上输入了一个表的结构信息后,Workbench 把输入的内容转换为 SQL 的建表语句,提交数据库服务器去执行。

SQL 的核心是由一组结构化的语句组成的,不同于其他高级语言一般需要由一组语句来实现一个功能,SQL 的核心语句具有独立的功能,可以单独提交给数据库服务器去执行,所以称之为 SQL 命令更合适,这同时也注定了 SQL(命令)具有非过程化的特点,当需要一个结果而不必关心或设计获得这个结果的过程时,一个 SQL 命令就可以达到目的。

SQL 的核心语句或命令可以分成以下三类九种。

第一类是数据定义的语句,包括 CREATE、DROP 和 ALTER,分别用于建立、删除和修改数据库中的对象以及建立这些数据对象的数据约束。

第二类是数据操纵的语句,包括 INSERT、UPDATE、DELETE 和 SELECT,分别用于对数据表中行的插入、更新、删除和查询。

第三类是数据控制的语句,包括 GRANT 和 REVOKE,分别用于对数据库中数据对象的访问权限的授权和回收。

如上所述,SQL 并不是一个单纯的查询语言,但是,查询语句(SELECT)是该语言的核心语句,是该语言对数据表操作功能的集中体现,也是最复杂的语句。不难理解对数据表最频繁的操作是查询、插入、更新和删除,而除去简单的插入、更新和删除操作,这些语句几乎都要用到查询语句,如把一个查询结果插入某张数据表中,或用一个查询结果去更新一张数据表。

SQL 命令的另一个特点是面向集合的操作方式,其查询、插入、更新和删除语句操作的对象和操作的结果都是以“行”为元素的集合。集合元素没有次序的概念,所以数据表的行也没有次序的概念,可以通过 SQL 语句查询满足某一个条件的行,但不能查询指定行号的行。

SQL 程序通过引入流程控制语句以及变量等程序基本要素后把 SQL 语句组合起来执行,其主要形式有存储过程、函数、触发器等,这些程序被存储在数据库中,存储过程和函数可以相互调用或通过一个“执行”命令调用它，触发器对应的程序则在数据表发生某个操作前或后（插入、更新和删除）自动运行。所以，确切地讲，SQL 的非过程化特点指的是 SQL 命令，如把 SQL 命令编写成程序，这样的程序和面向过程的程序设计没有本质的区别。

SQL 的标准在不断地扩展，各种数据库管理系统基本上都支持某一个版本的 SQL 标准，但在此基础上也会有不同的扩展，形成了各自的 SQL 版本，如 SQL Server 所支持的 SQL 被称为 Transact-SQL，简写为 T-SQL，不同的数据库产品 SQL 也会有所不同。SQL 语句或程序不区分英文字母的大小写。

本篇第 4 章专门介绍查询语句和视图；第 5 章则简要介绍了 INSERT、UPDATE 和 DELETE 语句的基本使用方法以及子查询在这些语句中的应用。

第 6 章介绍了 MySQL 的数据安全控制，对于数据库应用程序如何进行用户权限的控制会有所帮助；第 7 章则介绍 SQL 程序设计的基本方法，并通过实例对数据库管理系统提供的各种编程接口和应用场合进行了分析。

第4章　查询语句和视图

本章首先通过实例介绍查询语句的基本使用方法，然后重点介绍多表查询时的各种表之间的连接及其应用场合，以及如何使用查询语句实现1.1.2节中的各种关系数据操作，最后通过综合实例介绍查询语句的使用技巧，特别展示了函数在扩展查询语句的查询能力方面具有的独特和重要的作用。

4.1　SELECT语句

查询语句基本格式是：

```
SELECT <查询列>
    [FROM <数据源>]
    [WHERE <行条件表达式>]
    [GROUP BY <分组依据>]
[HAVING <组选择条件>]
[ORDER BY <排序依据>]
```

把上面命令中由一个关键词开始的各行称为SELECT语句的子句，SELECT的所有子句都是可选的，SELECT后面列出所有要查询的列，FROM子句用于确定数据源以及数据源之间的连接关系，WHERE子句用于确定选择行的条件，大多数数据库管理系统也在WHERE子句中支持确定数据源的连接条件，GROUP BY子句用于确定分组的依据，HAVING子句必须和GROUP BY配套使用，用于确定选择组的条件，ORDER BY子句则是确定对查询结果排序的依据。

【例4-1】 以3.6.1节单据实例中的物理数据模型中生成的“进货单明细表”为查询对象，通过介绍如何使用SELECT语句满足数据来源为单表的各种查询需求，掌握SELECT语句的各个子句的基本使用方法。

“进货单明细表”的表名为BuyDetail，假设其包含的数据如表4-1所示，其中，首行中括号内为其各列的列名。

表4-1　进货单明细表数据示例

进货单号 (BuyNo)	商品编码 (GoodsNo)	单位 (Unit)	单价 (Price)	数量 (Quantity)
B19001	010010001	个	130.00	200
B19001	010010002	包	210.00	150
B19001	010010003	只	68.00	100
B19002	020010001	千克	48.00	500

续表

进货单号 (BuyNo)	商品编码 (GoodsNo)	单位 (Unit)	单价 (Price)	数量 (Quantity)
B19002	030010002	件	230.00	20
B19002	030010003	套	190.00	10
B19003	030010002	件	230.00	200

(1) 查询全部。

查询整个表的所有内容。

```
SELECT * FROM BuyDetail
```

其中,*表示查询所有列。

(2) 投影运算,即选列查询。

查询进货单号、商品编码、单位和数量。

```
SELECT BuyNo,GoodsNo,Unit,Quantity FROM BuyDetail
```

查询所有进货单号。

```
SELECT DISTINCT BuyNo FROM BuyDetail
```

其中,DISTINCT 的作用是从 SELECT 语句的结果中去除重复的行(相同行仅保留一行)。

查询结果为单列三行,分别为 B19001、B19002 和 B19003,若不加 DISTINCT 则为单列七行。

(3) 包含计算列。

查询进货单的进货单号、商品编码、单位、单价、数量和金额。其中,金额=数量×价格。

```
SELECT *,Price*Quantity FROM BuyDetail
```

查询结果如图 4-1 所示。

BuyNo	Goodsno	Unit	Price	Quantity	Price*Quantity
B09001	010010001	个	130.00	200.00	26000.0000
B09001	010010002	包	210.00	150.00	31500.0000
B09001	010010003	只	68.00	100.00	6800.0000
B09002	020010001	千克	48.00	500.00	24000.0000
B09002	030010002	件	230.00	20.00	4600.0000
B09002	030010003	套	190.00	10.00	1900.0000
B09003	030010002	件	230.00	200.00	46000.0000

图 4-1 包含计算列的查询一

Price*Quantity 为计算列,计算列可以是常数、函数和列名等构成的表达式,计算列通常没有列名,可以为其取个列名,如为金额列取名为 Amount。

```
SELECT *,Price*Quantity AS Amount FROM BuyDetail
```

或

```
SELECT *,Price*Quantity Amount FROM BuyDetail
```

查询结果如图 4-2 所示。

(4) 选择运算,即选行查询。

查询单号为 B19002 的进货单中,商品编码前两位为 03 且价格大于 200 元的商品的编

	BuyNo	Goodsno	Unit	Price	Quantity	Amount
▸	B09001	010010001	个	130.00	200.00	26000.0000
	B09001	010010002	包	210.00	150.00	31500.0000
	B09001	010010003	只	68.00	100.00	6800.0000
	B09002	020010001	千克	48.00	500.00	24000.0000
	B09002	030010002	件	230.00	20.00	4600.0000
	B09002	030010003	套	190.00	10.00	1900.0000
	B09003	030010002	件	230.00	200.00	46000.0000

图 4-2　包含计算列的查询二

码、价格和数量。

```
SELECT GoodsNo, Price, Quantity FROM BuyDetail WHERE BuyNo = 'B19002' AND GoodsNo LIKE '03 % ' AND
Price > 200
```

查询结果如图 4-3 所示。

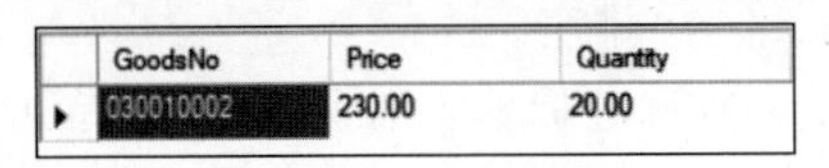

	GoodsNo	Price	Quantity
▸	030010002	230.00	20.00

图 4-3　选择运算

其中，%为通配符，表示任意个字符，使用通配符必须使用 LIKE 比较运算符，而不用=，另一个表示一个字符的通配符是下画线“_”。

(5) 分组统计。

根据某些列的列值进行分组，这些列的列值相同的为一组，然后对每一组用聚合函数进行各种统计，常用的聚合函数有：

SUM(表达式)：返回分组“表达式”的和。若分组中所有表达式值为空，则结果为空；若分组中至少有一个表达式值非空，则求和时剔除所有表达式为空值的行。

COUNT ({ [ALL | DISTINCT]表达式 } | *)：返回分组中行的数量。如果包含表达式，则返回表达式非空的行；若包含 DISTINCT，则返回排除相同行后的行数。

MAX(表达式)：返回分组中“表达式”值的最大值。若分组中所有表达式值为空，则结果为空；若分组中至少有一个表达式值非空，则求最大值时剔除所有表达式为空值的行。

MIN(表达式)：返回分组中“表达式”值的最小值。若分组中所有表达式值为空，则结果为空；若分组中有一个表达式值非空，则求最小值时剔除所有表达式为空值的行。

AVG(表达式)：返回分组中“表达式”值的平均值。若分组中所有表达式值为空，则结果为空；若分组中至少有一个表达式值非空，计算平均值时将剔除表达式值为空值的行(不计数)。

查询所有进货单合计总金额。

```
SELECT SUM(Price * Quantity)FROM BuyDetail
```

输出单行单列 141800。

查询所有进货单的总行数。

```
SELECT COUNT( * )FROM BuyDetail
```

输出单行单列 7。

查询进货单的总张数。

```
SELECT COUNT(DISTINCT BuyNo)FROM BuyDetail
```

输出单行单列 3。

DISTINCT 的作用是首先去除 BuyNo 相同的行(BuyNo 相同的行仅保留一行),然后计算行数。DISTINCT 后只能是列名,不允许是表达式。

查询每张进货单的合计金额,查询结果包括进货单号和合计金额列。

```
SELECT BuyNo, SUM(Price * Quantity)FROM BuyDetail GROUP BY BuyNo
```

查询结果如图 4-4 所示。

BuyNo	SUM(Price*Quantity)
B09001	64300.0000
B09002	30500.0000
B09003	46000.0000

图 4-4 分组查询

查询合计金额大于 40000 元的进货单,查询结果包括进货单号和合计金额列。

```
SELECT BuyNo, SUM(Price * Quantity)FROM BuyDetail
GROUP BY BuyNo HAVING SUM(Price * Quantity)> 40000
```

查询结果为图 4-4 中第 1 行和第 3 行。

(6) 排序。

查询进货单明细表,要求进货单号按升序排列,同一进货单的行按商品价格降序排列。

```
SELECT * FROM BuyDetail ORDER BY BuyNo, Price DESC
```

其中,DESC 表示对 BuyNo 相同的行按 Price 降序排列,默认为升序排列(ASC)。

查询结果如图 4-5 所示。

BuyNo	Goodsno	Unit	Price	Quantity
B09001	010010002	包	210.00	150.00
B09001	010010001	个	130.00	200.00
B09001	010010003	只	68.00	100.00
B09002	030010002	件	230.00	20.00
B09002	030010003	套	190.00	10.00
B09002	020010001	千克	48.00	500.00
B09003	030010002	件	230.00	200.00

图 4-5 排序查询

查询合计金额大于 40000 元的进货单,查询结果包括进货单号和合计金额列,按合计金额升序排列。

```
SELECT BuyNo,SUM(Price * Quantity)FROM BuyDetail
GROUP BY BuyNo HAVING SUM(Price * Quantity)> 40000
ORDER BY SUM(Price * Quantity)
```

或

```
SELECT BuyNo,SUM(Price * Quantity)FROM BuyDetail
GROUP BY BuyNo HAVING SUM(Price * Quantity)> 40000
ORDER BY 2
```

其中,2 表示按第 2 列排序。查询结果如图 4-6 所示。

(7) 综合。

要求查询每张进货单中单价大于 100 元的商品的合计金额,仅输出该合计金额大于 40000 元的进货单的单号和合计金额,按合计金额降序排列。

```
SELECT BuyNo, SUM(Price * Quantity)FROM BuyDetail
WHERE Price > 100
GROUP BY BuyNo HAVING SUM(Price * Quantity)> 40000
ORDER BY 2
```

查询结果如图 4-7 所示。

	BuyNo	SUM(Price*Quantity)
▶	B09003	46000.0000
	B09001	64300.0000

图 4-6　分组排序查询

	BuyNo	SUM(Price*Quantity)
▶	B09003	46000.0000
	B09001	57500.0000

图 4-7　单表综合查询

4.2　数据源中数据表的各种连接

4.1 节介绍了使用 SELECT 语句进行单表查询,其特征是 FROM 后的数据源只有一个,如果 FROM 后的数据源多于一个,则称为多表查询。多表查询通常必须给出多张表的连接条件。

【例 4-2】 如下列语句:

```
SELECT BuyDetail.BuyNo,BuyDetail.GoodsNo,Goods.GoodsName
FROM BuyDetail,Goods
WHERE BuyDetail.GoodsNo = Goods.GoodsNo
```

其中,Goods 为商品信息表,GoodsNo 和 GoodsName 为该表中的商品编号和商品名称列。

通常称 BuyDetail.GoodsNo=Goods.GoodsNo 为两张表的连接条件,事实上,只要条件判断中包含了两张表的列,都可以看成两张表的连接条件,数据库管理系统在处理上述查询时,按照某个顺序在 FROM 后的两张表中各取一行组合起来,判断其是否满足连接条件,满足条件则放入查询结果中,不满足连接条件则继续判断下一个组合,直至可能的组合判断完毕。为两张表建立关于 GoodsNo 的索引,可以大大减少行之间是否满足连接条件的判断次数,从而提升查询的速度。

由此可以看出,在某个连接条件下的多表查询,其查询结果等价于对多张表先进行广义笛卡儿积运算,再对广义笛卡儿积的运算结果(可以看成一张表)进行投影和选择运算,其中,选择运算的选择条件就是连接条件。换句话说,多表查询可以理解成多张表进行广义笛卡儿积运算后对该结果的单表查询,明白这点,对理解或编写复杂关系的查询非常重要。

除此之外,为了适应特殊的查询的应用需求,多表查询引入了外连接的概念。

本节以下部分将以实例介绍各种连接的含义,所有实例均使用以下数据表,各表及其包含列的含义、数据类型、取值和包含的数据行可参见前言二维码。

```
学生信息表: Student(StdId,StdName,Gender,SideId,ClassId,DeptId,Birthday)
选修课程表: Elective(EleId,EleName)
学生选课表: Student_Elective(StdId,EleId,Grade)
教师信息表: Teacher(TeacherId,TeacherName)
```

另外,标准 SQL 的连接条件是写在 FROM 子句中的,但多数数据库管理系统同时允许把连接条件写在 WHERE 子句中,MySQL 也不例外,在以下示例中,均给出两种写法的 SELECT 语句。

1. 交叉连接和内连接

(1) 交叉连接。

两张表的交叉连接就是两张表的广义笛卡儿积,也就是没有连接条件的多表查询。

【例 4-3】 已知所有学生选修的课程情况下，查询所有学生的姓名以及选修的课程名的查询语句为：

```
SELECT StdName,EleName FROM Student,Elective
```

或

```
SELECT StdName,EleName FROM Student CROSS JOIN Elective
```

广义笛卡儿积在查询语句中也称为交叉连接，其结果本身并不反映多张表之间的关系。就本例而言，由于知道所有学生选了所有课程，因此只要查询所有选修课程就可知道所有学生选了哪些课程，上述包含交叉连接的查询语句在实际应用中很少被使用。

(2) 内连接和表的别名的使用。

内连接为默认连接，返回所有符合连接条件的行。

【例 4-4】 查询所有选了课的学生的姓名以及选修的课程名。其查询语句为：

```
SELECT a.StdName,b.EleName FROM Student a,Elective b,Student_Elective c
WHERE a.StdId = c.StdId AND b.EleId = c.EleId
```

或

```
SELECT a.StdName,c.EleName
FROM Student a JOIN Student_Elective b ON a.StdId = b.StdId
JOIN Elective c ON c.EleId = b.EleId
```

内连接的缺点是如果存在没有选修任何选修课的学生，由于在表 Student_Elective 中不存在这些学生的学号，因此连接条件自然不能满足，这些学生不出现在查询结果中，但实际的应用中，需要在此查询中能看到没有选修任何课的学生信息，要做到这一点，就需要使用外连接。在介绍外连接前，先对例 4-4 中出现的“a”“b”“c”做个说明。

语句中的“a”“b”“c”分别为 Student、Student_Elective 和 Elective 三张表的别名，在 SELECT 中出现的某个列名可能同时出现在多张表中时，必须在该列名前加前缀以表明该列取自哪张表，前缀可以直接用表名，但表名通常比较长，所以在 FROM 子句后可以为每张表名取个简单的别名，然后前缀就可以使用别名，这样可以使 SELECT 语句更简洁。在后面介绍的自连接中，由于连接的两张表相同，为了区分某列取自哪张表，别名是不可或缺的。

尽管对那些只出现在一张表中的列名不加前缀，数据库管理系统能自动地确定该列来自哪张表，但这不是一个好的编程习惯，原因是一旦其中的某张表增加了一个同名列，再运行该语句，出错将是必然的。

2. 外连接

外连接有左外连接、右外连接和全连接三种，左外连接使左边表中不满足连接条件的行也出现在查询结果中，查询结果中这些行右边表的列值将为空值(用 NULL 表示的特殊值，表示未取任何值)；右外连接使右边表中不满足连接条件的行也出现在查询结果中，查询结果中这些行左边表的列值将为空值；全连接使左右两边的表中不满足连接条件的行都出现在查询结果中，查询结果中那些取自左边表但不满足连接条件的行中，取自右边表的列值为空值，那些取自右边表但不满足连接条件的行中，取自左边表的列值为空值。

(1) 两张表的左(右)连接。

【例 4-5】 查询所有学生的姓名以及选修的课程号，对没有选课的学生，课程号显示为 NULL。其查询语句为：

```
SELECT a.StdName,b.EleId
FROM Student a LEFT JOIN Student_Elective b ON a.StdId = b.StdId
```

这是标准的 SQL,被所有数据库管理系统所支持。

(2) 多于两个表的左(右)连接。

例 4-5 中查询的数据源只需要使用两张数据表,如果查询要求改为:查询所有学生的姓名以及选修的课程名,对没有选课的学生,课程名显示为 NULL,则该查询涉及三张数据表:

```
SELECT a.StdName,c.EleName
FROM Student a LEFT JOIN Student_Elective b ON a.StdId = b.StdId
LEFT JOIN Elective c ON c.EleId = b.EleId
```

这种三张表之间的左连接表达的含义为:

```
SELECT a.StdName,c.EleName
FROM (Student a LEFT JOIN Student_Elective b ON a.StdId = b.StdId)
LEFT JOIN Elective c ON c.EleId = b.EleId
```

即首先 Student 和 Student_Elective 进行左连接,然后这个结果再和 Elective 进行左连接。前面两张表进行左连接后,对没有选课的学生,他们对应的 b.EleId 为 NULL,所以不满足后一个连接条件,但根据要求没有选课的学生必须出现在查询结果中,所以必须再次使用左连接,确保第一个连接结果中的所有行出现在查询结果中,而不论其是否符合第二个连接条件。

可以尝试执行下列语句,如上所述的原因,没有选课的学生将不出现在查询结果中:

```
SELECT a.StdName,c.EleName
FROM (Student a LEFT JOIN Student_Elective b ON a.StdId = b.StdId),Elective c
WHERE c.EleId = b.EleId
```

(3) 全连接。

【例 4-6】 假设有客户表和销售表,如表 4-2 所示。

表 4-2 进货单明细表数据示例

(a) VIP 客户表(Customer)

客户编号(CusId)	客户姓名(CusName)
00001	张三
00002	李四

(b) 销售表(Sale)

日期(SaleDate)	客户编号(CusId)	商品名称(GoodsName)	数量(Quantity)
03-01	99999	A	12
03-01	00001	B	23

其中,客户"99999"表示普通客户,如要查询所有客户的消费记录,列名包"客户编号""客户名称""商品名称""数量",结果行要包括客户表中没有的普通客户"99999"及没有销售记录的客户"000002",即两张表依据 CusId 连接,各自都有另一张表对应不到的 CusId,要使结果中两张表中所有的 CusId 均出现,则必须使用全连接。

一般大多数数据库系统的 SQL 都会支持全连接(如 SQL Server 为 FULL JOIN),但 MySQL 不直接支持全连接,因而可以通过两个不同方向的外连接来实现。

```
SELECT a.CusId 客户编号,a.CusName 客户姓名,b.GoodsName 商品名称,b.Quantity 数量
FROM Custom a LEFT JOIN Sale b ON a.CusId = b.CusId
```

```
UNION
SELECT b.CusId,a.CusName,b.GoodsName,b.Quantity
FROM Custom a RIGHT JOIN Sale b ON a.CusId = b.CusId
```


如果需要避免结果中出现空值,可以把可能出现空值的列用函数 IFNULL 把空值转为空串。

```
SELECT a.CusId 客户编号, a.CusName 客户名称, IFNULL(b.GoodsName, '') 商品名称, IFNULL(b.
Quantity,'') 数量
FROM Custom a LEFT JOIN Sale b ON a.CusId = b.CusId
UNION
SELECT b.CusId, IFNULL(a.CusName,''), b.GoodsName, b.Quantity
FROM Custom a RIGHT JOIN Sale b ON a.CusId = b.CusId
```

3. 自连接

自连接并不是一种新的连接类型,当连接的两张表是同一张表就称为自连接。

如要查询学生编号、学生姓名、邻座同学姓名,其语句为:

```
SELECT a.StdId,a.StdName,b.StdName
FROM Student a JOIN Student b ON a.SideId = b.StdId
```

上述查询将使没有邻座同学的学生不出现在查询结果中,这通常不符合查询要求,所以语句要改成:

```
SELECT a.StdId,a.StdName,b.StdName
FROM Student a LEFT JOIN Student b ON a.SideId = b.StdId
```

该查询结果包含了所有学生,对那些没有邻座同学的学生,邻座同学的姓名将为空值。显然,自连接中为两张相同的表取一个各自的别名是必需的。

4. 外连接条件和选择条件

使用外连接同时又有选择条件的查询,其操作次序是先进行外连接再进行选择操作,引出的问题是外连接后对方表(左连接右侧表或右连接左侧表)的列值在查询结果中将可能出现空值(正是这些空值的行使外连接有别于内连接),若对这些列施加空值不能满足的选择条件,则这些列值为空值的行将不出现在查询结果中,这样就使外连接失去了意义(查询结果和使用内连接相同)。

所以应该避免在 WHERE 条件中使用左连接中右侧表中的列,或右连接中左侧表中的列。如果需要先进行选择再进行外连接。

例如,要查询所有学生选修了课程号为“ele002”的课程情况,要求列出所有学生姓名及该课程的课程名,若没有选修该课程,则课程名显示为空。

本书首先列出几种错误的查询语句并分析其错误的原因,然后在此基础上给出正确的查询语句以及若干其他查询方法。

(1) WHERE 条件包含外连接条件中对方表的列。

```
SELECT a.StdName,c.EleName
FROM Student a LEFT JOIN Student_Elective b on a.StdId = b.StdId
LEFT JOIN Elective c ON b.EleId = c.EleId
WHERE b.EleId = 'ele002'
```

示例结果如图 4-8 所示。

分析:首先进行连接操作,结果是得到所有学生姓名和相应的课程名,对没选任何课的学生,课程名为空,b. EleId 和 c. EldId 也均为空。然后进行选择操作,对那些没有选修任何选修课的学生，由于 b. EleId 为空，因此不符合选择条件；而对那些虽然选修了课程但没有选修“ele002”的学生，由于其对应的 b. EleId 不等于“ele002”，同样不符合选择条件，因此最后的查询结果仅出现选修了“ele002”课程的学生，左连接由于 WHERE 条件失去了意义，因此该语句的查询结果等价于：

StdName	EleName
李勇	面向对象程序设计
王名	面向对象程序设计

图 4-8　WHERE 条件包含外连接条件中对方表的列的查询结果

```
SELECT a.StdName,c.EleName
FROM Student a,Student_Elective b,Elective c
WHERE a.StdId = b.StdId AND b.EleId = c.EleId AND b.EleId = 'ele002'
```

(2) 把 WHERE 条件放入连接条件。

```
SELECT a.StdName,c.EleName
FROM Student a LEFT JOIN Student_Elective b on a.StdId = b.StdId
LEFT JOIN Elective c ON b.EleId = c.EleIdAND b.EleId = 'ele002'
```

示例结果如图 4-9 所示。

分析：第一个连接得到了所有学生及其相应选修的课程号，对没有选修任何课程的学生，课程号为空，第二个连接仍采用了左连接，所以第一个连接的结果将全部出现在最终的查询结果中，但对于没有选修任何课程的学生对应的课程号 b. EleId 为空，而学生选修的其他课程的课程号 b. EleId 不等于“ele002”，所以这些行均不符合第二个连接条件，课程名显示为空。最终的查询结果与查询所有学生选修的所有课程包括未选修任何课程学生的行数相同，姓名相同，区别仅仅是非“ele002”的课程名显示为空。显然，这样的查询结果仍然不符合要求。

(3) 正确的查询语句。

从图 4-9 可以看到，执行上述查询语句得到的查询结果中已经包含了所需要的结果，只是出现了重复的学生姓名和空值，以 StdName 分组，利用聚合函数 MAX(或 MIN)在存在非空值的情况下会剔除空值的特点，对上述查询语句加入分组条件就可得到符合要求的查询结果：

```
SELECT a.StdName,MAX(c.EleName)
FROM Student a LEFT JOIN Student_Elective b on a.StdId = b.StdId
LEFT JOIN Elective c ON b.EleId = c.EleId AND b.EleId = 'ele002'
GROUP BY a.StdName
```

示例结果如图 4-10 所示。

StdName	EleName
李勇	面向对象程序...
王名	面向对象程序...
李勇	NULL
李勇	NULL
刘晨	NULL
刘晨	NULL
王名	NULL
张立	NULL
周涛	NULL

图 4-9　把 WHERE 条件放入连接条件的查询结果

StdName	MAX(c.EleName)
刘晨	NULL
周涛	NULL
张立	NULL
李勇	面向对象程序...
王名	面向对象程序...

图 4-10　调整后正确的查询结果

然而这样的查询语句有点凑合的痕迹，不是很自然也不太符合逻辑。

自然而合乎逻辑的思路是首先从选课表 Student_Elective 中选择符合条件 EleId='ele002'的选课信息，然后学生表和上述结果通过学号进行左连接就可得到要求的查询结果，实现先选择后连接的操作可以使用表值函数，具体实现见 7.2.1 节中实例。

另一种方法是使用内连接分别查询选修了"ele002"课程的学生和未选修"ele002"课程的学生，然后把两个查询结果进行并(UNION)运算。

4.3 子查询及其逻辑运算符

在 SELECT 的 WHERE 子句或 HAVING 子句中可以包含一个或多个用比较运算符和表 4-3 列出的逻辑运算符引导的 SELECT 语句作为选择条件或选择分组的条件，这种嵌套在 SELECT 语句中的 SELECT 语句称为子查询。

使用比较运算符引导的子查询，要求子查询的结果必须为单值或空值。除比较运算符，可引导 SELECT 语句的其他运算符以及含义如表 4-3 所示。

表 4-3　与子查询相关的逻辑运算符

运算符	含义
ALL	某操作数与子查询结果中所有行比较都为 TRUE，则结果为 TRUE，否则为 FALSE
ANY(SOME)	某操作数与子查询结果中至少一行的比较为 TRUE，则结果为 TRUE，否则为 FALSE
EXISTS	如果子查询包含至少一行，则结果就为 TRUE，否则为 FALSE
IN	某操作数至少和子查询结果中的一行相同，则结果就为 TRUE，否则为 FALSE

下面举例说明如何运用这些逻辑运算符以及子查询来解决实际问题。

【例 4-7】 查询成绩至少比学号为"19001"的学生选修的某一门课成绩要高的学生学号和课程号。

使用"＞ANY"：

```
SELECT StdId,EleId FROM Student_Elective
WHERE Grade > ANY(SELECT Grade FROM Student_Elective WHERE StdId = '19001')
```

使用 MIN：

```
SELECT StdId,EleId FROM Student_Elective
WHERE Grade >(SELECT MIN(Grade)FROM Student_Elective WHERE StdId = '19001')
```

使用 EXISTS：

```
SELECT StdId,EleId FROM Student_Elective a
WHERE EXISTS(SELECT * FROM Student_Elective b,Student_Elective c
WHERE b.StdId = a.StdId AND b.EleId = a.EleId AND c.StdId = '19001' AND b.Grade > c.Grade)
```

必须确保子查询返回为单值或空值，若子查询返回空值，则上述三个查询的 WHERE 条件均为 FALSE，即如果学号为"19001"的学生没有选修任何课程，则查询结果为空。

【例 4-8】 查询成绩比学号为"19001"的学生选修的任一门课的成绩都要高的学生的学号和课程号。

使用"＞ALL"：

```
SELECT StdId,EleId FROM Student_Elective
WHERE Grade > ALL(SELECT Grade FROM Student_Elective WHERE StdId = '19001')
```

使用 MAX：

```
SELECT StdId,EleId FROM Student_Elective
WHERE Grade >(SELECT MAX(Grade)FROM Student_Elective WHERE StdId = '19001')
```

使用 EXISTS：

```
SELECT StdId,EleId FROM Student_Elective a
WHERE NOT EXISTS(SELECT * FROM Student_Elective b,Student_Elective c
WHERE b.StdId = a.StdId AND b.EleId = a.EleId AND c.StdId = '19001'
AND b.Grade < = c.Grade)
```

【例 4-9】 查询至少有一门选修课不及格的学生名单。

使用 EXISTS：

```
SELECT StdName FROM Student WHERE EXISTS(SELECT * FROM Student_Elective WHERE StdId = Student.
StdId and Grade < 60)
```

使用 IN：

```
SELECT StdName FROM Student
WHERE StdId IN(SELECT StdId FROM Student_Elective WHERE Grade < 60)
```

使用连接：

```
SELECT DISTINCT StdName FROM Student a,Student_Elective b
WHERE a.StdId = b.StdId AND b.Grade < 60
```

【例 4-10】 查询至少两门选修课成绩小于 90 分的学生名单。

使用 EXISTS：

```
SELECT StdName FROM Student a
WHERE EXISTS(SELECT StdId FROM Student_Elective b
WHERE b.StdId = a.StdId AND Grade < 90 GROUP BY StdId HAVING COUNT( * )> = 2)
```

使用 IN：

```
SELECT StdName FROM Student WHERE StdId IN(SELECT StdId FROM Student_Elective WHERE Grade < 90
GROUP BY StdId HAVING COUNT( * )> = 2)
```

使用连接：

```
SELECT a.StdName FROM Student a,Student_Elective b
WHERE a.StdId = b.StdId AND b.Grade < 90
GROUP BY a.StdId,a.StdName
HAVING COUNT( * )> = 2
```

在 GROUP BY 中加 a.StdId 是为了防止出现同名的学生。

【例 4-11】 查询平均成绩高于学号为“19003”的学生平均成绩的学生姓名及平均成绩。

```
SELECT a.StdName,AVG(b.Grade) FROM Student a,Student_Elective b
WHERE a.StdId = b.StdId
GROUP BY a.StdId,a.StdName
HAVING AVG(b.Grade)>
(SELECT avg(Grade) FROM Student_Elective WHERE StdId = '19003')
```

4.4 关系的集合运算的实现

在1.1.2节中对关系模型定义了以下各种查询操作即关系运算：选择、投影、连接、并、交、差、除和广义笛卡儿积，其中选择(选行)、投影(选列)、连接和广义笛卡儿积的操作，在前面已经介绍过，剩下除了除运算，并、交和差都是关于集合的运算，这些运算如何使用SELECT语句来实现是本节要讨论的主要内容，其中重点是解决如何用SELECT语句实现除运算。

1. 并运算

几乎所有的数据库管理系统都支持联合(UNION)操作——把两个SELECT语句的查询结果合并成一个结果输出，条件是两个查询的列数相同，对应列的类型通常也应该是相同或相容的。

【例4-12】 把学生编号、姓名和教师编号、姓名合并查询，其查询语句为：

```
SELECT StdId,StdName FROM Student
UNION
SELECT TeacherId,TeacherName FROM Teacher
```

此查询的缺陷是无法区分哪些行对应的是教师，哪些行对应的是学生，所以可以做如下改进：

```
SELECT StdId,StdName,'学生'FROM Student
UNION
SELECT TeacherId,TeacherName,'教师' FROM Teacher
ORDER BY 3,1
```

ORDER BY 3,1表示按查询结果的第3列排序，第3列相同的再按第1列排序，结果是教师在前，学生在后，如果希望学生排在前面则ORDER BY 3,1改成ORDER BY 3 DESC,1。

如果两个查询中有完全相同的行，则联合运算会去除重复行，而不论这些重复行是出自两个查询还是一个查询，要保留重复行的方法是使用UNION ALL。

【例4-13】 可以用联合(UNION)实现1.1.2节中“4.连接”中的实例，其查询语句为：

```
SELECT a.StdName,b.EleName
FROM Student a,Elective b,Student_Elective c
WHERE a.StdId = c.StdId AND b.EleId = c.EleId AND b.EleId = 'ele002'
UNION
SELECT StdName,NULL
FROM Student WHERE StdId
NOT IN(SELECT StdId FROM Student_Elective WHERE EleId = 'ele002')
```

可以对多于两个的查询结果作联合(UNION)运算，在4.7节中“5.实现汇总表”中将看到联合运算在解决实际应用问题中更多的运用。

2. 交和差运算

有些数据库管理系统直接支持交和差的运算，如Oracle提供的交和差运算的运算符分别为INTERSECT和MINUS，使用方法和要求基本同联合运算。但MySQL并不直接支持这两种运算，交和差运算必须通过带子查询的选择运算来完成，以下以两个实例来进行说明。

(1) 交运算的实现。

【例 4-14】 查询被学号"19001"和"19002"的学生同时都选的课程编号。

使用 INTERSECT(Oracle):

```
SELECT EleId FROM Student_Elective WHERE StdId = '19001'
INTERSECT
SELECT EleId FROM Student_Elective WHERE StdId = '19002'
```

使用子查询(MySQL):

```
SELECT EleId FROM Student_Elective WHERE StdId  = '19001'
AND EleId IN(SELECT EleId FROM Student_Elective WHERE StdId = '19002')
```

(2) 差运算的实现。

【例 4-15】 查询学号为"95001"的学生选择但没有被学号为"95002"的学生选择的课程编号和课程名称。

使用 MINUS(Oracle):

```
SELECT a.EleId,b.EleName FROM Student_Elective a,Elective b
WHERE a.EleId = b.eldId AND StdId = '19001'
MINUS
SELECT a.EleId,b.EleName FROM Student_Elective a,Elective b
WHERE a.EleId = b.EleId AND StdId = '19002'
```

使用子查询(MySQL):

```
SELECT a.EleId,b.EleName FROM Student_Elective a,Elective b
WHERE a.EleId = b.EleId AND a.StdId  = '19001'
AND a.EleId NOT IN(SELECT EleId FROM Student_Elective WHERE StdId = '19002')
```

3. 除运算

除运算的含义可以参见 1.1.2 节,一般而言,把表 R 的列分成两组 X 和 Y,表 S 的列也分成两组 Y 和 Z,其中 Y 中的列是 R 和 S 的公共列,具有公共列是进行 R 和 S 除运算的必要条件。

$R \div S$ 结果仍然是一个表,该表的列就是 X,该表的行选自表 R,这些行必须满足的条件是其对应 Y 中的列值(也称为象集)包含关系 S 在 Y 上的投影。

X 中的列描述了一类对象(如学生的学号),每个对象都可以拥有 $1 \sim N$ 个特性 Y(如选修 $1 \sim N$ 门课程),关系 R 则记录了每个对象 X(学生)所具有的 $1 \sim N$ 个特性 Y(如选课表 Student_Elective),关系 S 包含了所有 $1 \sim N$ 个特性(如选修课程表 Eletive),则 $R \div S$ 为具有所有 N 个特性 Y 的对象 X 的全体(选了所有课程的学生)。

几乎所有的数据库管理系统都不直接支持除运算,下面从一般意义上解决如何用 SELECT 语句实现:$R(X,Y) \div S(Y,Z)$。

满足除运算结果的相反的条件是至少存在一个特性没有被选择,即存在一个特性,查询结果中的对象不具有该特性,所以要解决的基础查询是查询没有被除运算结果中对象($R1.X$,$R1$ 为 R 的别名)选择的特性,把该查询语句形式化地表示为:

```
SELECT * FROM S WHERE Y NOT IN(SELECT Y FROM R WHEREX = R1.X)
```

如果上述查询语句为空,则表示不存在 $R1.X$ 没有选择的特性,也就是 $R1.X$ 选择了

所有特性,所以最终 $R(X,Y)\div S(Y,Z)$ 对应的 SELECT 语句可形式化地表示为:

```
SELECT DISTINCT X FROM R R1
WHERE NOT EXISTS
(SELECT * FROM S WHERE Y NOT IN(SELECT Y FROM R WHEREX = R1.X))
```

以下以实例说明如何用 SELECT 语句实现除运算。

【例 4-16】 查询选修了全部课程的学生学号。

首先写出查询被查询学生(学号为 a. StdId)没有选择的课程:

```
SELECT * FROM Elective WHERE EleId NOT IN(SELECT EleId FROM Student_Elective WHERE StdId = a.
StdId)
```

如果上述查询结果为空,则说明该学生(学号为 a. StdId)选修了全部选修课,所以查询选修了全部课程的学生学号的查询语句为:

```
SELECT DISTINCT StdId FROM Student_Elective a
WHERE NOT EXISTS(SELECT * FROM Elective
WHERE EleId NOT IN(SELECT EleId FROM Student_Elective WHERE StdId = a.StdId))
```

【例 4-17】 查询至少选修了学号为“19002”的学生选修的全部课程的学生学号。

首先写出学号为“19002”学生的选修的所有课程:

```
SELECT EleId FROM Student_Elective WHERE StdId = '19002'
```

上列课程中没有被查询结果中学生(学号为 Student. StdId)选修的课程:

```
SELECT * FROM Elective WHERE EleId IN
(SELECT EleId FROM Student_Elective WHERE StdId = '19002')
AND EleId NOT IN(SELECT EleId FROM Student_Elective WHERE StdId = Student.StdId)
```

若上述查询结果未空,则表示查询结果中学生(学号为 Student. StdId)选修了学生为“19002”的学生选修的所有课程,所以最终的查询语句为:

```
SELECT StdId FROM Student WHERE NOT EXISTS
(SELECT * FROM Elective
WHERE EleId IN (SELECT EleId FROM Student_Elective WHERE StdId = '19002')
AND EleId NOT IN
(SELECT EleId FROM Student_Elective WHERE StdId = Student.StdId))
```

查询结果中包含了“19002”,如果要去除该行,只需在主查询中加上“StdId <>'19002'”条件。

4.5 索　　引

建立索引是一种以空间换时间的提高查询效率的重要而有效的手段,如果查询条件中的相关列建有索引,则数据库管理系统会尽可能使用这个索引进行检索,与没有索引的情况相比,效率会有显著提高,且数据量越大,效率的提高越显著。

当开发的系统的数据量不断增加,效率越来越低时,可以考虑增加检索,以不需要修改任何程序极小的开发代价明显提高效率,改善用户体验。

当然,前提是找到影响效率的查询语句,然后在选择和连接条件中找到关键列(可能是多个),尝试建立相关索引(可能是组合索引),测试效果,这应该是一个不断反复的尝试过程，最终找到最好的解决方案。

这里仅简单介绍一下 MySQL 的建立索引的语句，需要注意的是，所有表的主码系统都会自动建立索引，所以无须再对主码建索引。

建立索引的常用格式为：

```
CREATE [UNIQUE] INDEX index_name
ON tbl_name (col_name1 [ASC | DESC],col_name2 [ASC | DESC]...)
```

UNIQUE：建立唯一性索引，索引列（或列组合）值不允许出现相同值。

index_name：索引名称。

tbl_name：需要建立索引的表名。

col_name1...col_namen：需要建立索引的列名，可以是多个列的组合，按前后顺序第一个为主索引，若主索引值相同，则按第二索引列索引，第二索引列值相同，则按第三索引列索引……

每个列可指定是按升序（ASC）还是降序（DESC）索引。

4.6 视　　图

视图可以看成一个保存在数据库中的 SELECT 语句，查询视图也就是执行相应的 SELECT 语句，SELECT 语句执行的结果是一张表，所以视图也可以看成一张表，但建立视图后，在数据库中仅存放视图的定义，即对应的 SELECT 语句，并不实际存放查询的结果，所以可以把视图看成一张虚表，即不占用物理空间的表。当查询的数据源中的数据发生变化时，查询的结果也将发生变化，从视图中查询出的数据也随之改变。

视图具有表的特征，所以在 SELECT 语句中，视图可以和表一样作为查询的数据源，甚至也可以像表一样进行插入、修改和删除操作。对视图的插入、修改和删除操作以及引入这些操作的意义将在 3.4 节中予以说明。

1. 建立视图和查询视图

建立视图的语句格式为：

```
CREATE
    [OR REPLACE]
    [ALGORITHM = {UNDEFINED | MERGE | TEMPTABLE}]
    [DEFINER = user]
    [SQL SECURITY { DEFINER | INVOKER }]
    VIEW view_name [(column_list)]
    AS select_statement
    [WITH [CASCADED | LOCAL] CHECK OPTION]
```

执行建立视图的语句后，数据库管理系统只是把视图的定义存入数据库，并不执行其中的 SELECT 语句。只有在对视图查询时，才按视图的定义执行对应的 SELECT 语句并返回结果。

【例 4-18】 建立所有学生选修课成绩的视图 AllStudentElectiveGrade，要求包括学号、姓名、课程名称和成绩列。建立该视图的语句为：

```
CREATE VIEW AllStudentElectiveGrade
AS
```

```
SELECT a.StdId,a.StdName,b.EleName,c.Grade
FROM Student a,Elective b,Student_Elective c
WHERE a.StdId = c.StdId AND b.EleId = c.EleId
```


建立的视图的列名即为查询语句中的列名，包括 StdId、StdName、EleName 和 Grade，如果视图对应的 SELECT 中包含了聚合列或计算列，则必须为视图明确每列的列名。

如果要建立所有学生选修课的平均成绩视图，要求包括学号、姓名和平均成绩。建立视图的语句为：

```
CREATE VIEW AllStudentAvgGrade(StdId,StdName,AvgGrade)
AS
SELECT a.StdId,a.StdName,AVG(b.Grade)FROM Student a,Student_Elective b
WHERE a.StdId = b.StdId
GROUP BY a.StdId,a.StdName
```

该视图对应的查询中使用了聚合函数 AVG，所以在建立视图的语句中，必须为视图的每列指定列名称，三个列名分别为 StdId、StdName 和 AvgGrade。

视图建立后就可以同表一样作为 SELECT 语句的数据源被查询，也可以和其他表与视图进行连接后被查询，如：

```
SELECT * FROM AllStudentAvgGrade
```

实际执行的是创建视图 AllStudentAvgGrade 语句中的 SELECT 语句，又如：

```
SELECT a.StdId,a.StdName,b.Gender,a.AvgGrade FROM AllStudentAvgGrade a,Student b
WHERE a.StdId = b.StdId
```

实际把视图 AllStudentAvgGrade 对应的 SELECT 语句的执行结果与 Student 表连接后输出查询结果。

视图可以嵌套定义，即视图对应的 SELECT 语句中的数据源可以包括视图。

建立视图语句中的 WITH CHECK OPTION 的作用将和对视图的插入、修改和删除一起在 6.4.3 节中说明，有 CASCADE 和 LOCAL 两个选项可用。

2. 删除视图

删除视图的语句格式为：

```
DROP VIEW <视图名>
```

删除视图后系统并不会删除以该视图为数据源的其他视图，但这些视图显然已不能被使用，可以逐一删除它们。

例如，删除视图 AllStudentElectiveGrade 的语句为：

```
DROP VIEW AllStudentElectiveGrade
```

3. 何时需要视图

在实际的应用系统开发过程中，下列情况下可以考虑使用视图。

(1) 当一个比较复杂的查询在系统开发中需要多处被使用，尤其是需要被不同的功能模块使用时，可以把该查询定义为一个视图，这样可使开发小组能共享并重用这个视图对应的 SELECT 语句。

(2) 当查询仅从所有实际存在的表中获取数据有难度时，可以使用视图表达一个中间结果，然后把表达中间结果的视图作为查询的数据源，最终得到所要结果。4.7 节实例中的一些解决方案就是使用了这个方法。

(3) 对一张表的满足特定条件的行进行数据安全控制，即要求对某些能直接访问数据库的用户，仅允许他们访问(包括查询，插入、修改和删除操作)某一张表中满足特定条件的行，对这样的需求，必须使用视图机制来实现。关于这点的说明见 6.4 节。

与直接使用查询语句相比，使用视图可以在应用程序与数据库结构之间提供一定程度的逻辑独立性，如数据表的某个列名发生变更，如果应用程序中是使用查询语句直接对该表查询，就必须修改应用程序中的 SELECT 语句，而如果应用程序是对视图进行查询，则只需要修改视图的定义而不必修改应用程序。另一种情况是当查询中连接条件、WHERE 条件、分组条件、排序条件、计算列或聚合列的算法发生变更时，应用程序若直接使用 SELECT 语句进行查询，同样必须修改应用程序中的 SELECT 语句，而使用视图则有可能只需要修改视图的定义。

另外，查询计划是数据库管理系统实施查询的内部策略，查询计划将可能使数据库服务器更快速地得到结果集。数据库服务器可以在保存视图后立即为视图建立查询计划。但是对于查询，数据库服务器只有在执行查询时才能建立查询计划。所以同样一个 SELECT 查询，把它定义成一个视图后的查询速度会更快一些。

视图的缺陷表现为其对应的 SELECT 语句中不能带参数。

【例 4-19】 应用程序中要求查询某个班学生的学号、姓名、选修课程名和成绩，查询语句为：

```
SELECT a.StdId,a.StdName,c.EleName,b.Grade
FROM Student a LEFT JOIN Student_Elective b ON a.StdId = b.StdId
LEFT JOIN Elective c ON b.EleId = c.EleId
WHERE a.ClassId = "班号"
```

由于“班号”在设计阶段不能确定，是由应用程序的用户在程序运行过程中选择确定的，因此假如使用视图完成这个查询，因为语句中包含了设计阶段不确定的参数“班号”，所以无法把该查询语句定义成视图。

通常的解决方法是把班号也作为查询结果中的一列，然后在对视图的查询语句中加上 ClassId＝"班号"的条件，这样就把在视图对应的 SELECT 语句中的参数转换为对视图查询的 SELECT 语句中的参数。

定义视图的语句如下：

```
CREATE VIEW StudentOfClass
AS
SELECT a.StdId,a.StdName,a.ClassId,c.EleName,b.Grade
FROM Student a LEFT JOIN Student_Elective b ON a.StdId = b.StdId
LEFT JOIN Elective c ON b.EleId = c.EleId
```

应用程序中提交数据库服务器的查询视图的语句如下：

```
SELECT StdId,StdName,EleName,Grade
FROM StudentOfClass WHERE ClassId = "班号"
```

应用程序以字符串的形式提交 SQL 语句，所以根据用户在界面上对班级的选择，应用程序获得班号后可以很容易地生成表达上述查询语句的字符串，其中，“班号”以用户选择的班级的班号取代。

4.7 典型查询实例分析

本节主要介绍使用查询语句实现若干典型查询需求的方法。实例具有很强的实用性、综合性和复杂性,对同一个问题,也提供了多种解决方法。理解和掌握这些方法的前提是对需求有透彻的理解。其中一些实例中使用了 MySQL 提供的标准函数、表达式和自定义函数,在这里只给出其在实例中的作用和使用方法的简单说明,关于这方面更详细的内容可参考 4.2 节中的内容。

1. 包含不同选择条件的聚合列的查询

本节的实例主要介绍查询结果中有两个以上的统计列(使用聚合函数的列),而这些统计列的统计(选择)条件可能各不相同,本书提供了多种可选的方法来完成此类查询,其中包括仅使用一个 SELECT 语句来实现这类查询的技巧。

【例 4-20】 根据 Student 和 Student_Elective 表数据,查询输出如表 4-4 所示的表格。

表 4-4 包含不同选择条件的聚合列的查询

课　程　号	男生平均成绩	女生平均成绩
ele001	87	96
ele002	88	72
ele003	89	NULL

其中,NULL 表示编号为“ele003”的选修课,女生没有人选修。

表 4-4 中男生平均成绩的统计(选择)条件是 Gender＝1,而女生平均成绩的统计(选择)条件是 Gender＝0,所以,这是一个包含不同统计(选择)条件的聚合列的查询。

(1) 使用两个视图。

解决此问题的第一种方法是分别为各课程的男生统计平均成绩,把此 SELECT 语句定义成一个视图,然后用同样的方法为女生的各门课程的平均成绩也建立一个视图,两个视图的数据见表 4-5,然后通过课程编号连接这两个视图,就可得到表 4-4 中的数据。

表 4-5 分别建立两个视图

(a) 男生视图的数据

课　程　号	男生平均成绩
ele001	87
ele002	88
ele003	89

(b) 女生视图的数据

课　程　号	女生平均成绩
ele001	96
ele002	72

视图一:男生各门选修课的平均成绩。

```
CREATE VIEW BoyAvgGrade(EleId,Grade)
AS
SELECT a.EleId,AVG(a.Grade)
FROM Student_Elective a,Student b
WHERE a.StdId = b.StdId and b.Gender = 1
GROUP BY a.EleId
```

视图二:女生各门选修课的平均成绩。

```
CREATE VIEW GirlAvgGrade(EleId,Grade)
AS
SELECT a.EleId,AVG(a.Grade)
FROM Student_Elective a,Student b
WHERE a.StdId = b.StdId and b.Gender = 0
GROUP BY a.EleId
```

通过课程号连接两个视图得到需要的查询结果，由于查询结果中要求只有男生选的课程和只有女生选的课程都要出现，因此必须使用全连接，MySQL 全连接要使用 UNION 来实现(见 1.1.2 节中关于外连接的内容)，最后的查询语句为：

```
SELECT a.EleId,a.Grade,b.Grade
FROM BoyAvgGrade a LEFT JOIN GirlAvgGrade b ON a.EleId = b.EleId
UNION
SELECT b.EleId,a.Grade,b.Grade
FROM BoyAvgGrade a RIGHT JOIN GirlAvgGrade b ON a.EleId = b.EleId
```

如果数据库支持全连接，则语句可简化为(注意，IFNULL 为 MySQL 的函数，其他数据库要替换为其他类似函数，如 SQL Server 为 ISNULL)：

```
SELECT IFNULL(a.EleId,b.EleId,a.Grade,b.Grade
FROM BoyAvgGrade a FULL JOIN GirlAvgGrade b ON a.EleId = b.EleId
```

(2) 使用一个视图及 NULL 的运用。

第二种方法是使用 UNION，把第一种方法中两个 SELECT 语句用 UNION 合并在一起。为了使男女生的平均成绩分别出现在两列中，统计男生的 SELECT 语句中女生平均成绩列为常数 0，而统计女生的 SELECT 语句中男生平均成绩列为常数 0，并把该查询语句定义成一个视图：

```
alter VIEW AvgGradeUnion(EleId,BoyGrade,GirlGrade)
AS
SELECT a.EleId,AVG(a.Grade),0
FROM Student_Elective a,Student b
WHERE a.StdId = b.StdId and b.Gender = 1
GROUP BY a.EleId
UNION
SELECT a.EleId,0,AVG(a.Grade)
FROM Student_Elective a,Student b
WHERE a.StdId = b.StdId and b.Gender = 0
GROUP BY a.EleId
```

对该视图查询的结果如表 4-6 所示，该视图对两个平均成绩按课程号再进行一次分组求和：

表 4-6　使用一个视图

课　程　号	男生平均成绩	女生平均成绩
ele001	0	96
ele001	87	0
ele002	0	72
ele002	88	0
ele003	89	0

```
SELECT EleId,SUM(BoyGrade),SUM(GirlGrade)
FROM AvgGradeUnion GROUP BY Eleid
```

就得到如表 4-7 所示的查询结果。

表 4-7　有歧义的查询结果

课　程　号	男生平均成绩	女生平均成绩
ele001	87	96
ele002	88	72
ele003	89	0

这样的查询结果和表 4-4 所示的查询要求还是有差异的,从该结果中无法获知课程号为"ele03"的课程,是没有女生选呢,还是有人选但平均成绩为 0?

一种改进方法是把原视图对应 SELECT 语句中常数"0"改为 NULL,这利用了数据库管理系统对聚合函数中出现 NULL 值的处理机制,即如果分组中有一个值不是 NULL,则所有 NULL 值被忽略或可认为被处理数字成"0",如分组中全部值为 NULL,则聚合函数返回 NULL。

改进后的视图数据就是把表 4-6 中的"0"换成 NULL,然后对该视图进行同样的查询,将得到和表 4-4 所示的查询要求完全相同的结果。

另一种改进方法是在视图中增加选某门课的男女生的人数统计列:

```
CREATE VIEW AvgGradeUnion(EleId,BoyGrade,GirlGrade,BoyCnt,GirlCnt)
AS
SELECT a.EleId,AVG(a.Grade),0,count( * ),0
FROM Student_Elective a,Student b
WHERE a.StdId = b.StdId and b.Gender = 1
GROUP BY a.EleId
UNION
SELECT a.EleId,0,AVG(a.Grade),0,count( * )
FROM Student_Elective a,Student b
WHERE a.StdId = b.StdId and b.Gender = 0
GROUP BY a.EleId
```

该视图的内容如表 4-8 所示。

表 4-8　加入人数的视图

课　程　号	男生平均成绩	女生平均成绩	男生选课人数	女生选课人数
ele001	0	96	0	1
ele001	87	0	2	0
ele002	0	72	0	1
ele002	88	0	1	0
ele003	89	0	2	0

最后满足要求的查询语句为:

```
SELECT EleId,
SUM(CASE WHEN BoyCnt <> 0 THEN BoyGrade ELSE NULL END),
SUM(CASE WHEN GirlCnt <> 0 THEN GirlGrade ELSE NULL END)
FROM AvgGradeUnion
GROUP BY EleId
```

其中,CASE…END 是 MySQL 提供的一个表达式,当 WHEN 后的表达式为 TRUE 时,CASE 表达式值为 THEN 后面的表达式值,如果所有 WHEN 后的表达式均为 FALSE,则 CASE 表达式值为 ELSE 后面的表达式值,关于 CASE 表达式更多的内容见 4.1 节。

(3) 不使用视图。

直接使用一个 SELECT 语句完成上述查询的关键是要解决男生平均成绩和女生平均成绩两个统计列统计条件不一致的问题,基本想法是不要使用 WHERE 子句表达这两个不同的统计条件,而通过表达式来表达,具体方法是:构造一个表达式,该表达式当统计条件满足即为男生时,表达式值为 1,否则为 0,把该表达式乘以要统计的分数值(Grade),求和就得到男生的合计成绩,对本例,该表达式可取 Student. Gender, sum(Student. Gender * Student_Elective. Grade)得到的就是每个分组男生的合计成绩用同样的方法可以构造一个表达式,该表达式当统计条件满足即为女生时,表达式值为 1,否则为 0,把该表达式乘以要统计的分数值(Grade),求和就得到女生的合计成绩,对本例,该表达式可取 1－Student. Gender, sum((1－Student. Gender) * Student_Elective. Grade)得到的就是每个分组女生的合计成绩。

由此可以得到各门课程男生和女生的合计成绩的查询语句:

```
SELECT a.EleId,SUM(a.Grade * b.Gender),SUM(a.Grade * (1 - b.Gender))
FROM Student_Elective a,Student b
WHERE a.StdId = b.StdId
GROUP BY a.EleId
```

上述语句不能直接使用 AVG 计算平均成绩,因为分组(选修某门课的学生)的行数不是选修该门课的男生和女生的行数,而是所有选修该门课学生的行数。

执行上述查询语句将得到如表 4-9 所示的查询结果。

表 4-9　一个 SELECT 语句实现不同统计条件的求和

课　程　号	男生合计成绩	女生合计成绩
ele001	174	96
ele002	88	72
ele003	178	0

为了得到平均分数,必须在上述查询中计算分组中男生和女生的人数,每组男生人数可以使用 SUM(b. Gender)得到,而女生的人数可以使用 SUM(1－b. Gender)得到。

每组男生合计成绩除以该组男生人数就是该组男生的平均成绩,若某组男生人数为 0,则显示 NULL。用同样的方法可以得到每组女生的平均成绩,最后符合查询要求的查询语句是:

```
SELECT a.EleId,
CASE WHEN SUM(b.Gender * 1)<> 0 THEN SUM(a.Grade * b.Gender)/SUM(b.Gender) ELSE NULL
END,
CASE WHEN SUM(1 - b.Gender)<> 0 THEN SUM(a.Grade * (1 - b.Gender))/SUM(1 - b.Gender) ELSE NULL
END
FROM Student_Elective a,Student b
WHERE a.StdId = b.StdId
GROUP BY a.EleId
```

使用一个 SELECT 语句实现包含不同选择条件的聚合列的查询,其关键是构造上述表达式,如果无法构造表达式,则可以参考 4.2 节自定义一个标量函数,表达式或函数的基本特征是,符合条件时返回 1,不符合条件时返回 0。

(4) 使用一个视图的改进方法。

受第三种方法的启发,可以对第二种方法进行改进,不使用 UNION,而是在视图中加入性别列:

```
CREATE VIEW AvgGrade (EleId,Gender,Grade)
AS
SELECT a.EleId,b.Gender,AVG(a.Grade)
FROM Student_Elective a,Student b
WHERE a.StdId = b.StdId
GROUP BY a.EleId,b.Gender
```

该视图的内容如表 4-10 所示。

表 4-10　包含性别的平均成绩视图

课 程 号	性 别	平 均 成 绩
ele001	0	96
ele001	1	87
ele002	0	72
ele002	1	88
ele003	1	89

最后的满足要求的查询语句为:

```
SELECT EleId,
CASE WHEN SUM(Gender) = 1 THEN SUM(Gender * Grade) ELSE NULL END,
CASE WHEN SUM(1 - Gender) = 1 THEN SUM((1 - Gender) * Grade) ELSE NULL END
FROM AvgGrade GROUP BY EleId
```

其中,“SUM(Gender)=1”表示该分组对应的课程有男生选修,否则表示该课程没有一个男生选修;“SUM(1−Gender)=1”则表示该分组对应的课程有女生选修,否则表示没有一个女生选修该课程。

下面通过表 4-11 对上述 4 种方法进行简单的比较分析。

表 4-11　4 种查询方法的比较

方 法	使用视图数	整表扫描计算次数	列 计 算 量	设计复杂性
1	2	2+1	无	低
2	1	2+1	有	中下
3	0	1+0	较大	高
4	1	1+1	有	中

整表扫描次数的前一个数字表示对 Student 表和 Student_Elective 表自然连接后的结果的扫描次数,后一个数字表示对视图的扫描次数。其中,第三种方法效率最高,并且不依赖于任何视图。

2. 一行数据归属多个分组的查询

【例 4-21】 以流通企业中常见的月销售汇总表为例,去除实际销售中的与本主题无关的数据,用以下两张表存放销售单据中的数据(参见 3.6.1 节)。

SaleSummary(* SaleNo,SaleDate):单据摘要(销售单编号,销售日期)。

SaleDetail(* SaleNo, * GoodsNo, SaleQty, SalePrice): 单据明细(销售单编号,品号,销售量,销售价格)。

其中,"*"表示该列为构成主码的列。

假设销售单包含的数据如表 4-12 所示。

表 4-12 销售表的示列数据

日 期	品 号	数 量	单 价
2019-01-01	G0001	10.00	89.00
2019-01-03	G0001	15.00	90.00
2019-01-20	G0001	12.00	89.00
2019-02-02	G0001	20.00	92.00
2019-02-14	G0001	30.00	94.00
2019-03-03	G0001	15.00	90.00
2019-03-18	G0001	10.00	89.00

表 4-12 中的数据是通过对 SaleSummary 和 SaleDetail 表执行下列查询语句得到:

```
SELECT a.SaleDate, b.GoodsNo, b.SaleQty, b.SalePrice
FROM SaleSummary a, SaleDetail b WHERE a.SaleNo = b.SaleNo
```

要求对月累计销售量进行汇总查询,内容包括年月、品号、月累计销售量、年累计销售量,其中,年累计销售量为从年初到指定月月底的累计销售量。对表 4-12 中数据统计结果如表 4-13 所示。

表 4-13 月销售汇总表

年 月	品 号	月累计销售量	年累计销售量
2019-01	G0001	37.00	37.00
2019-02	G0001	50.00	87.00
2019-03	G0001	25.00	112.00

该统计表和"1.包含不同选择条件的聚合列的查询"中的查询实例具有共同的特征是在一个查询结果中,不同的统计列的统计条件不一样,月累计销售量是对销售表中指定月份销售记录的数量合计,而年累计销售量是对同一年的指定月份之前(包含指定月份)的销售记录的数量合计。所以,使用"1.包含不同选择条件的聚合列的查询"中提供的方法,只要能用查询语句分别统计出月累计销售量和年累计销售量,就能实现对上面汇总表的查询。

月累计销售量的统计从逻辑上没有任何问题,只要按月份和品号分组汇总就可以得到,将在本节的最后给出该查询语句,但年累计销售量的统计从逻辑讲就无法单从销售表分组统计来实现,原因是分组的基本要求是被统计的每行必须只属于一个分组,而从表 4-13 中可以看出,销售表的 2019 年 1 月份的每行销售量,要同时被分组汇总到 2019 年 1 月及以后月份的"年累计销售量"中,同年 2 月份的销售量据,要同时被分组汇总到 2019 年的 2 月份及以后月份的年累计销售量中,3 月份及以后月份同样要被重复地分组汇总到以后的各个月份的"年累计销售量"中。

【例 4-22】 以 2019 年 2 月份为例,由于 2000 年 2 月的数据要被同时分组到 2019 年 2 月和 3 月的两个分组中(若存在 3 月以后销售数据,也要被分配到当年以后的月份中),但销售表每行又不能被重复分配到不同组中,解决这个矛盾的方法是把这些数据按以后的月份数进行重复扩展，并且每个扩展必须加上“年”和“月”的标志，即要求使用查询语句得到表 4-14 中所示数据。

表 4-14　销售数据扩展后得到的数据

年	月	销售日期	品　号	数　量
2019	1	2019-1-1	G0001	10
2019	2	2019-1-1	G0001	10
2019	3	2019-1-1	G0001	10
2019	1	2019-1-3	G0001	15
2019	2	2019-1-3	G0001	15
2019	3	2019-1-3	G0001	15
2019	1	2019-1-20	G0001	12
2019	2	2019-1-20	G0001	12
2019	3	2019-1-20	G0001	12
2019	2	2019-2-2	G0001	20
2019	3	2019-2-2	G0001	20
2019	2	2019-2-14	G0001	30
2019	3	2019-2-14	G0001	30
2019	3	2019-3-3	G0001	15
2019	3	2019-3-18	G0001	10

从表 4-14 可以看到，销售表的 1 月份的销售数据被重复 3 次，对应“月”为 1 月、2 月和 3 月，2 月份的销售数据被重复 2 次，对应“月”为 2 月和 3 月，这样根据“年”和“月”分组汇总，3 月组中的汇总中就包含了 1 月、2 月和 3 月的销售数据，2 月组的汇总中就包含了 1 月和 2 月的销售数据，实现该表的输出也就实现了 1 月和 2 月的销售数据被重复分配到不同分组中进行汇总的目标。

对以上数据表依据“年”“月”“品号”进行“数量”的分组汇总，就可以得到如表 4-14 所示的各个商品的 1～3 月的年累计销售数。

产生表 4-14 所示数据的方法是首先建立一个称为“存在销售的年月表”SaleExistYearMon，该表存放存在销售记录的所有“年”(SaleYear)和“月”(SaleMon)，其数据可以来源于销售表，即可以使用以下 INSERT 语句产生该表数据：

```
INSERT INTO SaleExistYearMon
SELECT DISTINCT YEAR(SaleDate),MONTH(SaleDate)FROM SaleSummary
```

其中，YEAR 和 MONTH 为 MySQL 提供的两个标准函数，分别返回日期参数对应的年份和月份。

然后把销售表和上面建立的表进行连接，连接条件是销售日期的年份与 SaleExistYearMon 表的年份相同，并且销售日期中的月份小于 SaleExistYearMon 表中的月份：

```
SELECT a.SaleYear,a.SaleMon,b.SaleDate,c.GoodsNo,c.SaleQty
FROM SaleExistYearMon a,SaleSummary b,SaleDetail c
WHERE YEAR(b.SaleDate) = a.SaleYear AND MONTH(b.SaleDate)< = a.SaleMon
AND b.SaleNo = c.SaleNo
```

此查询的结果如表 4-14 所示。

最终得到年累计销售量的查询语句：

```
SELECT a.SaleYear,a.SaleMon,c.GoodsNo,SUM(c.SaleQty)
FROM SaleExistYearMon a,SaleSummary b,SaleDetail c
WHERE YEAR(b.SaleDate) = a.SaleYear AND MONTH(b.SaleDate)<= a.SaleMon
AND b.SaleNo = c.SaleNo
GROUP BY a.SaleYear,a.SaleMon,c.GoodsNo
```

其查询的结果如表 4-15 所示，其数据与表 4-13 中的要求一致。

表 4-15　年累计销售量的查询

年　　份	月　　份	品　　号	年累计销售量
2019	1	G0001	37
2019	2	G0001	87
2019	3	G0001	112

在上述处理中，建立了表 SaleExistYearMon，该表数据来源于 Sale 表，可以用视图取代该表，视图取名为 V_SaleExistYearMon：

```
CREATE VIEW V_SaleExistYearMon(SaleYear,SaleMon)
AS
SELECT DISTINCT YEAR(SaleDate),MONTH(SaleDate)FROM SaleSummary
```

只要把上述对年累计销售量的查询语句中的 SaleExistYearMon 改成 V_SaleExistYearMon，就能获得相同的查询结果。这样处理省去了对表 SaleExistYearMon 的维护工作，但带来的问题是当销售表数据越来越多时，产生该视图数据所需要的时间也会越来越多，查询效率会较前者差。

最后完成整个表的查询，即增加月累计销售量。

【例 4-23】 根据 Sale 表统计月累计销售量。

（1）语句一。

```
SELECT MONTH(a.SaleDate),b.GoodsNo,SUM(b.SaleQty)
FROM SaleSummary a,SaleDetail b
GROUP BY MONTH(a.SaleDate),b.GoodsNo
```

该情况适用 SaleSummary 仅存放同一年的销售数据，否则其中的 SUM(b.SaleQty)将是各年某月的累计销售量。

（2）语句二。

```
SELECT YEAR(a.SaleDate),MONTH(a.SaleDate),b.GoodsNo,SUM(b.SaleQty)
FROM SaleSummary a,SaleDetail b
WHERE a.SaleNo = b.SaleNo
GROUP BY YEAR(a.SaleDate),MONTH(a.SaleDate),b.GoodsNo
```

该情况适用 Sale 表中存放多年的销售数据，但年和月份这两列不符合用户的习惯。

（3）语句三。

```
SELECT CONCAT(CAST(YEAR(a.SaleDate)
AS CHAR),'-',LPAD(CAST(MONTH(a.SaleDate)AS CHAR),2,0)),
b.GoodsNo,SUM(b.SaleQty)
FROM SaleSummary a,SaleDetail b
WHERE a.SaleNo = b.SaleNo
GROUP BY CONCAT(CAST(YEAR(a.SaleDate)
AS CHAR),'-',LPAD(CAST(MONTH(a.SaleDate) AS CHAR),2,0)), GoodsNo
```

该查询把年月合并成一列，并以格式"XXXX-XX"输出。

其中，CAST 把数字转换为字符串，LPAD 在字符串不足第二个参数指定长度时，在前面补第三个参数指定的字符，MySQL 的字符串的连接不能使用"＋"连接符，而要使用函数 CONCAT。

下面考虑同时输出月累计销售量和年累计销售量。

与"1. 包含不同选择条件的聚合列的查询"中实例的处理方法类似，也可以用下列的方法同时输出月累计销售量和年累计销售量。

(1) 使用两个视图。

第一个视图统计各年各月各商品的月累计销售量：

```
CREATE VIEW MonSaleQty(SaleYear,SaleMon,GoodsNo, qty)
AS
    SELECT YEAR(a.SaleDate),MONTH(a.SaleDate),b.GoodsNo,SUM(b.SaleQty)
    FROM SaleSummary a,SaleDetail b
    WHERE a.SaleNo = b.SaleNo
GROUP BY YEAR(a.SaleDate),MONTH(a.SaleDate),b.GoodsNo
```

第二个视图统计各年各月各商品的年累计销售量：

```
CREATE VIEW YearSaleQty(SaleYear,SaleMon,GoodsNo, qty)
AS
SELECT a.SaleYear,a.SaleMon,c.GoodsNo,SUM(c.SaleQty)
FROM V_SaleExistYearMon a,SaleSummary b,SaleDetail c
WHERE YEAR(b.SaleDate) = a.SaleYear AND MONTH(b.SaleDate)<= a.SaleMon
AND b.SaleNo = c.SaleNo
GROUP BY a.SaleYear,a.SaleMon,c.GoodsNo
```

按年、月和品号连接两个视图，就得到表 4-14 的查询结果：

```
SELECT a.SaleYear,a.SaleMon,a.GoodsNo,a.qty,b.qty
FROM MonSaleQty a,YearSaleQty b
WHERE a.SaleYear = b.SaleYear AND a.SaleMon = b.SaleMon AND a.GoodsNo = b.GoodsNo
```

(2) 联合两个查询并定义为一个视图，然后对视图分组统计。

```
CREATE VIEW SaleQty (SaleYear,SaleMon,GoodsNo,monqty,yearqty)
AS
SELECT YEAR(a.SaleDate),MONTH(a.SaleDate),b.GoodsNo,SUM(b.SaleQty),0
FROM SaleSummary a,SaleDetail b
WHERE a.SaleNo = b.SaleNo
GROUP BY YEAR(SaleDate),MONTH(SaleDate),GoodsNo
UNION
SELECT a.SaleYear,a.SaleMon,c.GoodsNo,0,sum(c.SaleQty)
FROM V_SaleExistYearMon a,SaleSummary b,SaleDetail c
WHERE YEAR(b.SaleDate) = a.SaleYear AND MONTH(b.SaleDate)<= a.SaleMon
AND b.SaleNo = c.SaleNo
GROUP BY a.SaleYear,a.SaleMon,c.GoodsNo
```

输出结果：

```
SELECT SaleYear,SaleMon,GoodsNo,SUM(monqty),SUM(yearqty)
FROM SaleQty GROUP BY SaleYear,SaleMon,GoodsNo
```

(3) 不使用视图。

参考"1. 包含不同选择条件的聚合列的查询"中对包含不同选择条件的聚合列查询的方

法三，首先构造一个表达式，该表达式包含三个变量：SaleYear、SaleMon 和 SaleDate，当 SaleDate 的年份＝SaleYear 并且 SaleDate 的月份＝SaleMon，表达式值为 1，否则表达式值为 0，该表达式在 MySQL 中可以是：

```
CASE WHEN SaleYear = YEAR(SaleDate) AND SaleMon = MONTH(SaleDate),1
OTHER 0
END
```

但若使用的数据库管理系统不是 MySQL 或 SQL Server，就不能使用 CASE 表达式，所以更通用的方法是定义一个函数 IsEqualYearMon：

```
DELIMITER $$
CREATE FUNCTION IsEqualYearMon(SaleYear int,SaleMon int,SaleDate date)RETURNS INT
BEGIN
   DECLARE retv INT DEFAULT 0;
   IF YEAR(SaleDate) = SaleYear and MONTH(SaleDate) = SaleMon THEN
      SET retv = 1;
   END IF;
   RETURN retv;
END $$
```

关于自定义函数和表达式的详细内容可参见 7.2.2 节。

以各月、年累计销售量的查询语句为基础，增加一个“月累计销售量”列，该列只要在年累计销售量的聚合函数 SUM(b.quantity)的 b.quantity 前乘上 IsEqualYearMon，即把非本月销售量乘以 0，本月的销售量乘以 1，实际实现了对本月销售量的汇总。完整的 SELECT 语句为：

```
SELECT a.SaleYear,a.SaleMon,c.GoodsNo,
SUM(IsEqualYearMon(a.SaleYear,a.SaleMon,b.SaleDate) * c.SaleQty),
SUM(c.SaleQty)
FROM V_SaleExistYearMon a,SaleSummary b,SaleDetail c
WHERE YEAR(b.SaleDate) = a.SaleYear AND MONTH(b.SaleDate)< = a.SaleMon
AND b.SaleNo = c.SaleNo
GROUP BY a.SaleYear,a.SaleMon,c.GoodsNo
ORDER BY 3,1,2
```

最后的 ORDER BY 子句的作用是使同一个商品各年月的数据排列在一起。

3. 获得分组中某列值最大(小)值所在行的其他列值

【例 4-24】 在本书前面的供应商问题中，作者已经指出所有设计中的供应商名称版本号不是必需的，去除版本号后要解决的问题是如何获得进货单进货时的供应商名称，假设其相关的数据表的设计如下。

(1) Supplier(* SupplierId, * SetDate,SuppName)：供应商名称表(供应商编号，名称设定日期，供应商名称)。

(2) BuySummary(* BuyNo,BuyDate,SupplierId)：进货单(单号，日期，供应商编号)。其中，“ * ”表示该列为构成主码的列。要获得某张进货单的供应商名称，就是要根据供应商名称表确定进货时的供应商名称，假设 Supplier 中有如表 4-16 所示的数据，则 2018-08-02 的进货单中供应商号为“SH0001”的供应商名称为“明珠计算机技术开发公司”，获取该名称的方法是在供应商号为“SH0001”的名称变更记录中寻找变更日期早于或等于 2018-08-02 的最后一个变更记录，其对应的供应商名称就是 2018-08-02 当时的该供应商名称。

表 4-16　供应商名称变更表示例

供应商编号	名称设定日期	供应商名称
SH0001	2016-01-01	明珠计算机软件公司
SH0001	2018-07-01	明珠计算机技术开发公司
SH0001	2019-01-01	明珠信息技术股份有限公司
SH0002	2015-02-03	天宇电气有限公司

先把问题简化为获取所有供应商的最新名称，要获得某个指定日期的供应商的名称，实际上就是要获得该指定日期当时的供应商的最新名称，即只要在获取供应商的最新名称的查询的选择条件上加上条件“设置日期<=指定日期”。

（1）获取所有供应商的最新名称。

① 使用子查询和“>=ALL”。

```
SELECT SupplierId,SuppName FROM Supplier a
WHERE SetDate >=
ALL(SELECT SetDate FROM Supplier WHERE SupplierId = a.SupplierId)
```

② 使用子查询和聚合函数。

```
SELECT SupplierId,SuppName FROM Supplier a
WHERE SetDate =
(SELECT MAX(SetDate)FROM Supplier WHERE SupplierId = a.SupplierId)
```

③ 使用函数。

第一步：把名称设定日期转换为字符串并和供应商名称合并成一列：

```
SELECT SupplierId,CONCAT(SetDate,SuppName)From Supplier;
```

其中，CONCAT 为 MySQL 的拼接字符串的函数。

结果如表 4-17 所示。

表 4-17　使用函数获取供应商最新名称的步骤一

供应商编号	设定日期+供应商名称
SH0001	2016-01-01 明珠计算机软件公司
SH0001	2018-07-01 明珠计算机技术开发公司
SH0001	2019-01-01 明珠信息技术股份有限公司
SH0002	2015-02-03 天宇电气有限公司

第二步：按供应商编号分组，每个分组取第二列的最大值，即得到每个供应商的最新设置日期和最新供应商名称。

```
SELECT SupplierId,
MAX(CONCAT(SetDate,SuppName))FROM Supplier
GROUP BY SupplierId
```

结果如表 4-18 所示。

表 4-18　使用函数获取供应商最新名称的步骤二

供应商编号	MAX(设定日期+供应商名称)
SH0001	2019-01-01 明珠信息技术股份有限公司
SH0002	2015-02-03 天宇电气有限公司

第三步：取最大值中的供应商名称即最新的供应商名称。

```
SELECT SupplierId,
SUBSTRING(MAX(CONCAT(SetDate,SuppName)),11,20)
FROM Supplier GROUP BY SupplierId
```

其中，SUBSTRING为取字符串子串的函数，第一个参数为源字符串，第二个参数为子串在源字符串中的开始位置，第三个参数为子串长度。

结果如表4-19所示。

表4-19　使用函数获取供应商最新名称的步骤三

供应商编号	最新名称
SH0001	明珠信息技术股份有限公司
SH0002	天宇电气有限公司

使用函数就不需要使用子查询，尽管计算表达式复杂些，但总体效率是比较高的。

(2) 查询包含供应商名称的进货单(查询进货单号、进货日期和供应商名称)。

① 使用子查询和“>=ALL”。

```
SELECT a.BuyNo,a.BuyDate,b.SuppName
FROM BuySummary a,Supplier b
WHERE a.SupplierId=b.SupplierId AND b.SetDate<=a.BuyDate AND
b.SetDate>=ALL(SELECT SetDate FROM Supplier
WHERE SupplierId=a.SupplierId AND SetDate<=a.BuyDate)
```

理解上述语句可以先执行SELECT命令的前3行，即

```
SELECT a.BuyNo,a.BuyDate,b.SuppName
FROM BuySummary a,Supplier b
WHERE a.SupplierId=b.SupplierId AND b.SetDate<=a.BuyDate
```

在该查询结果的基础上，要选择按a.BuyNo，a.BuyDate分组后的每组中b.SetDate为最大值对应的行，该行的b.SuppName就是进货单进货时的供应商名称。SELECT语句的后两行包含子查询的选择条件表达的正是这个含义。

② 使用子查询和聚合函数。

```
SELECT a.BuyNo,a.BuyDate,b.SuppName
FROM BuySummary a,Supplier b
WHERE a.SupplierId=b.SupplierId AND b.SetDate<=a.BuyDate AND
b.SetDate=(SELECT MAX(SetDate) FROM Supplier
WHERE SupplierId=a.SupplierId AND SetDate<=a.BuyDate)
```

③ 使用函数。

```
SELECT a.BuyNo,a.BuyDate,
SUBSTRING(MAX(CONCAT(SetDate,b.SuppName)),11,20)
FROM BuySummary a,Supplier b
WHERE a.SupplierId=b.SupplierId AND b.SetDate<=a.BuyDate
GROUP BY a.BuyNo,a.BuyDate
```

4. 实现交叉表

交叉表(Cross Table)是一种常见的报表，其基本特征是不仅行数可变，而且列数也会随数据的变化而变化，第一行的后面若干单元的内容可以称为对应列的列标题。

【例4-25】 如表4-20中的“程序设计基础”“面向对象程序设计”“数据库系统概论”，第

一列(或前几列)单元格内容可以称为对应行的行标题。除列标题和行标题外的单元格中的数据的含义由该单元格所在列的列标题和所在行的行标题来确定,这也是交叉表的"交叉"的含义。

表 4-20 学生学科成绩交叉表

学号	姓名	程序设计基础	面向对象程序设计	数据库系统概论
9001	李勇	89	88	93
9002	刘晨	85	NULL	85
9003	王名	96	72	NULL

以学生各学科的成绩为例,要求输出如表 4-20 所示。

该表的列数随学生专业的不同和各专业选修课的调整而变化,表中除第 1 行和第 1、2 列外的单元格中的数据的含义由该单元格所在行的行标题(学号和姓名)和所在列的列标题(课程名)来确定,即表示的是某名学生和某门课程的成绩。

由于交叉表列数可变,因此通常其数据来源不会简单地对应一张二维表,与之相关的数据表典型的样式就是包含行标题信息的学生信息表 Student、包含列标题信息的选课表 Elective 和包含行列交叉点数据的学生选课表 Student_Elective。

几乎所有可视化的开发平台提供的报表工具都支持对交叉表的设计、生成和输出,本节要给出的是用 SELECT 语句实现交叉表的查询输出方法。

(1) 使用静态 SELECT 语句。

① 使用 CASE 表达式。

基本思路是对 Student_Elective 的成绩(Grade)按学号分组求和,但求和对象不是简单的 Grade(那样就变成了所有课程的成绩总和),而需要根据列做变换,即当课程号=该列课程的课程号时,值为 Grade,否则为 NULL。对该变换后的对象求和就得到某门课程的成绩,完整的 SELECT 语句为:

```
SELECT a.StdId,a.StdName,
SUM(CASE EleId WHEN 'ele001' THEN Grade ELSE NULL END),
SUM(CASE EleId WHEN 'ele002' THEN Grade ELSE NULL END),
SUM(CASE EleId WHEN 'ele003' THEN Grade ELSE NULL END)
FROM Student a,Student_Elective b
WHERE a.StdId = b.StdId
GROUP BY a.StdId,a.StdName
ORDER BY a.StdId
```

② 使用函数。

上面的查询语句中由于使用了 CASE 表达式,因此只适用 MySQL 和支持 CASE 表达式的数据库管理系统,对其他数据库管理系统,可以自定义一个函数 IsColumn,函数参数为课程号和列号(假设各课程的 EleId 取值依次为 ele001 和 ele002),若课程号后 3 位转换为数字和列号相同,则返回 1,否则返回 NULL,返回 NULL 而不是 0 的目的是使未选修课的课程成绩显示为 NULL 而非 0。建立函数的语句为:

```
DELIMITER $$
CREATE FUNCTION IsColumn(EleId CHAR(6),ColNo INT)
RETURNS INT
BEGIN
```

```
        IF(CAST(SUBSTRING(EleId,4,3) as SIGNED)  = ColNo) THEN
            RETURN 1;
        ELSE
            RETURN NULL;
        END IF;
END $$
```

对 MySQL,该函数功能也可以使用标准函数复合得到:

```
1 - ABS(SIGN(CAST(SUBSTRING(EleId,4,3) AS UNSIGNED) - colno))
```

其中,SIGN(X)为符号函数,当 $X>0$ 时,返回 1;当 $X<0$ 时,返回 -1;当 $X=0$ 时,返回 0。ABS 为取绝对值函数。CAST 为变量类型转换函数,本例表示把字符串 SUBSTRING (EleId,4,3)转换为无符号的整数。

使用该函数得到交叉表的查询语句为:

```
SELECT a.StdId,a.StdName,
SUM(c.Grade * IsColumn(b.EleId,1)),
SUM(c.Grade * IsColumn(b.EleId,2)),
SUM(c.Grade * IsColumn(b.EleId,3))
FROM Student a,Elective b,Student_Elective c
WHERE a.StdId = c.StdId AND b.EleId = c.EleId
GROUP BY a.StdId,a.StdName
ORDER BY a.StdId
```

上述两种方法明显的缺点是当列数发生变化时,必须修改 SELECT 语句,这也是静态的 SELECT 语句所无法解决的问题。

(2) 使用动态 SELECT 语句。

所谓动态 SELECT 语句是指由程序生成 SELECT 语句,即在编程阶段不确定 SELECT 语句的具体内容,而由程序运行时生成一个 SELECT 语句的字符串,然后把该字符串表达的 SELECT 语句提交数据库服务器执行,并获得返回结果。

① 客户端方案。

使用高级语言动态地生成表达 SELECT 语句的字符串,提交数据库服务器执行,并获得返回结果。

② 服务器端方案。

在 MySQ 中可使用存储过程执行动态生成的 SQL 语句,即先产生 SELECT 语句的字符串,假如为 SelectStr,然后使用 prepare stme from SelectStr 进行预编译,最后使用 EXECUTE stme 执行该语句,结果获取可以在存储过程动态建立一个与交叉表相同结构的临时表,然后使用以动态 SELECT 语句作为子句的 INSERT 语句,把 SELECT 语句的查询结果即交叉表数据插入临时表,界面程序通过访问临时表获得交叉表数据。

上述方法使用到了 INSERT 语句、存储过程、临时表等概念和技术,这些内容被包含在本书下面的章节中。

5. 实现汇总表

下面以一个商场的简化的日进销存汇总表为例说明如何使用 SELECT 语句查询汇总表。

【例 4-26】 一个商场某个商品的日进销存汇总表如表 4-21 所示。

表 4-21　某个商品的日进销存汇总表

日　　期	上期库存	进　　货	退　　货	销　　售	溢　　缺	库　　存
2019-1-1	100	100	0	10	0	190
2019-1-3	190	0	0	15	0	175
2019-1-15	175	105	0	0	0	280
2019-1-20	280	0	0	12	0	268
2019-1-31	268	0	10	0	2	260
2019-2-1	260	95	0	0	0	355
2019-2-2	355	0	0	20	0	335
2019-2-14	335	0	0	30	0	305
2019-2-15	305	90	0	0	0	395
2019-2-28	395	0	12	0	−3	380
2019-3-3	380	110	0	15	0	475
2019-3-18	475	0	0	10	0	465

其中,“进货”列数据来源于进货单,“退货”列数据来源于退货单,“销售”列数据来源于销售单,“溢缺”列数据来源于溢缺单,库存＝上期库存＋进货－退货－销售＋溢缺,上期库存即上一行的库存,第一行的上期库存可以设定为一个常数。

可以看出汇总表的基本特征是不同的列来自于不同的数据源,可以使用 UNION 联合多个 SELECT 语句,最终把上述汇总表中的进货、退货、销售和溢缺汇总数据定义成一个视图。

下面是产生上述汇总表的数据源(其中包含的数据见 77 页二维码)。

```
SaleSummary( * SaleNo,SaleDate): 销售摘要(销售单编号,销售日期)
SaleDetail( * SaleNo, * GoodsNo,Quantity,SalePrice): 销售明细(销售单编号,品号,销售量,销售价格)
BuySummary( * BuyNo,BuyDate,SupplierId): 进货单摘要(进货单号,进货日期,供应商编号)
BuyDetail( * BuyNo, * GoodsNo,Quantity,BuyPrice): 进货单明细(进货单号,品号,进货数量,进货价格)
ReturnSummary( * ReturnNo,ReturnDate,SupplierId): 退货单摘要(退货单号,退货日期,供应商编号)
ReturnDetail( * ReturnNo, * GoodsNo,Quantity,ReturnPrice): 退货单明细(退货单号,品号,退货数量,退货价格)
CheckSummary( * CheckNo,CheckDate): 溢缺单摘要(溢缺单号,盘点日期)
CheckDetail( * CheckNo, * GoodsNo,Quantity,CostPrice): 溢缺单明细(溢缺单号,品号,溢缺数量,成本价格)
Goods( * GoodsNo,GoodsName,InitStock): 商品(品号,品名,初始库存)
```

其中,“ * ”表示该列为构成主码的列。

(1) 汇总日进货、退货、销售和溢缺的数据。

首先把多个 SELECT 语句联合起来定义成一个视图,该视图以分行的形式汇总了所有进货、退货、销售和溢缺的数据：

```
CREATE VIEW GoodsSummaryBasic
(GoodsNo,HappenDate,BuyQty,ReturnQty,SaleQty,OverShortQty)
AS
SELECT b.GoodsNo,a.BuyDate,b.Quantity,0,0,0
FROM BuySummary a,BuyDetail b
WHERE a.BuyNo = b.BuyNo
UNION
SELECT b.GoodsNo,a.ReturnDate,0,b.Quantity,0,0
FROM ReturnSummary a,ReturnDetail b
```

```
WHERE a.returnno = b.returnno
UNION
SELECT b.GoodsNo,a.SaleDate,0,0,Quantity,0
FROM SaleSummary a,SaleDetail b
WHERE a.SaleNo = b.SaleNo
UNION
SELECT b.GoodsNo,a.CheckDate,0,0,0,Quantity
FROM CheckSummary a,CheckDetail b
WHERE a.CheckNo = b.CheckNo
```

执行下列语句得到的结果如表 4-22 所示。

```
SELECT HappenDate,BuyQty,ReturnQty,SaleQty,OverShortQty
FROM GoodsSummaryBasic WHERE GoodsNo = 'G0001' order by 1
```

表 4-22　G0001 商品日进销存汇总表分行视图

日　期	进　货	退　货	销　售	溢　缺
2019-1-1	0	0	10	0
2019-1-1	100	0	0	0
2019-1-3	0	0	15	0
2019-1-15	105	0	0	0
2019-1-20	0	0	12	0
2019-1-31	0	0	0	2
2019-1-31	0	10	0	0
2019-2-1	95	0	0	0
2019-2-2	0	0	20	0
2019-2-14	0	0	30	0
2019-2-15	90	0	0	0
2019-2-28	0	0	0	−3
2019-2-28	0	12	0	0
2019-3-3	0	0	15	0
2019-3-3	110	0	0	0
2019-3-18	0	0	10	0

在该视图基础上，对日期和品号进行各数据列的分组汇总，就得到以下商品日进销存汇总表视图：

```
CREATE VIEW GoodsSummary
(GoodsNo,HappenDate,BuyQty,ReturnQty,SaleQty,OverShortQty)
AS
SELECT GoodsNo,HappenDate,
SUM(BuyQty),SUM(ReturnQty),SUM(SaleQty),SUM(OverShortQty)
FROM GoodsSummaryBasic
GROUP BY GoodsNo,HappenDate
```

执行下列语句得到的结果如表 4-23 所示。

```
SELECT HappenDate,BuyQty,ReturnQty,SaleQty,OverShortQty
FROM GoodsSummary WHERE GoodsNo = 'G0001' order by 1
```

表 4-23　商品日进销存汇总表视图

日　期	进　货	退　货	销　售	溢　缺
2019-1-1	100	0	10	0
2019-1-3	0	0	15	0
2019-1-15	105	0	0	0
2019-1-20	0	0	12	0
2019-1-31	0	10	0	2
2019-2-1	95	0	0	0
2019-2-2	0	0	20	0
2019-2-14	0	0	30	0
2019-2-15	90	0	0	0
2019-2-28	0	12	0	−3
2019-3-3	110	0	15	0
2019-3-18	0	0	10	0

(2) 获得上期库存数据。

表 4-23 与商品日进销存表相比，还差两列，即上期库存和库存，由于库存可以由同行的上期库存和其他汇总列计算得到，因此关键是要获得每日的上期库存。

试图编写一个查询语句，该查询结果由两列构成：日期和上期库存，而某日的上期库存＝最初的库存(第一行的上期库存)＋该日前的进货合计－该日前的退货合计－该日前的销售合计＋该日前的溢缺合计。

参考上面提供的方法，对 GoodsSummary 作一个非等值的自连接，使该视图中的每行和早于该行日期的行进行组合，其 SELECT 语句为：

```
SELECT *
FROM GoodsSummary a LEFT JOIN GoodsSummary b ON a.HappenDate > b.HappenDate
AND a.GoodsNo = b.GoodsNo
```

使用左连接是为了使 GoodsSummary 中日期最早的行(第一行)也出现在查询结果中。有了以上结果，就很容易根据上期库存的计算方法得到所要的查询语句，假设商品最初的期初库存存放在 Goods 中的 InitStock 中，则该查询语句为：

```
SELECT a.HappenDate,
c.InitStock +
IFNULL(SUM(b.BuyQty) - SUM(b.ReturnQty) - SUM(b.SaleQty) + SUM(b.OverShortQty),0)
FROM GoodsSummary a LEFT JOIN GoodsSummary b ON a.HappenDate > b.HappenDate
AND a.GoodsNo = b.GoodsNo LEFT JOIN Goods c ON a.GoodsNo = c.GoodsNo
WHERE a.GoodsNo = 'G0001'
GROUP BY a.HappenDate,c.InitStock
```

要注意的是条件 a.GoodsNo＝c.GoodsNo 不能写成 b.GoodsNo＝c.GoodsNo，这样会使第一行的第二列数据为空，而实际应为指定商品的期初库存，即商品表 Goods 中该商品的 InitStock 的列值，原因是 a 表第一行 HappenDate 为全表的最小值，一定不符合连接条件 a.HappenDate＞b.HappenDate，所以该行的 b.GoodsNo 以及其他列 b.BuyQty、b.ReturnQty、b.SaleQty 和 b.OverShortQty 均为空，因此依据连接条件 b.GoodsNo＝c.GoodsNo 连接不到 c 表即 Goods 表，自然 c.InitStock 也为空，结果是第一行第二列的表达式中所有数据全为空，结果就是空值。而使用 a.GoodsNo＝c.GoodsNo 连接，能确保

c. InitStock 非空，尽管后面的数据为空，这些空值将被转换为 0。

给出的结论是外连接条件中有相等条件的列不能在其他连接或选择条件中相互替换，因为其查询结果中，连接条件中相等条件的两列并不一定在查询结果中相等，有可能一者为非空而另一者为空，如对左连接处于右边数据源的列在查询结果中可能为空，所以使用左连接后如果在 WHERE 条件中对右边数据源的列施加选择条件其结果可能是难以预期的，在以下改进的方案一中将进一步用实例说明这个问题。

然后，在上述查询中加入进销存表的其他列：

```
SELECT a.HappenDate,
c.InitStock +
IFNULL(SUM(b.BuyQty) - SUM(b.ReturnQty) - SUM(b.SaleQty) + SUM(b.OverShortQty),0),
a.BuyQty,a.ReturnQty,a.SaleQty,a.OverShortQty,
c.InitStock +
ISNULL(SUM(b.BuyQty) - SUM(b.ReturnQty) - SUM(b.SaleQty) + SUM(b.OverShortQty),0)
 + a.BuyQty - a.ReturnQty - a.SaleQty + a.OverShortQty
FROM GoodsSummary a LEFT JOIN GoodsSummary b ON a.HappenDate > b.HappenDate
AND a.GoodsNo = b.GoodsNo LEFT JOIN Goods c ON a.GoodsNo = c.GoodsNo
WHERE a.GoodsNo = 'G0001'
GROUP BY a.HappenDate,c.InitStock,a.BuyQty,a.ReturnQty,a.SaleQty,a.OverShortQty
```

该查询的结果如表 4-21 所示。

上述查询语句中的最后一列“库存”数据需要重复计算第一列的数据，在实际开发中，由于这一列数据可由同一行的其他列值计算得到，因此这一列的计算完全可以由客户端程序完成，去除该列不仅可提升查询速度，同时也可以减少网络的通信量。

可以把上述查询定义成一个视图，但无法为每个商品定义一个这样的视图，可以把 GoodsNo 作为视图的一列，下面视图对应的 SELECT 语句为上面 SELECT 语句中加入 GoodsNo 列并去除最后一列后得到：

```
CREATE VIEW AllGoodsSummary
(GoodsNo,HappenDate,PreviousPeriodStock,BuyQty,ReturnQty,SaleQty,OverShortQty)
AS
SELECT c.GoodsNo,a.HappenDate,
c.InitStock +
IFNULL(SUM(b.BuyQty) - SUM(b.ReturnQty) - SUM(b.SaleQty) + SUM(b.OverShortQty),0),
a.BuyQty,a.ReturnQty,a.SaleQty,a.OverShortQty
FROM GoodsSummary a LEFT JOIN GoodsSummary b ON a.HappenDate > b.HappenDate
AND a.GoodsNo = b.GoodsNo LEFT JOIN Goods c ON a.GoodsNo = c.GoodsNo
GROUP BY c.GoodsNo,a.HappenDate,c.InitStock,a.BuyQty,a.ReturnQty,a.SaleQty,a.OverShortQty
```

可以通过下列对该视图的查询语句得到某个商品的日进销存汇总表：

```
SELECT HappenDate,previousperiodstock,BuyQty,ReturnQty,SaleQty,OverShortQty,
Previousperiodstock + BuyQty - ReturnQty - SaleQty + OverShortQty
FROM AllGoodsSummary WHERE GoodsNo = 'G0001'
```

（3）改进的方案一。

上述视图包含了所有商品所有日期的进销存数据，在实际应用中，由于各单据数据随日期推移将不断增加，因此如果不论输出何时段的进销存表，均要汇总起始日期以前的所有单据，必然会使程序的运行效率每况愈下，为此可以建立下表存放各商品每月的期初库存数：

```
MonthStock( * StockMon, * GoodsNo,StockQty): 月库存表(月份,品号,月初库存)
```

该表数据可以在每月的月初第一天或月末的最后一天生成，生成的算法见 7.3 节中的实例。当需要输出某个商品某个时段的进销存汇总表时，只需要对该时段的起始日期当月的 1 号以后的单据进行汇总统计，该月 1 号的期初库存(即上期库存)可从上表获得。

就表 4-21 中的数据，MonthStock 中的数据如表 4-24 所示。

表 4-24　存放各月上期库存的数据表数据

StockMon	GoodsNo	StockQty
2019-1-1	G0001	100
2019-2-1	G0001	260
2019-3-1	G0001	380

试图对视图 AllGoodsSummary 做如下改进：

- MonthStock 取代 Goods。
- MonthStock 的选择条件为 StockMon 和 a. HappenDate 同年月。
- 对 GoodsSummary b 实施选择条件 HappenDate >= MonthStock. StockMon。

得到的 SELECT 语句为：

```
SELECT c.GoodsNo,a.HappenDate,
c.StockQty +
IFNULL(SUM(b.BuyQty) - SUM(b.ReturnQty) - SUM(b.SaleQty) + SUM(b.OverShortQty),0),
a.BuyQty,a.ReturnQty,a.SaleQty,a.OverShortQty
FROM GoodsSummary a LEFT JOIN GoodsSummary b ON a.HappenDate > b.HappenDate
AND a.GoodsNo = b.GoodsNo LEFT JOIN MonthStock c ON a.GoodsNo = c.GoodsNo
WHERE b.HappenDate > = c.StockMon AND
YEAR(c.StockMon) = YEAR(a.HappenDate)
AND MONTH(c.StockMon) = MONTH(a.HappenDate)
GROUP BY c.GoodsNo,a.HappenDate,c.StockQty,a.BuyQty,a.ReturnQty,
a.SaleQty,a.OverShortQty
```

该语句执行结果是各月的第一天的数据丢失，原因是只有数据源 a 中每行的扩展部分(来自数据源 b，即 a 中行对应日期以前的所有进销存数据行)存在本月数据，这些行才满足 b. HappenDate >= c. StockMon 条件，当 a 表某一行的扩展部分不存在本月数据时，如每月的第一行数据的扩展部分必然是上月数据，即对这些行的所有扩展行没有行满足 b. HappenDate >= c. StockMon 条件，所以查询结果中就不出现各月的第一行数据。

解决此问题的第一个办法是把条件 b. HappenDate >= c. StockMon 放到左连接的连接条件中，但这样并没有解决问题，原因是左连接使得不符合连接条件的各月的第一行数据，出现在了连接结果中，但其 c. StockMon 为空，这些行依然不满足 WHERE 条件，所以最终查询结果中仍不包括各月的第一行数据。

正确的做法是按下列次序进行左连接：GoodsSummary→MonthStock→GoodsSummary，对应的 SELECT 语句为：

```
SELECT a.GoodsNo,a.HappenDate,
b.StockQty +
IFNULL(SUM(c.BuyQty) - SUM(c.ReturnQty) - SUM(c.SaleQty) + SUM(c.OverShortQty),0),
a.BuyQty,a.ReturnQty,a.SaleQty,a.OverShortQty
FROM GoodsSummary a JOIN MonthStock b
ON a.GoodsNo = b.GoodsNo AND YEAR(b.StockMon) = YEAR(a.HappenDate)
```

```
AND MONTH(b.StockMon) = MONTH(a.HappenDate)
LEFT JOIN GoodsSummary c
ON a.HappenDate > c.HappenDate AND c.HappenDate > = b.StockMon
AND a.GoodsNo = c.GoodsNo
GROUP BY a.GoodsNo,a.HappenDate,b.StockQty,a.BuyQty,a.ReturnQty,a.SaleQty,
a.OverShortQty
```

GoodsSummary 和 MonthStock 连接后得到的是每日进销存数据行与同年月的月初库存的组合，由于对月中增加的新品，MonthStock 中可能不存在该商品在该月的期初库存，因此左连接还是需要的，若出现这种情况，该商品该月的期初库存将显示为 0，事实上在这种情况下，b. StockQty 为空值，b. StockMon 也为空值，所以 c. BuyQty、c. ReturnQty、c. SaleQty、c. OverShortQty 全为空值，ISNULL 把空值转换为 0，所以最后结果为 0。

然后上述结果再与 GoodsSummary 进行左连接，连接条件是 c. HappenDate 在一个小于一个月区段内，有效控制了汇总的行数，不会出现改进前汇总行数随日期推移可能无限增多的情况。

（4）改进方案二。

可以不使用外连接而使用联合来解决上述问题，即把由于不使用外连接而丢失的每个月的第一行用另一个 SELECT 语句查询出来，然后联合两个查询。

```
SELECT a.GoodsNo,a.HappenDate,
c.StockQty +
IFNULL(SUM(b.BuyQty) - SUM(b.ReturnQty) - SUM(b.SaleQty) + SUM(b.OverShortQty),0),
a.BuyQty,a.ReturnQty,a.SaleQty,a.OverShortQty
FROM GoodsSummary a,GoodsSummary b,MonthStock c
WHERE a.GoodsNo = b.GoodsNo AND b.GoodsNo = c.GoodsNo AND
a.HappenDate > b.HappenDate AND b.HappenDate > = c.StockMon
AND YEAR(c.StockMon) = YEAR(a.HappenDate)
AND MONTH(c.StockMon) = MONTH(a.HappenDate)
GROUP BY a.GoodsNo,a.HappenDate,c.StockQty,a.BuyQty,a.ReturnQty,a.SaleQty,
a.OverShortQty
UNION
SELECT a.GoodsNo,a.HappenDate,b.StockQty,a.BuyQty,a.ReturnQty,a.SaleQty,
a.OverShortQty
FROM GoodsSummary a,MonthStock b
WHERE a.GoodsNo = b.GoodsNo
AND YEAR(b.StockMon) = YEAR(a.HappenDate) AND
MONTH(b.StockMon) = MONTH(a.HappenDate)
AND a.HappenDate in (SELECT MIN(HappenDate) FROM GoodsSummary
WHERE GoodsNo = a.GoodsNo AND
YEAR(HappenDate) = YEAR(a.HappenDate)
AND MONTH(HappenDate) = MONTH(a.HappenDate))
ORDER BY 2
```

其中，最后一个子查询表达的就是每月的第一行数据的日期。显然，不使用外连接的查询语句可读性更强，但由于使用了子查询，其效率比使用外连接要差。

在实际应用中，进销存汇总表总是针对某个商品的，即总是选定某个商品后输出该商品的进销存汇总表，所以以上查询语句要在 WHERE 子句中加 GoodsNo='选定的商品号'，同时可在输出列中去除 a. Goodsno。或者把上述查询语句定义成视图，如视图名为 GoodsDailySummary，则获得某个商品进销存数据的查询语句为：

```
SELECT ,a.HappenDate,b.StockQty,a.BuyQty,a.ReturnQty,a.SaleQty,a.OverShortQty
FROM GoodsDailySummary
WHERE a.GoodsNo = '选定的商品号'
```


使用视图的优点是数据库管理系统可以在创建视图时对查询语句进行预编译，从而加快运行速度，缺点是尽管查询中并不需要 GoodsNo 列，但由于视图定义的 SELECT 语句中不能包含参数，所以视图必须包含此列，以使限定某个商品的条件可以施加在视图上。解决参数问题的更好的方法是使用表值函数，详见 7.2.2 节。

4.8 查询语句小结

通过本章实例的分析，可以得到编写 SELECT 语句的基本步骤如下。

(1) 确定查询要求中所有列，即确定 SELECT 语句后的内容，这些列可以是单列或一个可能包含函数的表达式。

(2) 确定构成这些列的数据来源，即确定 FROM 子句内容，这些数据来源可能是表、视图或表值函数，在具有外连接需求的情况下，同时确定数据源之间的连接条件。

(3) 确定对连接这些数据源后得到的结果集需要施加的选择条件，即确定 WHERE 子句，若选择条件本身必须使用查询语句来表达，则嵌入子查询语句。

(4) 若第(1)步中使用了聚合函数，则确定分组的依据，即确定 GROUP BY 子句，通常分组的依据是所有第(1)步中没有使用聚合函数的列。

(5) 若存在第(4)步，则确定是否需要包含聚合函数的分组选择条件，即确定 HAVING 子句内容。

(6) 确定排序的依据，即确定 ORDER BY 子句内容。

使用左(右)连接后，应尽量避免在选择条件(WHERE 子句)中使用右(左)侧数据源中的列，因为相对于内连接，因使用外连接而使查询结果增加的行的右(左)侧数据源中的列将是空值，对这些列施加的选择条件，可能会由于空值不满足这些条件(即增加的行不满足选择条件)而使外连接失去意义。

从 4.7 节中的实例可以看出，使用非等值的连接、联合运算、子查询和函数，可以用 SELECT 语句和视图完成非常复杂的查询需求，这些查询如果用编程方式实现，可能需要不小篇幅的程序。同时，使用 SELECT 语句和使用程序方式实现同一个查询需求，通常 SELECT 语句具有更高的效率。但是用 SELECT 语句实现复杂查询的缺点是语句的，使用下面各章节介绍的程序实现相同查询，却可以弥补可读性比较差、技术难度高的缺陷。

第 5 章 对数据表行的修改以及子查询的运用

插入、更新和删除语句中都可以使用子查询，既可以把一个子查询的结果插入一个数据表中，又可以用一个子查询的结果去更新一个数据表，在查询、更新和删除操作中，子查询可以作为 WHERE 条件的一个组成部分。

以下例子使用的 4.2 节中定义的三个表：学生表(Student)、课程表(Elective)和学生选课表(Student_Elective)。

5.1 插 入 行

插入语句 INSERT 的作用是在一个表中插入一行或若干行，插入行的列值可以用常量表示，也可以是一个查询(SELECT)的结果。

5.1.1 插入单行

插入单行语句的格式为：

```
INSERT INTO <表名或视图名>
[(<列名 1>[,<列名 2>…) ] VALUES (<常量 1> [,<常量 2>], …)
```

执行该语句将在指定的表(或视图对应的表)中插入一行，插入行的 VALUES 前指定列的列值等于 VALUES 后对应的常量。

(1) 插入一行，为全部列指定值。

【例 5-1】 假设 Student 表中只有学号、姓名和生日 3 列，在 Student 表中插入一行，学号、姓名和生日分别为“19019”“周维新”“1990-3-12”。

```
INSERT INTO Student VALUES ('19019','周维新','1990 - 3 - 12')
```

可以省略 VALUES 前的列名，VALUES 后的各个值必须依次对应 Student 表中的列，字符串'1990-3-12'会被自动转换为日期型常数。

(2) 插入一行，为部分列指定值。

【例 5-2】 在 Student 表中插入一行，学号、姓名分别为“19019”“周维新”。

```
INSERT INTO Student(StdId,StdName) VALUES ('19019','周维新')
```

插入行的 Birthday 未被指定，表中新插入行的该值为空。

5.1.2 插入子查询

插入子查询语句的格式为：

```
INSERT INTO <表名或视图名>
[(<列名 1>[,<列名 2>… )] 子查询
```

执行该语句将在指定的表(或视图对应的表)中插入子查询的结果中的行,插入行在语句中指定的列值依次等于子查询结果中的列值。

(1) 插入一行,为全部列指定值。

要求子查询返回结果中的列与插入表的列的个数和顺序一致。

【例 5-3】 所有学生均必须选修了课程号为"IT"开始的所有课程,把此选课信息插入 Student_Elective 表中。

```
INSERT INTO Student_Elective
SELECT a.StdId,b.EleId,NULL
FROM Student a ,Elective b WHERE b.EleId LIKE 'IT%'
```

(2) 插入一行,为部分列指定值。

同上要求,但插入行时不指定 Student_Elective 表中的 Grade 列值:

```
INSERT INTO Student_Elective(StdId,EleId)
SELECT a.StdId,b.EleId FROM Student a ,Elective b WHERE b.EleId LIKE 'IT%'
```

5.2 更 新 行

更新语句的作用是对表中已存在的行的列值进行修改,其一般格式为:

```
UPDATE <表名或视图名>
SET <列名 1>=<表达式 1>[,<列名 2>=<表达式 1>]...
[WHERE <条件>]
```

执行该语句将在指定的表(或视图对应的表)中更新符合 WHERE 条件的行,这些行在语句中指定的列值等于对应的表达式值。

5.2.1 简单的更新

简单的更新即在表达式和 WHERE 子句中不包含子查询的更新语句。

【例 5-4】 更改学号为"19001"的学生姓名为"胡大为"的语句为:

```
UPDATE Student SET StdName = '胡大为' WHERE StdId = '19001'
```

在所有班号开头为"19"和"06"的学生学号前加班号的第 3、4 位字符,邻座同学编号设置为空的语句为:

```
UPDATE Student SET StdId = SUBSTRING(ClassId,3,2) + StdId,SideId = NULL
WHERE ClassId LIKE '06%' OR ClassId LIKE '19%'
```

其中,SUBSTRING 为 MySQL 提供的函数,返回 ClassId 从第 3 个字符后的 2 个字符的子串。

5.2.2 WHERE 条件带子查询的更新

查询语句的 WHERE 条件可以包含子查询,并且子查询中可以包括对被更新数据表中列的引用。

【例 5-5】 把班号为“181211”的所有学生选修的所有课程成绩设置成空值的语句为：

```
UPDATE Student_Elective SET Grade = NULL
WHERE StdId IN(SELECT StdId FROM Student WHERE ClassId = '181211')
```

或者：

```
UPDATE Student_Elective SET Grade = NULL
WHERE EXISTS
(SELECT * FROM Student WHERE SIdeId = '181211'and StdId = Student_Elective.StdId)
```

【例 5-6】 把班号为“181211”的所有学生选修的“高级程序设计”课程成绩设置成空值的语句为：

```
UPDATE Student_Elective SET Grade = NULL
WHERE StdId IN(SELECT StdId FROM Student WHERE ClassId = '181211')
AND EleId IN(SELECT EleId FROM Elective WHERE EleName = '高级程序设计')
```

该查询语句的查询结果和下列查询语句的查询结果一致：

```
UPDATE Student_Elective SET Grade = NULL
WHERE EXISTS
(SELECT * FROM Student WHERE ClassId = '181211' AND StdId = Student_Elective.StdId)
AND EXISTS
(SELECT * FROM Elective
WHERE EleName = '高级程序设计' and EleId = Student_Elective.EleId)
```

执行更新语句的过程可以理解为数据库管理系统按某种算法(尽可能使用索引)扫描被更新表的行，判断其是否符合 WHERE 中指定的条件，对符合条件的行进行更新。对例 5-6 中第二个语句而言，即扫描 Student_Elective 表中的行，判断两个子查询的结果集是否为空，子查询中 Student_Elective. StdId 为扫描到的行的 StdId 值，所以其 WHERE 条件的意义和第一个语句是一致的。

5.2.3 表达式包含子查询的更新

查询语句中的“表达式”也可以包含子查询，并且子查询中可以包括对被更新数据表中列的引用，但子查询必须返回单值或空值，若子查询结果为空集，则子查询在表达式中的值即为空(NULL)。

【例 5-7】 在 Student 表中增加一个平均成绩列 AvgGrade，类型为 int 型，根据学生选课信息表 Student_Elective 中的成绩计算班号为“181211”的每名学生的平均成绩，并以此更新 Student 表中该班学生的 AvgGrade，更新语句为：

```
UPDATE Student SET AvgGrade =
(SELECT AVG(Grade) FROM Student_Elective WHERE StdId = Student.StdId)
WHERE ClassId = '181211'
```

若某名学生未选任何课程，则子查询结果集为空，NULL 被赋给该学生的 AvgGrade。若某名学生选修的课程成绩全为 NULL，则求平均值的结果同样为 NULL。若某名学生部分课程成绩为 NULL，部分成绩不是空值，则剔除成绩为空的行(也不计数)，只统计非空成绩的平均值。

执行过程将扫描 Student 表中的行，对符合条件 ClassId='181211'的行更新其 AvgGrade，更新值为子查询的结果，子查询中的 Student. StdId 为 Student 表中当前要被更新行的

StdId 值。

【例 5-8】 在 Student 表中增加一个“奖学金等级”的列 ScholarshipLevel，类型为 int 型，默认值为 0，奖学金等级和该学生所有选修课的成绩关系如表 5-1 所示。

表 5-1 奖学金等级和该学生所有选修课的成绩关系

等　级	平均成绩	最低成绩	英语成绩
1	大于或等于 85	大于或等于 80	大于或等于 90
2	大于或等于 80	大于或等于 75	大于或等于 85
3	大于或等于 75	大于或等于 70	大于或等于 80

对不符合上述获得奖学金的条件的学生，无奖学金，即等级值为 0（默认值），要求用 UPDATE 语句，根据学生选课信息表中的选课成绩及表 5-1 所示的规则，更新 Student.ScholarshipLevel。

由于 ScholarshipLevel 默认值为 0，因此只需要对符合获得奖学金条件的学生更新其 ScholarshipLevel。

（1）方案一：直接更新。

```
UPDATE Student SET ScholarshipLevel =
CASE
WHEN((SELECT AVG(Grade) FROM Student_Elective WHERE StdId = Student.StdId)> = 85)
AND((SELECT MIN(Grade) FROM Student_Elective WHERE StdId = Student.StdId)> = 80)
AND((SELECT Grade FROM Student_Elective WHERE StdId = Student.StdId AND EleId IN
(SELECT EleId FROM Elective WHERE EleName = '英语'))> = 90)
THEN 1
WHEN
((SELECT AVG(Grade) FROM Student_Elective WHERE StdId = Student.StdId)> = 80)
AND((SELECT MIN(Grade) FROM Student_Elective WHERE StdId = Student.StdId)> = 75)
AND((SELECT Grade FROM Student_Elective WHERE StdId = Student.StdId AND EleId IN
(SELECT EleId FROM Elective WHERE EleName = '英语'))> = 85)
THEN 2
WHEN
((SELECT AVG(Grade) FROM Student_Elective WHERE StdId = Student.StdId)> = 80)
AND((SELECT MIN(Grade) FROM Student_Elective WHERE StdId = Student.StdId)> = 75)
AND((SELECT Grade FROM Student_Elective WHERE StdId = Student.StdId AND EleId IN
(SELECT EleId FROM Elective WHERE EleName = '英语'))> = 85)
THEN 3
END
```

这样的更新语句过于冗长，对满足三等奖条件的学生，要计算三次平均成绩、最低成绩和英文成绩，效率低下。

（2）改进方案：使用函数。

可以自定义一个函数 GetScholarshipLevel，该函数以平均成绩、最低成绩和英文成绩作为参数，依据这些参数返回应得的奖学金等级：

```
delimiter $$
CREATE FUNCTION GetScholarshipLevel(AvgGrade int,MinGrade int,EngGrade int)
RETURNS INT
BEGIN
  IF(AvgGrade > = 85 AND MinGrade > = 80 AND EngGrade > = 90) THEN
    RETURN 1;
  END IF;
  IF(AvgGrade > = 80 AND MinGrade > = 75 AND EngGrade > = 85) THEN
```

```
      RETURN 2;
    END IF;
    IF(AvgGrade >= 75 AND MinGrade >= 70 AND EngGrade >= 80) THEN
      RETURN 3;
    END IF;
    RETURN 0;
END $$
```

使用该函数，UPDATE 语句可改进为：

```
UPDATE Student SET ScholarshipLevel =
GetScholarshipLevel((SELECT AVG(Grade) FROM Student_Elective WHERE StdId = Student.StdId),
(SELECT MIN(Grade) FROM Student_Elective WHERE StdId = Student.StdId),
(SELECT Grade FROM Student_Elective WHERE StdId = Student.StdId AND EleId IN
(SELECT EleId FROM Elective WHERE EleName = '英语')))
```

该 UPDATE 语句较第一个方案简短得多，更主要的是无论学生获得哪等奖学金，均只要计算一次平均成绩、最低成绩和英文成绩。

在一些比较复杂的实例中，表达式包含子查询的更新语句的正确性必须考察对符合 UPDATE 的 WHERE 条件的所有行，相应子查询的值都是正确的，尤其要考察出现空集或空值的情况。

5.3 删 除 行

删除语句的作用是删除指定表中符合条件的行，删除操作是不可逆的，所以要慎重操作。

MySQL 在安全模式下对删除语句的执行进行了限制，WHERE 条件中必须包含主码列，如果为复合(多列)主码，则 WHERE 条件中必须包含主关键字(主码中排列在第一位的列)。

如果要去除这个限制，则必须关闭安全模式。关闭安全模式的语句为：

```
SET SQL_SAFE_UPDATES = 0
```

或者：

```
SET SQL_SAFE_UPDATES = off
```

打开安全模式只需把上面语句中的 0 或 off 改为 1 或 on。

删除语句的一般格式为：

```
DELETE
FROM <表名或视图名>
[WHERE <条件>]
```

其中，FROM 后指定要删除行的表(或通过视图对应的表)，WHERE 则指定要删除满足什么条件的行。

【例 5-9】 删除 Student 表中班号为“181288”的所有男生记录的语句为：

```
DELETE FROM Student WHERE ClassId = '181288' AND Gender = 1
```

同其他语句中的 WHERE 子句一样，DELETE 的 WHERE 子句也可以包含子查询。

【例 5-10】 删除选课信息表 Student_Elective 中班号为“181288”的学生对课程编号开

头是“IT”课程的所有选修信息的语句为：

```
DELETE FROM Student_Elective
WHERE StdId IN(SELECT StdId FROM Student WHERE ClassId = '181288')
AND EleId IN(SELECT EleId FROM Elective WHERE EleName like 'IT%')
```

或者：

```
DELETE FROM Student_Elective
WHERE EXISTS(SELECT StdId FROM Student
WHERE StdId = Student_Elective.StdId AND ClassId = '181288')
AND EXISTS(SELECT EleId FROM Elective
WHERE EleId = Student_Elective.EleId AND EleName like 'IT%')
```

第6章 数据库中数据的安全控制

一个数据库中的数据通常并不对所有用户开放，一种类型的用户只能查询或修改一部分数据，如对一个教学管理系统，每位教师只能看到自己上课班级的学生信息，在特定的时期内，输入自己所任课课程的学生成绩；一名学生只能查询自己的信息和所学课程的成绩，在特定时期内选修他所读专业的选修课等。

上述问题实际上涉及的就是数据库的数据安全问题，系统必须确保所有数据只能被具有相应权限的用户查询或修改，如果用户能看到自己无权看到的数据，就造成了数据的泄露和扩散，这对一个教学管理系统可能不是一个太严重的问题，但对于一个银行管理系统则是一个非常重大的问题，可能会带来无法挽回的巨大经济损失；更有甚者，如果用户能修改该用户无权修改的数据，这对任何系统而言都可能造成灾难性的后果。

6.1 问题的引出

对于一个封闭的系统，即用户访问数据库的唯一途径是使用为特定应用开发的数据库应用系统，系统的分析设计人员通常会采用如图6-1所示的方式进行数据的安全控制。

应用系统提供一个用户登录界面，在用户确认登录后通过程序用一个统一的在数据库管理系统(DBMS)中设置的用户名和密码连接到数据库，这个统一的用户名可能具有对数据库的所有操作权限，然后依据由数据库应用系统定义的存放在数据库中的用户信息，验证用户的合法性(输入的用户名和密码与数据库中的数据匹配)并获取已存在于数据库中的该用户对应用系统的操作权限，系统限制该用户只能进入他(她)拥有权限的功能或模块，在该用户进入某个功能模块后，同样通过程序从数据库获取(SELECT)当前登录系统的用户所需要的信息，或在界面上显示当前用户能做修改的数据供输入修改，并在用户修改确认后，用修改语句(INSERT、UPDATE和DELETE)更新数据库，这一切都是由应用系统的程序完全操控，即由应用程序来决定当前用户(应用系统定义的用户而非数据库管理系统中定义的用户)对数据库中的哪些数据能进行什么样的操作。

这样一种完全使用程序实现的权限控制方法，完全没有利用数据库管理系统所提供的安全机制，保证这种机制安全措施有效性的前提就是确保使用的应用系统是用户访问数据库中数据的唯一途径，其他访问数据库的途径必须进行严格的控制，如只允许极个别的系统管理员可以通过其他方式直接访问数据库。

对于一个开放的系统，系统对某些应用可能仅提供数据，用户以开放给他的数据库中的部分数据为基础进行满足自身需求的应用系统的开发。如一个大学可以为校园网构建一个统一的数据库，然后每个部门(学院或系)以此数据库为基础，设计开发自己的网站。在这种情况下，自然要允许用户(网站开发者)直接访问数据库，如通过数据库管理系统提供的客户

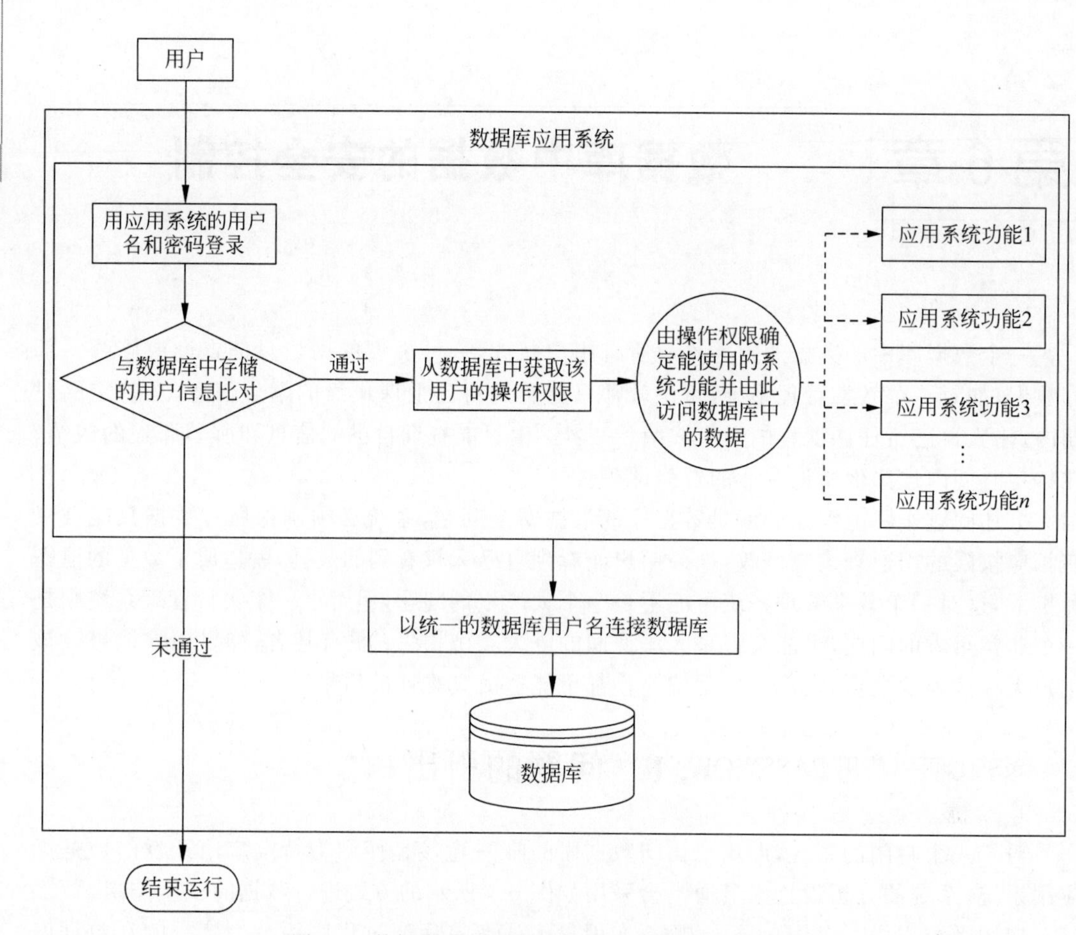

图 6-1 数据库应用程序的数据安全控制的一种模式

端应用程序或通过开发的程序访问数据库，此时，如果把整个数据库的所有数据都开放给这些用户，其潜在的危险可想而知，所以，数据库管理员必须为有着不同应用需求的实际用户在数据库管理系统中设置不同的数据库用户，并把数据库中与该用户需求相关数据的访问权限授权给相应的数据库用户。实际用户只能通过指定的数据库用户名登录数据库，他们就能并只能访问到数据库中已被授权的数据。

这样的一种机制要解决以下两个问题：第一个是如何新建数据库用户；第二个是如何为数据库用户授权。而第二个问题主要要解决授权方法中如何表达要授予某种访问权限的数据对象，因为这个数据对象可能是一个完整的表或视图，也可能是一个表或视图的一个部分。

6.2 用户和角色

MySQL 用户分为普通用户和 root 用户，数据库管理系统安装后会产生一个具有所有权限的名为 root 的用户，并需要在安装时设置密码。

以 root 登录数据库管理系统，就可新建其他用户。

(1) 创建、删除和修改用户名和密码。

① 创建用户。

创建用户的语句为：

```
CREATE USER <user1> [ IDENTIFIED BY [ PASSWORD ] 'password' ] [ ,user2 [ IDENTIFIED BY [ PASSWORD ]
'password' ]]...
```

参数说明如下。

用户：格式为 user_name@'host_name'，其中，user_name 为用户名，host_name 为连接 MySQL 的主机名。如果只给出了用户名，而没指定主机名，那么所有主机对该用户开放权限。

如果两个用户的用户名相同，但主机名不同，它们将被视为两个用户。

IDENTIFIED BY：用于指定用户密码，新用户可以没有初始密码，如不设置密码，可没有该子句。

[PASSWORD] 'password'：PASSWORD 表示使用哈希值设置密码，该参数可选。如果密码是一个普通的字符串，则不需要使用 PASSWORD 关键字。

哈希密码(Password Hash)指的是对口令进行一次性的加密处理而形成的杂乱字符串，这个加密的过程被认为是不可逆的，也就是说，人们认为从哈希串中是不可能还原出原口令的。

这样就可以明示创建用户的命令，而看到这个命令的人却无法获知实际的密码。

MySQL 可以使用 PASSWORD 函数获取密码的哈希值，如：

```
SELECT PASSWORD('root')
```

输出：

```
'*81F5E21E35407D884A6CD4A731AEBFB6AF209E1B'
```

即为密码'root'的哈希值。

创建用户的命令中的主机名，password 均需要使用单引号，本地的数据库的主机名可以为 localhost，不必加单引号。

新创建的用户只有登录 MySQL 以及使用 SHOW 语句查询极少的信息，数据库下的表、视图、存储过程以及自定义函数均不可见。

登录后可用修改用户密码的命令修改登录用户的密码。

【例 6-1】 在本地服务器上建立用户“student”、密码“123456”的语句为：

```
CREATE USER student@localhost IDENTIFIED BY '123456'
```

② 删除用户。

删除用户的语句为：

```
DROP USER <user1> [ , <user2> ]...
```

注意，删除用户时，该用户建立时如包含主机名，则删除时也要包含主机名。

③ 修改用户名。

修改用户名的语句为：

```
RENAME USER <oldusername> TO <newusenamer>
```

使用修改语句可同时修改主机名，例如：

```
RENAME student@localhost TO std
```

④ 修改用户密码。


```
SET PASSWORD FOR username @localhost = password(newpwd);
```

【例 6-2】 修改 root 的密码为“123456”的语句为：

```
SET PASSWORD FOR root@localhost = PASSWORD('123456');
```

root 可以修改其他用户的密码。

⑤ 查询用户。

查询数据库用户第一步要把默认数据库切换到 mysql，可执行：

```
USE mysql
```

然后用 SELECT 查询 user 数据表，其中包含了所有的用户的主机、名称，密码（哈希值）和所有权限。

新建的用户有查询当前用户名的权限，其语句为：

```
SELECT USER()
```

即可使用函数 USER 获取当前的用户名，这在程序中会有用。

(2) 角色。

在 MySQL 8.0 版本，新增了角色(Role)的功能，可用以下语句查询当前使用的 MySQL 的版本：

```
SELECT VERSION()
```

在很多场合一组用户具有相同的权限，如对每名学生，他们对教学管理系统访问的权限可能是一样的，为了避免为具有相同权限的用户一个个地授予权限，引入了角色（组）的概念。

角色（组）可以理解为一组权限的集合，可以把若干权限赋予角色（组），然后把具体的用户加入角色（组），这样，加入角色（组）的用户就具有了该角色（组）所拥有的所有权限。此后只要给角色（组）赋予某个权限，所有属于该角色（组）的用户将都具有这个权限。

① 新建角色。

命令格式为：

```
CREATE ROLE role1[,role2]...
```

其中，角色的结构同上面的用户的结构：role_name@'host_name'，role_name 是角色名，host_name 为连接 MySQL 的主机名。

【例 6-3】 在本地服务器上建立角色“students”的语句为：

```
CREATE ROLE students@localhost
```

② 删除角色。

命令格式为：

```
DROP ROLE role1[,role2]...
```

③ 给用户赋予角色。

命令格式为：

```
GRANT role1[,role2]... TO user1[,user2]...
```

④ 回收用户的角色权限。

命令格式为：

```
REVOKE role1[,role2]... FROM user1[,user2]...
```

6.3 授权、回收和查询获得的授权

在设置了用户或角色后，系统管理员可以向用户或角色授予对数据库中数据的访问权限，也可以从用户或角色中回收已赋予的权限。

授权的语句为 GRANT，回收的语句为 REVOKE。

(1) 授权 GRANT。

GRANT 语句的一般格式为：

```
GRANT privilege_name(s)
ON object
TO user_account_name
[WITH GRANT OPTION]
```

其中的参数说明见表 6-1。

表 6-1　GRANT 语句参数说明

参 数 名 称	说　　明
privilege_name(s)	权限的名称，如果要赋予多个权限，可用逗号分隔
Object	确定授予访问权限的对象，如库或表等
user_account_name	要授予访问权限的用户名或角色名

具体权限的指定需要参数 privilege_name 和 object 配合起来使用，具体示例如表 6-2 所示。

表 6-2　GRANT 示例

对　　象	示　　例	权 限 说 明
Global	GRANT ALL ON *.* TO student@localhost;	指定对服务器上的所有数据库及其对象的操作权限
Database	GRANT ALL ON mytestdb.* TO student@localhost;	指定具有数据库中的所有对象的操作权限
Table	GRANT DELETE ON mytestdb.goods TO student@localhsot;	指定数据库下的某个表执行 DELETE 语句的权限
Column	GRANT SELECT(goodsno,goodsname),INSERT(goodsno),UPDATE(initstock)ON mytestdb.goods TO student@localhost;	指定数据库下的某个表执行 SELECT、INSERT 和 UPDATE 语句的权限，并限定到可操作的列
Stored Routine	GRANT EXECUTE ON PROCEDURE mytestdb.gath TO student@localhost;	指定对数据库下某个存储过程的可执行的权限

如果包含 WITH GRANT OPTION，则获得授权的用户可以将这些权限再授权给其他用户。

以 root 登录，分别执行下列命令，然后再以 student 登录，进行 SELECT 和 UPDATE

操作：

```
GRANT SELECT ON Elective TO students@localhost
```

把对 Elective 表的 SELECT 权限授予角色 students：

```
GRANT ROLE students@localhost to student@localhost
```

以 student 登录后，可以执行语句 SELECT * FROM Elective。

```
GRANT UPDATE ON Elective(EleId,EleName) TO student@localhost
```

把对 Elective 表的 EleId 和 EleName 列的更新权限授予用户 student，以 student 登录后，可以通过 UPDATE 语句更新 Elective 表的 EleId 和 EleName 列。

(2) 回收权限 REVOKE。

回收权限的作用和授权语句相反，其目的是取消已授权给角色或用户的权限，其语句格式和授权的语句的格式基本相同，如回收上面的授权的语句分别为：

```
REVOKE SELECT ON Elective FROM students
REVOKE UPDATE ON Elective(EleId,EleName) FROM student
```

(3) 查询用户已获得的授权。

查询当前用户已获得授权的命令：

```
SHOW GRANTS
```

实际返回的是已授权的 GRANT 语句。

6.4 视图机制控制用户的权限

以上通过对数据表对象的授权可以限制用户对数据表中某些列的查询和更新，但无法限制用户对数据表中符合某种特定条件的行的查询和更新，如一个学校所有学生的基本信息存放在一个数据表 Student 中，若要限制某系的人员，包括该部门网站的开发人员只能访问该系的学生信息，即只能访问 Student 表中该系的学生所对应的数据行，要做到这点，就需要借助视图机制。

使用视图机制控制用户的权限，必须首先理解对视图插入、更新和删除的操作的实际意义以及对这些操作的限制。

从第 5 章的 INSERT、UPDATE 和 DELETE 语句格式中可以看到，插入、更新和删除操作的对象都可以是视图，然而视图仅仅是一张逻辑上的表，在物理空间上并不存在，查询视图实际上就是执行其对应的 SELECT 语句，那么，对视图的插入、更新和删除是否就是对这个查询结果的插入、更新和删除呢？答案是否定的。

对视图的插入、更新和删除操作实际上是对视图对应表（视图对应 SELECT 语句中 FROM 子句后的表）的插入、更新和删除，如果把视图对应的表称为视图的基表，那么对视图的插入、更新和删除操作要被转换为对基表的插入、更新和删除。由于视图对应的 SELECT 语句可能是很复杂的，因此这种对应有时从逻辑上是做不到的，例如对视图中的聚合列进行更新操作就无法变换成对基表的更新操作，所以，如果设计者试图通过视图来限制用户修改数据库中数据的权限，必须首先搞清楚对通过视图修改基表数据的限制。

6.4.1 通过视图修改基表数据的限制——一个基表

下面分别从对视图的插入、更新和删除操作来讨论通过只有一个基表的视图修改基表数据的限制。

(1) 视图的插入必须包含基表的主码值。

首先视图必须包含基表的主码,并且插入语句必须给这些主码列赋值,这个限制条件即使是直接对基表进行插入也是必须满足的,因为对视图的插入就是对基表的插入。这个条件在主码列被定义为 AUTO_INCREMENT 列(新增行时由数据库管理系统自动产生唯一值)时例外。

【例 6-4】 建立包括学号、姓名、年龄的学生视图 StudentAge:

```
CREATE VIEW StudentAge(StdId,StdName,StdAge)
AS
SELECT StdId,StdName FROM Student
```

对该视图能正常运行的插入语句:

```
INSERT INTO StudentAge(StdId,StdName)VALUES('19006', '黄名')
```

实际执行结果是在 Student 表中插入一行,该行 StdId= '19006',StdName='黄名'。

由于插入行没有为主码列赋值而不能正常运行的插入语句:

```
INSERT INTO StudentAge(StdName)VALUES('黄名')
```

(2) 视图中如果包含计算列或聚合列,将无法进行插入操作,仍可以进行更新操作,显然更新的列不能包含计算列或聚合列,因为对聚合列或计算列的赋值无法被转换为对基表列的赋值。

如定义视图:

```
CREATE VIEW StudentAge(StdId,StdName,StdAge)
AS
SELECT StdId,StdName,YEAR(CURDATE()) - YEAR(Birthday)
FROM Student
```

视图第 3 列为计算列,即便对视图插入语句不包含这个列的赋值,插入语句也不能完成。

通过该视图能正常运行的更新语句:

```
UPDATE StudentAge SET StdName = '陈斌' WHERE StdId = '19006'
```

不能正常运行的更新语句:

```
UPDATE StudentAge SET StdAge = 20 WHERE StdId = '19006'
```

(3) 对视图更新和删除语句中的 WHERE 条件可以是计算列但不能是聚合列,即要求对视图的 WHERE 条件能够转换为对基表的条件。

【例 6-5】 可以对视图 StudentAge 执行以下删除语句:

```
DELETE FROM StudentAge WHERE StdAge = 18
```

执行上述语句相当于执行:

```
DELETE FROM Student WHERE YEAR(GETDATE()) - YEAR(Birthday) = 18
```

(4) 对视图的更新和删除操作被转换为对基表的更新和删除操作时，UPDATE 和 DELETE 的 WHERE 条件与视图对应 SELECT 语句中的 WHERE 条件将被叠加。

【例 6-6】 在 StudentAge 视图中对应的 SELECT 语句中增加 WHERE 条件：

```
CREATE VIEW StudentAge(StdId, StdName, StdAge)
AS
SELECT StdId, StdName, YEAR(GETDATEe()) - YEAR(Birthday)
FROM Student WHERE Gender = 1
```

执行语句：

```
DELETE FROM StudentAge
```

该语句执行结果将删除 Student 表中 Gender=1 的所有行。

执行语句：

```
DELETE FROM StudentAge WHERE StdName LIKE '周 % '
```

该语句执行结果将删除 Student 表中 Gender=1 并且 StdName 第一个字为“周”的行。

执行语句：

```
DELETE FROM StudentAge WHERE Gender = 0
```

该语句执行结果不删除 Student 表中任何行。

6.4.2 通过视图修改基表数据的限制——多个基表

对于多于一个基表的情况，要通过视图修改基表数据的基本原则是从逻辑上能把对视图(一个查询结果)的插入、更新操作明确转换为对一个基表的插入、更新操作，对此的基本要求是对视图的 UPDATE 或 INSERT 语句中列出的所有要赋值的列必须属于视图定义中的同一个基表。

假如定义了一个返回所有学生选修的所有课程的成绩的视图 AllGrade：

```
CREATE VIEW AllGrade
AS
SELECT a.StdId, a.StdName, b.EleId, b.EleName, c.Grade
FROM Student a, Elective b, Student_Elective c
WHERE a.StdId = c.StdId and b.EleId = c.EleId
```

(1) 通过视图，可对基表进行下列更新操作。

① 更新某个学号的学生姓名，实际更新 Student 表。

```
UPDATE AllGrade SET StdName = '陈斌' WHERE StdId = '19006'
```

② 更新某个课程号的课程名，实际更新 Elcetive 表。

```
UPDATE AllGrade SET EleName = 'C 语言程序设计' WHERE EleId = 'ele001'
```

③ 更新学号为“19001”的学生的所有选课成绩，实际更新 Student_Elective 表。

```
UPDATE AllGrade SET Grade = 100 WHERE StdId = '19001'
```

④ 更新课程号为“ele001”的课程的所有选课成绩，实际更新 Student_Elective 表。

```
UPDATE AllGrade SET Grade = 80 WHERE EleId = 'ele001'
```

⑤ 更新学号为“19001”的学生选修的课程号为“ele001”的课程的成绩，实际更新

Student_Elective 表。

```
UPDATE AllGrade SET Grade = 100 WHERE StdId = '19001' and EleId = 'ele001'
```

以上所有语句能被有效运行的条件是视图中存在符合以上 UPDATE 语句中 WHERE 条件的行。例如，第 5 个语句能有效更新的条件是视图中存在满足条件“StdId＝'19001' and EleId＝'ele001'”的行，即要求：Student 表中存在学号为“19001”的学生；Elective 中存在课程号为“ele001”的课程；Student_Elective 中存在满足条件“StdId＝'19001' and EleId＝'ele001'”的行。

上述三个条件只要一个不满足，视图中就不存在满足条件“StdId＝'19001' and EleId＝'ele001'”的行，即使 Student_Elective 表中有满足该条件的行，更新语句也不会更新该行数据(结果是更新了 0 行)。

(2) 无法通过视图进行的更新操作。

如果要求更新学号为“19001”的学生的姓名，同时更新其所有选修课成绩，由于学号、姓名和成绩同时存在于视图中，很容易写出以下更新语句：

```
UPDATE AllGrade SET StdName = '陈斌',Grade = 80 WHERE StdId = '19001'
```

遗憾的是，该语句不能被编译执行，原因是被更新的列值 StdName 和 Grade 分别属于不同的基表。

(3) 通过视图，可对基表进行下列插入操作。

① 在 Student 表中插入一名学生的信息。

```
INSERT INTO AllGrade(StdId,StdName)VALUES('19018','王涛涛')
```

② 在 Elective 表中插入一个课程信息。

```
INSERT INTO AllGrade(EleId,EleName)VALUES('ele005','操作系统')
```

(4) 无法通过视图进行的插入操作。

在 Student_Elective 表插入学号为“19018”、课程编号为“ele005”的选课信息：

```
INSERT INTO AllGrade(StdId,EleId)VALUES('19018', 'ele005')
```

该语句不能被编译执行，原因是更新语句中要更新视图中的 StdId 和 EleId 列分别属于不同的基表 Student、Elective。

如果把视图定义改为：

```
CREATE view AllGrade
AS
SELECT c.StdId,a.StdName,c.EleId,b.EleName,c.Grade
FROM Student a,Elective b,Student_Elective c
WHERE a.StdId = c.StdId and b.EleId = c.EleId
```

则上述插入语句将能被正常执行，原因是更新语句中要更新视图中的 StdId 和 EleId 列属于同一个基表 Student_Elective。但如此定义的视图将不能运行(3)中的两个插入语句。

(5) 通过视图，对基表进行删除操作。

由于视图有多于一个基表，因此对视图的删除操作均无法得到正常的编译执行。

6.4.3 通过视图修改基表的意义

【例 6-7】 仍以 6.4.1 节开头的实例来说明如何用视图限制用户对数据表中特定行的

操作权限。

首先为某个系如“IT”系定义一个视图：

```
CREATE VIEW ITStudent
AS
SELECT * FROM STUDENT WHERE DeptId = 'IT'
WITH CHECK OPTION
```

以 root 登录数据库，新增一个登录用户 ITUser，使用 GRANT 语句把对视图 ITStudent 的查询、插入、更新和删除权限授予用户 ITUser，上述操作对应的语句为：

```
CREATE USER ITUser@localhost IDENTIFIED BY '123456'
GRANT ALL ON ITStudent TO ITUser@localhost
```

以 ITUser 用户登录后，通过视图 ITStudent 就只能查询或修改 Student 表中部门为“IT”的学生信息。以下分别对视图的插入、更新和删除操作进行说明。

(1) 对视图的插入操作。

在视图的定义中包含了 WITH CHECK OPTION，该子句的作用使得对视图的插入只接受符合 WHERE 条件的行。如以下插入语句仅第一句能成功：

```
INSERT INTO ITStudent(StdId,StdName,DeptId)VALUES('95006', '吴月明','IT')
INSERT INTO ITStudent(StdId,StdName,DeptId)VALUES('95006', '吴月明', 'CS')
```

若插入语句中不指定 DeptId 的值，则该列为 NULL，同样不能成功执行。

这样就保证了通过视图新增一名学生信息，其所在系必须是“IT”。

(2) 对视图的更新操作。

同样，在视图的定义中包含了 WITH CHECK OPTION 使对视图的 UPDATE 语句中不允许更改 DeptId 的值，即下列语句不能被成功执行：

```
UPDATE ITStudent SET DeptId = 'MA'
```

虽能执行以下语句，但是是无意义的语句：

```
UPDATE ITStudent SET DeptId = 'IT'
```

该语句等价于：

```
UPDATE ITStudent SET DeptId = 'IT' WHERE DeptId = 'IT'
```

这样就保证了通过视图只能修改 IT 系的学生信息，并且不能更改其所在系的属性。

(3) 对视图的删除操作。

转换为对基表的删除操作时，由于会加上视图定义中 SELECT 语句的 WHERE 条件，因此虽然对删除语句没有限制，但只会删除基表中 DeptId='IT'的行，这样也就保证了通过视图只能删除 IT 系的学生。

综上所述，以 ITUser 登录数据库管理系统，就只能查询、插入、修改和删除 Student 表中 IT 系的学生信息，达到了对权限控制的要求。

需要指出的是，上述对插入和更新操作的控制，视图定义中 WITH CHECK OPTION 起了重要的作用，若视图定义中不包含 WITH CHECK OPTION，则对视图的插入和更新操作就无上述限制，即通过视图可以插入非 IT 系的学生，也可以把 IT 学生的所在系的属性改成其他系。

第7章 数据库行为特征设计——SQL 程序设计

本篇的以上章节主要介绍了 SQL 中数据操纵的核心语句 SELECT、INSERT、UPDATE 和 DELETE,使用这些语句,就可以实现对数据库中数据的所有基本操作。但是,对一个比较复杂的业务需求,可能需要执行一串命令才能实现,在执行过程中可能还需要进行条件判断和循环反复,所以必须提供一种方式,把实现一个需求或实现一个功能的 SQL 语句以程序的方式组织起来,供其他程序或客户端的应用程序反复调用,这样的程序就是 SQL 程序。

在 SQL 标准的 SQL 99 版本中,包含了存储过程和函数的概念,存储过程和函数是存储在数据库中的可供调用或引用的 SQL 程序,不同的数据库管理系统各自采用自己开发的语言编写存储过程及函数,微软为 SQL Server 开发的语言称为 Transact-SQL(T-SQL),其他的如 Oracle 公司为其数据库开发的语言称为 Procedural Language/SQL,简写为 PL/SQL,MySQL 目前为止并没有给它支持的 SQL 起一个特别的名称。

7.1 SQL 程序基础

变量的定义和流程控制则是程序设计语言必须提供的基本要素。

在开始编程时,为程序写上注释是一个良好的习惯,MySQL 行注释使用“--”,注意后面必须包含一个空格,也可以使用“#”,块注释开始使用“/*”,结束使用“*/”。不要轻易地删除可能当时认为有错误的程序,很可能不久又会认为删除的程序有用,所以可以使用注释标记注销一段程序,在需要时再去掉注释标记。

7.1.1 变量的声明和使用

MySQL 的变量分为局部变量、用户变量和系统变量,系统变量又分为全局变量和会话变量,局部变量必须先声明后使用,其作用范围仅限在它被声明的 BEGIN...END 块内,当语句执行完毕,局部变量就自动消失。用户变量的作用范围为从赋值后到断开连接,一个连接中定义赋值的用户变量其他连接无法访问,连接断开后变量自动被释放。系统变量为系统维护的变量,用户可读取或改变其值。

(1) 局部变量的声明。

局部变量遵循先声明后使用的原则,局部变量声明即给出变量的名称、数据类型,可选给出默认值,其一般格式为:

```
DECLARE var_name[,...] type [DEFAULT value]
```

【例 7-1】 声明局部变量 Num,数据类型为整型,默认值为 0。

```
DECLARE Num INTEGER DEFAULT 0
```

局部变量的生存期为其所在的 BEGIN...END 块中。

MySQL 数据类型中没有提供类似其他高级语言中的数组类型和结构类型,所有类型的局部变量均只能存储单个数据值,当程序设计中需要使用类似数组的变量时,可考虑使用临时表。

局部变量声明后如没有定义其默认值,其初值为 NULL。

(2) 局部变量的赋值与读取。

局部变量的赋值格式为:

```
SET var_name = expr
```

或者

```
SET var_name : = expr
```

局部变量直接通过变量名来读取。

(3) 用户变量的赋值与读取。

用户变量声明和赋值合并为一个语句:

```
SET @var_name = expr [,@ var_name = expr] ...
```

或者

```
SELECT @var_name = expr [,@ var_name = expr] ...
```

第一个格式表达式中可以包含查询语句,但查询结果必须是单列单值或单列空值。

【例 7-2】 取学号为“19001”的学生的最高成绩乘以 90%然后赋给变量 maxGrade:

```
SET @MaxGrade = (SELECT MAX(Grade) FROM Student_Elective WHERE StdId = '19001') * 0.9
```

但 MySQL 并不支持其他数据库支持的以下语句:

```
SELECT @MaxGrade = MAX(Grade) * 0.9 FROM Student_Elective WHERE StdId = '19001'
```

必须使用 INTO 改写为:

```
SELECT MAX(Grade) * 0.9 INTO @MaxGrade FROM Student_Elective WHERE StdId = '19001'
```

一般格式为:

```
SELECT expr1[,expr2...] INTO @< var_name1[,varname2...][FROM ...]
```

“FROM...”为 SELECT 语句 FROM 后的部分。

该语句能正确运行的条件为 SELECT 语句返回为单列单值,如返回多个值语句将无法正确赋值。

用户变量的读取方式为:@varname。

可通过执行 SELECT @varname 读取用户变量的值。

(4) 系统变量。

MySQL 系统变量分为两种:一种是全局(Global)变量;另一种是会话(Session)变量。全局变量全局有效,而会话变量只在当前会话(MySQL 客户端与 MySQL 服务器交互的过程被称为一个会话)有效。

可分别使用以下命令查看全局变量和会话变量：

```
SHOW GLOBAL VARIABLES;
SHOW SESSION VARIABLES;
```

MySQL 中的系统变量以两个“@”开头，全局变量和会话变量有同名变量时，变量名前可加前缀“@@GLOBAL.”和“@@SESSION.”以示区别，不加前缀则首先访问同名的会话变量，如果同名的会话变量不存在，则访问该名称的全局变量。

如系统变量 auto_increment_offset 用来指定自增长列的起始数，可使用 SET 和 SELECT 设置和获取该值：

```
SET @@GLOBAL.auto_increment_offset = 100
SELECT @@GLOBAL.auto_increment_offset
SELECT @@SESSION.auto_increment_offset
SET @@SESSION.auto_increment_offset = 10
```

通过执行以上命令可以看到，设置了 GOLBAL..auto_increment_offset 的值并不会改变 @@SESSION.auto_increment_offset 的值，其关系是：当建立一个 SESSION 时，@@SESSION.auto_increment_offset 会从 GOLBAL..auto_increment_offset 获取值，此后，可通过设置 @@SESSION.auto_increment_offset 改变其值，而@@GOLBAL..auto_increment_offset 的改变并不会改变@@SESSION.auto_increment_offset 的值，直到该 SESSION 结束。

简言之，改变 SESSION 变量的值，当前连接立即生效，不改变 GLOBAL 同名变量的值；改变 GLOBAL 变量的值，不改变当前连接的同名变量的值，而只改变新获取的连接的同名变量的值。并非所有全局变量都可改变，一些全局变量为只读，如@@VERSION。

7.1.2 流程控制语句

MySQL 的程序和其他高级语言一样由语句组成，每一个语句以分号“;”结束，由 BEGIN 开始、END 结束的多个语句构成一个语句块。MySQL 同样提供两种类型的流程控制语句：分支和循环。

(1) 分支语句——IF。

IF 语句的一般格式：

```
IF <条件表达式> THEN
BEGIN
<语句>
[...n]
    END
[ELSE
    BEGIN
        <语句>
        [...n]
END IF]
```

由 BEGIN 开始、END 结束的语句组成一个语句块，若条件表达式值为 TRUE，则执行第一个语句块，否则若存在 ELSE，则执行第二个语句块，若不存在 ELSE，则程序继续执行下一语句。如果 IF 和 ELSE 后只有一个语句，可省略 BEGIN 和 END。

IF 语句可以嵌套，即在第一个和第二个语句块中可包含 IF 语句，嵌套层数没有限制。

(2) 循环语句。

MySQL 提供了三种循环语句。

① WHILE 语句。

WHILE 语句的一般格式为:

```
[begin_label:] WHILE <条件表达式> DO
    BEGIN
        语句
        [...n]
    END
END WHILE [end_label]
```

若条件表达式的值为 TRUE,则执行 WHILE 中 BEGIN 和 END 之间的语句块中的语句,执行完毕后再判断条件表达式是否为 TRUE,若为 TRUE 则重复执行该语句块,如此反复,直到条件表达式为 FALSE 时,跳过语句块,执行循环语句的后一语句。所以,通常把 WHILE 语句中的语句块称为循环体。

循环语句可以嵌套,也可以包含 IF 语句。

关于 begin_label 和 end_label,见后面"其他流程控制语句"中的介绍。

② REPEAT 语句。

REPEAT 语句的一般格式为:

```
REPEAT
    BEGIN
        语句
        [...n]
    END
UNTIL <条件表达式>
END REPEAT [end_label]
```

首先执行 REPEAT 下 BEGIN 和 END 之间的语句块,完成后判断条件表达式是否成立,如果成立为 TRUE,则结束循环执行下一个语句,如果不成立,则重复执行语句块中语句。

REPEAT 语句和 WHILE 语句的主要区别是循环体至少执行一次,而 WHILE 语句循环体可能一次都不执行。可根据这一个特点结合算法选用一种循环语句,事实上,程序员只需要掌握一种循环就能实现所有需求。

③ LOOP 语句。

LOOP 语句的一般格式为:

```
[begin_label:] LOOP
    BEGIN
        语句
        [...n]
    END
END LOOP [end_label]
```

LOOP 语句实现了一个简单的循环结构,如何退出循环,见后面"其他流程控制语句"中的 ITERATE 语句和 LEAVE 语句的介绍。

(3) 其他控制流程语句。

① ITERATE 语句。

类似其他语言中的 CONTINUE 语句,可用于以上介绍的三种循环语句的循环体中,表示跳过循环体中该语句的以下语句，进入下一循环，其格式为：

```
ITERATE label
```

其中，label 即为循环语句开始和结束中的 begin_label 和 end_label，两者名称是相同的。

② LEAVE 语句。

类似其他语言中的 BREAK 语句，可用于以上介绍的三种循环语句的循环体中，表示跳过循环体中，也可用于任何 BEGIN 开始、END 结束的语句块中，表示跳过 LEAVE 后的语句块中的语句，直接执行语句块后的语句，其格式为：

```
LEAVE label
```

其中，label 即为循环语句开始和结束中的 begin_label 和 end_label，两者名称是相同的。

③ RETURN 语句。

其格式为：

```
RETURN [expression]
```

通常在函数中使用，表示该函数返回该表达式的值，函数结束。不用于存储过程和触发器，存储过程和触发器一般用 LEAVE 退出程序。

(4) 异常(错误)处理。

异常(错误)处理实际上也是一种程序的流程控制，这里简单介绍一下 MySQL 提供的异常处理。

以下语句指定在某个异常发生时要执行的语句，语句格式如下：

```
DECLARE handler_type HANDLER
FOR condition_value [,...]
statement
```

各部分内容介绍如下。

① handler_type：错误处理方式。其参数可以为：

- CONTINUE：表示遇到错误不处理，继续执行；
- EXIT：表示遇到错误时马上退出；
- UNDO：表示遇到错误后撤回之前的操作，MySQL 暂不支持这个操作。

② condition_value：表示发生的错误类型。可为下列情形：

- SQLSTATE [VALUE] sqlstate_value：为包含 5 个字符的字符串错误值；
- condition_name：表示 DECLARE CONDITION 定义的错误条件名称；
- SQLWARNING：匹配所有以 01 开头的 SQLSTATE 错误代码或 NOT FOUND；
- NOT FOUND：匹配所有以 02 开头的 SQLSTATE 错误代码；
- SQLEXCEPTION：匹配所有没有被 SQLWARNING 捕获的 SQLSTATE 错误代码；
- mysql_error_code：mysql_error_code 匹配数值类型错误代码。

③ statement：错误发生时要执行的语句。

7.2 函数和表达式

函数是存储在数据库中可供其他程序调用的 SQL 程序，其基本特征是具有返回值。MySQL 提供了大量的可直接调用的系统函数，用户也可根据算法需要自定义函数。

自定义函数可由用户根据需要创建，创建后就永久存在于数据库中，直到使用删除语句删除它。函数通常被数据库端的其他程序如存储过程、其他函数、触发器、查询语句等调用，客户端应用程序很少直接调用函数。

表达式则是符号与运算符的组合，MySQL 对其求值以获得单个数据值。简单的表达式可以是一个常量、变量、列或标量函数。可以用运算符将两个或更多的简单表达式连接起来组成复杂的表达式。

7.2.1 表达式和系统函数

本节主要介绍 MySQL 提供的各种类型的数据运算及数据类型的隐形转换，以及非常实用的 CASE 表达式和部分系统函数在解决一些常见需求中的应用。

1. 表达式

(1) 各种类型的数据运算及数据类型的隐形转换。

对表达式中不同类型的数据运算，MySQL 会在部分情况下自动进行转换；在调用函数时实际传入的参数类型与函数定义的参数类型不一致的情况下，MySQL 在某些情况下也会进行隐形转换。

从下面的实例中可以看到 MySQL 所支持的混合类型的数据运算规则和部分数据类型的转换规则，在实际的系统设计开发过程中，获取更多的规则的最积极和有效的方法是仿照下面的实例进行测试，从返回的结果中得出结论。

【例 7-3】 数值和字符串混合运算：字符串被转换为数值，若不能转换则字符串被处理为 0。例如：

SELECT 100+'123'：结果为 223。

SELECT 100+'A123'：结果为 100，由于 A123 无法转换为数值，因此被处理为 0。

SELECT 'ab'+'cd'：结果为 0。

从最后一个例子可以看出，MySQL 不支持用“+”进行字符串的串接运算，如果要进行串接运算，可以使用 CONCAT 函数。

MySQL 不支持日期和数值混合运算而得到日期向前或向后的推移 n 天后的日期，可以使用 DATE_ADD 或 DATE_SUB 加减日期。

【例 7-4】 获取 365 天后的日期。

```
SELECT DATE_ADD(CURDATE(),INTERVAL 365 DAY)
```

或者：

```
SELECT CURRENT_DATE + INTERVAL 365 DAY FROM DUAL
```

【例 7-5】 获取 365 天前的日期。

```
SELECT DATE_SUB(CURDATE(),INTERVAL 365 DAY)
```

或者：

```
SELECT CURRENT_DATE - INTERVAL 365 DAY FROM DUAL
```

MySQL 不支持使用日期相差的两个日期之间的天数，两个日期之间的天数可以用下面的语句获得：

```
SELECT TIMESTAMPDIFF(DAY,'2020-12-31','2021-01-03')
```

返回为 3,即两个日期之间相差 3 天。

第 1 个参数还可以是：MINUTE,分钟；HOUR,小时；MONTH,月；YEAR,年。

后面两个是日期型参数,如果是日期格式的字符串,将被转换为日期型。

字符串转日期：在函数中需要出现日期的地方可以用日期格式的字符串取代,系统自动转为日期,DATE_SUB 中的第一个参数和 TIMESTAMPDIFF 的后两个参数可以是某一个的日期字符串。

【例 7-6】 返回 2023 年 1 月 11 日之前 365 天的日期。

```
SELECT DATE_SUB('2023-1-11',INTERVAL 365 DAY)
```

返回 2023-1-11 的 365 天前的日期。

日期转换为字符串：作为字符型的函数参数,当出现日期型的值后,日期将被自动转换为字符串。

【例 7-7】 SELECT RIGHT(CURDATE(),2),其结果为当前日期年、月、日中的日,即 01～12 中的一个。RIGHT 函数的第一个参数应该为字符型,返回该参数字符串的右边两个字符,系统自动把日期型参数 CURDATE 转换为字符串。

另外,MySQL 提供了 CAST 和 CONVERT 两个函数对参数类型进行显式转换,其使用方法参见本节以下相关内容。

(2) 表达式和空值。

若表达式中存在空值,则表达式值为空值。若条件表达式中出现空值,则条件表达式值为 FALSE,如下列条件判断均为 FALSE：

```
IF(X = NULL)...
IF(3 <> NULL)...
IF(NULL = NULL)...
```

为此,在需要判断某表达式是否为空时,必须使用 IS 及 IS NOT,如：

```
IF(X IS NULL)...
IF(X IS NOT NULL)...
```

(3) CASE 表达式。

格式一：

```
CASE 表达式 0
WHEN 表达式 i THEN 结果表达式 i
[ ...n ]
[ELSE 表达式 n+1
END
```

其中,“表达式 i”和“结果表达式 i”表示每个 WHEN 和 THEN 后可能各不相同的表达式。

CASE 表达式用“表达式 0”的值依次与 WHEN 后的“表达式 i”的值比较,若相等,则 CASE 表达式值返回对应 THEN 后的“结果表达式 i”的值；如果和所有 WHEN 后的表达式值均不等,若有 ELSE 子句,则返回 ELSE 后的“表达式 n+1”的值,若无 ELSE 子句,则返回 NULL 值。

【例 7-8】 要求输出 Student 表中学号(StdId)、姓名(StdName)和性别(Gender),性别要求 Gender=1 时显示为“男”,Gender=0 时显示为“女”,若为空则显示“未知”。

```
SELECT StdId,StdName,
CASE Gender
WHEN 1 THEN '男'
WHEN 0 THEN '女'
ELSE '未知'
END
FROM Student
```

格式二：

```
CASE
WHEN 逻辑表达式 i THEN 结果表达式 i
[...n]
[ELSE 表达式 n+1]
END
```

CASE 表达式依次判断每个 WHEN 后的“逻辑表达式 i”是否为真，若为真则返回 THEN 后的“结果表达式 i”的值，若 WHEN 后所有逻辑表达式均为假，则返回 ELSE 后的“表达式 n+1”的值，若无 ELSE 子句，则返回 NULL 值。

【例 7-9】 查询学生的学号、姓名、课程名及成绩，要求成绩显示为“优”“良”“中”“及格”“不及格”，和分数的对应关系如表 7-1 所示。

表 7-1 分数和等级的对应关系

优	良	中	及　格	不　及　格
90～100	80～89	70～79	69～69	0～59

```
SELECT a.StdId,a.StdName,b.EleName,
CASE
WHEN c.Grade<100 AND c.Grade>=90 THEN '优'
WHEN c.Grade<90 AND c.Grade>=80 THEN '良'
WHEN c.Grade<80 AND c.Grade>=70 THEN '中'
WHEN c.Grade<70 AND c.Grade>=60 THEN '及格'
ELSE '不及格'
END Grade
FROM Student a,Elective b,Student_Elective c
WHERE a.StdId=c.StdId AND b.EleId=c.EleId
```

END 后的 Grade 的作用是使该查询结果中成绩的列名为 Grade，若直接用 CASE 语句，则列名显示为 CASE。

2. 系统函数

MySQL 提供了大量的各类系统函数，这些函数可以帮助用户解决许多实际问题，尤其在 SELECT 语句中通过使用函数和函数的嵌套，可使用一个 SELECT 语句就能实现比较复杂的查询需求。首先列出 MySQL 提供的一些常用的函数以及说明，这些函数在以后的实例中将被使用。

(1) 常用函数介绍。

日期类型的常用函数如下。

CURDATE：返回当前系统的日期和时间(返回 DATE 类型)，无参数。

YEAR(date)：参数类型为 DATE，返回参数 date 的年份(int 型)，相关的函数有 MONTH(date)、DAY(date)、WEEKDAY(date)，分别返回参数指定日期的月份、日和星期几(0～6 分别为周一到周日)。

TIMESTAMPDIFF(unit,startdate,enddate):返回开始日期 startdate 到结束日期 enddate 之间的差异,并以指定的时间单位返回结果。unit 为指定的时间单位,可以是年、月、日、小时、分钟等。

【例 7-10】 以年为例,enddate 晚于 startdate 的情况下,两个日期差满一年不满两年返回 1,不满一年返回 0,如 startdate 为'2000-3-2',则 enddate 日期早于'2001-3-2',晚于'1999-3-2',则返回 0,晚于等于'2001-3-2',早于'2002-3-2',则返回 1,以此类推。

DATE_ADD(date,INTERVAL expr type):返回 date 指定日期增加指定时间间隔后得到的日期。

type 参数可以是年(YEAR)、月(MONTH)、周(WEEK)、日(DAY)、分钟(SECOND)、秒(MINUTE)等。

DATE_SUB(date,INTERVAL expr type):返回 date 指定日期减去指定时间间隔后得到的日期。

关于字符类型的常用函数如下。

- LEFT (string,length):返回字符串 string 左边由 length 指定字符数的子串,相类似的函数有 RIGHT(string,length)。
- REPLACE(string,oldstring,newstring):把字符串 string 中的 oldstring 指定的子串替换为 newstring 指定的字符串。
- LOCATE (string1,string2):在 string2 中查找 string1,若没有找到则返回 0,否则返回 string1 在 string2 的位置,也可以使用 POSTION(string1 IN string2)或 INSTR(string2,string1)。
- SUBSTRING (string,start,length):取字符串参数 string 从 start 位置开始处长度为 length 的子串,若 length 小于或等于 0,则返回空串。
- LENGTH (string):返回给定字符串表达式的字符个数,使用 UTF-8 编码,一个中文字符占 3 字节,即一个中文字符返回长度为 3。
- CONCAT:该函数可包含 1 到多个参数,返回参数转换为字符串后的串接结果。如 CONCAT('ab',12)返回字符串"ab12",CONCAT(12,34)返回字符串"1234"。需要特别注意的是,只要参数中有一个 NULL 值,则该函数一定返回 NULL。
- CONCAT_WS:同样为串接字符串,和 CONCAT 的区别是第一个参数为串接时的分隔符,WS 的含义是 With Separator;另一个区别是该函数将忽略参数中的 NULL 值。
- REPEAT(string,num):把 num 个 string 参数表示的字符串串接起来返回。
- LTRIM(string)/RTRIM(string):去除参数 string 表示的字符串的左边或右边的全部空格后返回。
- GROUP_CONCAT:这是一个比较特别且非常有用的函数,可用在包含分组统计的 SELECT 语句中,该函数将把一个分组的参数指定列的行值用指定(默认为逗号)分隔符串接在一起作为一列输出。

【例 7-11】 输出学号和该学号学生选修的课程编号,多门课程用分号分隔,语句为:

```
SELECT StdId,GROUP_CONCAT(EleId,';') EleId FROM student_elective GROUP BY StdId
```

输出如表 7-2 所示。

表 7-2 GROUP_CONCAT 输出样例

StdId	EleId	StdId	EleId
19001	ele001；,ele002；,ele003；	19003	ele001；,ele002；
19002	ele001；,ele003；	19018	ele005；

类型转换和其他函数如下。

- CONVERT(expr,type)：把表达式 expr 转换为 type 参数指定的数据类型。

Type 可以是 DATE、DATETIME、TIME、DECIMAL、CHAR、NCHAR、SIGNED 和 UNSIGNED 等。

- CAST (expr AS type)：该函数把 expr 指定的表达式值转换为 type 指定的类型。
- POWER (expr,y)：返回 expr 的 y 次方。
- IFNULL (check_expression,replacement_value)：若 check_expression 为空，则返回 replacement_value，否则返回 check_expression。

以下通过实例介绍如何使用这些函数解决实际问题。

(2) 函数的应用实例。

以下为实际的软件开发中很常见的使用函数嵌套就能满足查询需求的解决方案。

① 查询结果中空值处理。

【例 7-12】 数据表中的列值为空值一般表示值未确定，但用户通常希望显示某个提示而不是空值，学生表 Student 中班号 ClassId 为空值，表示学生班号未确定，查询要求显示为“未确定”，其查询语句为：

```
SELECT StdId,StdName,IFNULL(ClassId,'未确定') FROM Student
```

② 字符串子串的搜索和替换。

【例 7-13】 把 Supplier 中供应商名称 SuppName 中包含的“南市区”全部改成“黄埔区”。

```
UPDATE Supplier SET SuppName = REPLACE(SuppName, '南市区', '黄埔区')
```

③ 指定分隔符列的分拆。

【例 7-14】 供应商名称前必须冠以所在省市，并以“-”与后面的供应商名分隔，要求分别查询供应商所在省市和供应商名称。

MySQL 并没有提供类似其他语言的根据分隔符分拆字符串的 SPLITE 函数，可使用其他函数嵌套调用来实现。

分析：首先要找到供应商名称中第一次出现“-”的位置，然后取第一个字符到该位置的子串和该位置后到字符串结束处的子串。

```
SELECT SUBSTRING(SuppName,1,LOCATE('-',SuppName) - 1),
SUBSTRING(SuppName,LOCATE('-',SuppName) + 1,
LENGTH(SuppName) - LOCATE('-',SuppName)) FROM Supplier
```

如果供应商名称中没有出现“-”，则上述语句第一列省市显示为空，返回的第二列为 SuppName 的值，原因是 LOCATE ('-',SuppName)将返回 0，使第一列中的 SUBSTRING 的第三个参数出现负数，这正是我们所需要的。

本查询若使用 RIGHT 和 LEFT 取子串可可使命令稍简单些：

```
SELECT REPLACE(LEFT(SuppName,LOCATE('-',SuppName)),'-',''),
RIGHT(SuppName,LENGTH(SuppName) - LOCATE('-',SuppName))
FROM Supplier
```

④ 日期的变换。

【例 7-15】 查询今年所有生日为周一到周五的学生。

分析：注意要查询的不是出生日期为周一到周五的学生，所以首先要得到学生今年生日的具体日期，也就是要获得把实际出生日的年份改成今年对应的日期。下面提供了两种方法。

方法一：作为字符串获得生日的月、日。

```
RIGHT(birthday,6)
```

和今年的年份串接成完整的今年生日的字符串：

```
CONCAT(YEAR(CURDATE()),RIGHT(birthday,6))
```

最后的查询语句为：

```
SELECT * FROM Student
WHERE WEEKDAY(CONCAT(YEAR(CURDATE()),RIGHT(birthday,6)))
BETWEEN 0 AND 4
```

这样的做法隐含了一个缺陷，如生日为闰年的 2 月 29 日，而今年不是闰年的情况下，条件中的 WEEKDAY 由于参数值所表示的日期不存在，因此将返回 NULL。

一个不存在的日期字符串通过 DATE 函数转日期型值同样会返回 NULL。

方法二：解决这个问题的方式是使用函数 DATE_ADD，该函数闰年的 2 月 29 日，加 1 后(非闰年)返回次年的 2 月 28 日。

获得今年的年份和出生年份的差：

```
SELECT YEAR(curdate()) - YEAR(birthday)
```

获得出生日期 birthday 对应今年的生日：

```
SELECT DATE_ADD(birthday,interval YEAR(curdate()) - YEAR(birthday)YEAR)
```

最后查询语句为：

```
SELECT * FROM Student
WHERE
WEEKDAY(DATE_ADD(birthday,interval YEAR(curdate()) - YEAR(birthday)YEAR))
BETWEEN 0 AND 4
```

如果出生日期为闰年的 2 月 29 日，而今年非闰年的情况下返回结果为 2 月 28 日，如果今年为闰年，则返回 2 月 29 日，避免了方法一的闰年错误。

需要注意的是，今年年份和出生年份的差不能使用以下函数：

```
TIMESTAMPDIFF(YEAR,Birthday,CURDATE())
```

函数 TIMESTAMPDIFF 将计算后面两个日期相差的天数，如果不满一年，则返回为 0，如果满一年不满两年则返回 1，以此类推，所以如果出生日期为"2000-4-12"，现在日期为"2001-3-10"，按以上算法，由于年份差为 0 年，因此返回 2001 年的生日为"2000-4-12"，而不是"2001-4-12"。

⑤根据出生日期计算目前的年龄。

【例 7-16】 输出学生的学号、姓名以及年龄。

年龄的计算方法为：如果当前日期的"月—日"小于出生日期的"月—日"，年龄＝当前年份－出生年份－1；如果当前日期的"月—日"大于或等于出生日期的"月—日"，年龄＝当前年份－出生年份。

可直接使用函数 TIMESTAMPDIFF，满足需求的查询语句为：

```
SELECT StdId,StdName,TIMESTAMPDIFF(YEAR,Birthday,CURDATE())
FROM Student
```

如果不使用函数 TIMESTAMPDIFF，或者某些数据库不支持该函数，可以进行以下处理：根据生日 Birthday 写出年龄的表达式，其中需要使用获得当前日期的函数(CURDATE)及由日期获得该日期的年份的函数(YEAR)，然后依据生日和当前日期的"月—日"的比较，产生 1 或 0，这种一般需要 IF 语句来完成的计算就可以使用上述的 CASE 表达式。

【例 7-17】 获取一个日期中"月—日"的一种方法是用 RIGHT 函数把日期转换为字符串，获得该字符串右边 5 个字符，对字符串 MySQL 可以直接用比较符号("＞""＞＝"等)进行比较。

查询语句为：

```
SELECT StdId,StdName,YEAR(CURDATE()) - YEAR(Birthday) -
CASE
WHEN RIGHT(Birthday,5)> RIGHT(CURDATE(),5) THEN 1
ELSE 0
END Age
FROM Student
```

获取一个日期中"月—日"的另一个方法是使用 MONTH 和 DAY 函数，一个"月—日"大于另一个"月—日"的比较方法是：前一个"月份"大于后一个"月份"，或者前一个"月份"等于后一个"月份"但前一个"日"大于后一个"日"，所以上述查询语句可改写成：

```
SELECT StdId,StdName,YEAR(CURDATE()) - YEAR(Birthday) -
CASE
WHEN MONTH(Birthday)> MONTH(CURDATE())
OR (MONTH(Birthday) = MONTH(CURDATE())
AND DAY(Birthday)> DAY(CURDATE()))THEN 1
ELSE 0
END Age
FROM Student
```

包括第一个直接使用 TIMESTAMPDIFF 的查询语句，以上所有语句都隐含了类似的缺陷，即如果某人出生日期的年份为闰年的 2 月 29 日，则按习俗，如果今年非闰年，则今年 28 日开始年龄就应该加 1，而事实并非如此，测试 TIMESTAMPDIFF 后可发现，闰年的 2 月 29 日到次年(非闰年)的 2 月 28 日，年份的差仍为 0 年。

仍可以使用 DATE_ADD 函数解决这个问题，利用该函数，可以先得到今年的生日(闰年 2 月 29 生日，该函数加整数年后如果非闰年，将返回相应年份的 2 月 28 日)，若当前日期在今年生日前，则年龄为当年年份和出生年份之差减 1，否则年龄就等于当年年份和出生年份之差。查询语句为：

```
SELECT StdId, StdName, YEAR(CURDATE()) - YEAR(Birthday) -
CASE
WHEN CURDATE()< DATE_ADD(Birthday,
INTERVAL YEAR(CURDATE()) - YEAR(Birthday) YEAR)
THEN 1
ELSE 0
END Age
FROM Student
```

⑥ 获得字符串表示数值的下一个数值(加 1)字符串。

【例 7-18】 查询"19"开头的下一个可用的学号,假设学号总长为 5 位字符,下一个可用编号就是"19"开头的学号中后三位的最大编号+1 后的编号。

一般这种生成新编号的算法可以在客户端实现,首先需要获得"19"开头的学号中的最大学号:

```
SELECT MAX(StdId)FROM Student WHERE StdId LIKE '19%'
```

然后通过客户端程序产生新的编号。

然而也可以把产生新编号的程序放到服务器端,首先要把使用的最大编号转换为数字,数字加 1 后把数字再转换为字符串,若长度不足则前面补"0",这样一个过程完全可以使用 MySQL 提供的函数层层嵌套来完成。

第一层取学号后三位最大编号:

```
MAX(RIGHT(StdId,3))
```

第二层把第一层得到的编号转换为数值并加 1:

```
MAX(RIGHT(StdId,3)) + 1
```

第三层把第二层得到的数值转换为字符串:

```
CAST(MAX(RIGHT(StdId,3)) + 1 AS CHAR)
```

第四层在数值字符串前加两个"0",即确保整个字符串长度大于或等于 3:

```
CONCAT('00',CAST(MAX(RIGHT(StdId,3)) + 1 AS CHAR))
```

第五层则取上述字符串的右 3 位:

```
RIGHT(CONCAT('00',CAST(MAX(RIGHT(StdId,3)) + 1 AS CHAR)),3)
```

最后获取新编号的查询语句为:

```
SELECT '19' +
RIGHT(CONCAT('00',CAST(MAX(RIGHT(StdId,3)) + 1 AS CHAR)),3)
FROM Student WHERE StdId LIKE '19%'
```

假设学号后三位最大编号为"019",则上述 5 步变换的过程如下:019→10→10→0010→010。

另一种做法是在把编号转换为数值加 1 后,再加 1000,然后再把得到的数值转换为字符串并取右 3 位,得到的查询语句为:

```
SELECT CONCAT('19',
RIGHT(CAST(POWER(10,3) + MAX(RIGHT(StdId,3)) + 1 AS CHAR),3))
FROM Student WHERE StdId LIKE '19%'
```

此语句当编号长度比较长时,POWER 函数容易溢出。

7.2.2 自定义函数

除了使用 MySQL 提供的函数外，用户也可以在数据库中创建自定义的标量函数。创建函数的常用格式为：

```
CREATE FUNCTION func_name([func_parameter[,...]])
    RETURNS type
    func_body
```

各部分内容说明如下。

func_name：函数名。

func_parameter：参数列表，每个参数由参数名和参数类型两部分组成，参数类型可以是任何有效的 MySQL 数据类型。

RETURNS type：函数返回类型。

func_body：可包含有效的 SQL 过程语句，即函数的程序主体。

函数一旦创建，就永久存在，除非使用 DROP FUNCTION 删除它。

同一个函数不能重复创建，必须先删除再创建，要用修改后的函数更新数据库中的函数也可使用 ALTER FUNCTION 命令。

【例 7-19】 假设供应商表 Supplier 中的供应商名称为英文，要求对其格式化：每个单词（以一个或多个空格分隔）的第一字母大写，去除单词间多于一个的空格，仅仅保留一个空格。

关键是要写出一个函数，该函数参数为字符串，返回的是根据要求格式化后的字符串，该函数功能仅使用 MySQL 提供的函数的嵌套无法实现，必须使用自定义函数。假设完成了该函数，函数名为 FormatStr，则对供应商名称的格式化语句为：

```
UPDATE Supplier Set SuppName = FormatStr(SuppName)
```

图 7-1 是按要求格式化字符串的算法流程。

基本思路是自左向右逐一扫描字符串中每个字符，C 存放当前字符，LC 存放前一个字符，最后返回目标串 TargetStr。

```
DELIMITER $$
CREATE FUNCTION FormatStr(SourceStr VARCHAR(100))
RETURNS VARCHAR(100)
BEGIN
  DECLARE C VARCHAR(1);
  DECLARE LC VARCHAR(1);
  DECLARE I INT;
  DECLARE TargetStr VARCHAR(100);
  SET i = 1;
  SET LC = ' ';
  SET TargetStr = '';
  WHILE(i <= LENGTH(SourceStr))do
      SET C = SUBSTRING(SourceStr,i,1);
      IF(C <>' ') THEN
        IF(LC = ' ') THEN
          IF(ASCII(C)>= 97 AND ASCII(C)<= 122)THEN
            SET C = UPPER(C);
```

```
            END IF;
          END IF;
          SET TargetStr = CONCAT(TargetStr,C);
        ELSE
          IF(LC <>' ')THEN
             SET TargetStr = CONCAT(TargetStr,C);
          END IF;
        END IF;
          SET i = i + 1;
          SET LC = C;
    END WHILE;
    RETURN TargetStr;
END $$
```

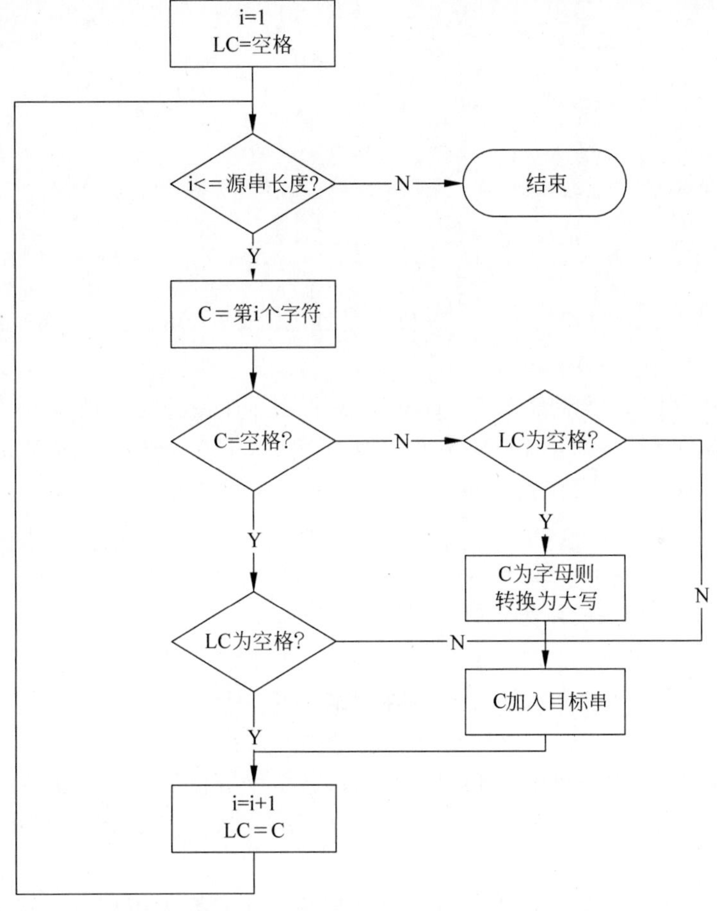

图 7-1 格式化字符串算法流程

程序中以下语句出现了两次：

```
SET TargetStr = CONCAT(TargetStr,C);
```

程序可微调为：

```
DELIMITER $$
CREATE FUNCTION FormatStr(SourceStr VARCHAR(100))
RETURNS VARCHAR(100)
BEGIN
```

```
  DECLARE C VARCHAR(1);
  DECLARE LC VARCHAR(1);
  DECLARE I INT;
  DECLARE TargetStr VARCHAR(100);
  SET i = 1;
  SET LC = ' ';
  SET TargetStr = '';
  WHILE (i <= LENGTH(SourceStr)) do
      SET C = SUBSTRING(SourceStr,i,1);
      IF(C<>' ') THEN
        IF(LC = ' ') THEN
          IF(ASCII(C)>= 97 AND ASCII(C)<= 122)THEN
            SET C = UPPER(C);
          END IF;
        END IF;
      END IF;
      IF(LC<>' 'OR C<>' ')THEN
        SET TargetStr = CONCAT(TargetStr,C);
      END IF;
      SET i = i + 1;
      SET LC = C;
  END WHILE;
  RETURN TargetStr;
END $$
```

注意,条件“LC <>' ' OR C <>' '”等价于条件“C <>' ' OR (C=' ' AND LC <>' ')”,A OR B 等价于 A OR (!A and B)。

注意,变量 C 和 LC 不能定义成 CHAR(1),否则单个空格将不被保留,原因是 CHAR 类型的全为空格的字符串使用 CONCAT 添加到 VARCHAR 或 CHAR 变量时,全空格的字符串将不被添加。自定义函数使用了下列 MySQL 提供的函数。

(1) ASCII (character_expression):返回 character_expression 字符的 ASCII 码。

(2) UPPER (character_expression):把 character_expression 表达的字符串中字母小写转换为大写返回。相关的函数还有 LOWER(character_expression)。

7.3 存储过程

若一个算法最终返回一个值,可以使用函数,若一个算法要返回一张表,可直接使用查询语句或使用视图,若一个算法要返回多于一个值或不需要返回任何值,则可考虑使用存储过程。

存储过程是被存储在数据库中的可以接受用户提供参数并返回 0 个或多个值的 SQL 程序。存储过程在创建时被编译和优化,创建后可被其他存储过程、函数调用。客户端的应用程序也可通过向数据库服务器提交 CALL 命令调用存储过程。存储过程被第一次调用后,将驻留在内存中,所以执行效率高,同时存储过程运行于数据库服务器端,其数据来源及输出通常在一台计算机上,与在客户机上实现相同算法相比,可以大大减少了客户机和服务器之间的通信量。

MySQL 的存储过程支持递归调用。

7.3.1 存储过程的创建和调用

存储过程创建后就永久存在于数据库中，直到使用 DROP PROCEDURE 语句删除它。

(1) 创建存储过程。

创建存储过程的格式为：

```
CREATE PROCEDURE proc_name( [proc_parameter[,...] ] )
proc_body
```

其中，proc_parameter 的格式为：

```
[ IN | OUT | INOUT ] para_name type
```

IN：输入参数，调用该存储过程后，该参数值不会发生改变，类似 C 语言中的值传递，即便存储过程中改变该参数的值，存储过程执行完毕后，其值不变。调用该存储过程时，该参数可以是一个常量。

OUT：输出参数，存储过程中可以为其赋值，且参数在存储过程退出后，其值将返回至调用程序，以便在调用程序中获得并使用该参数值，类似 C 语言中的变参。调用该存储过程中，该参数不能是一个常量，在存储过程中也不能读取该值。

INOUT：输入输出参数，具有 IN 和 OUT 参数类型的特征，即存储过程中可以读取该参数值，且改变参数值在存储过程结束后该值会返回至调用程序。

(2) 调用存储过程。

调用存储过程的格式为：

```
CALL proc_name(parameter[ ,...n ]
```

(3) 删除和修改存储过程。

删除存储过程的格式为：

```
DROP PROCEDURE {过程名}[,...n]
```

【例 7-20】 要求编写一个存储过程，参数为班号和课程号，通过存储过程的输出(OUTPUT)参数获得指定班级和课程的及格和不及格人数。

该算法的输入参数为班号和课程号，输出参数为及格和不及格人数两个数值，不适合用函数实现，所以使用存储过程，把及格和不及格人数作为其输出参数，存储过程则完成对及格和不及格人数的统计，并把统计结果赋给这两个输出参数。

```
DELIMITER $$
CREATE PROCEDURE GetPassNum(EleId CHAR(6), ClassId CHAR(6),OUT PassNum INTEGER,OUT NotPassNum
INTEGER)
BEGIN
SELECT count( * )INTO PassNum
FROM Student_Elective a JOIN Student b ON a.StdId = b.StdId
WHERE a.EleId = EleId AND b.ClassId = ClassId AND Grade > = 60;
SELECT count( * )INTO NotPassNum
FROM Student_Elective a JOIN Student b ON a.StdId = b.StdId
WHERE a.EleId = EleId AND b.ClassId = ClassId AND Grade < 60;
END $$
```

注意，前面两个参数未注明输入输出类型，默认为输入参数。

编写测试存储过程调用该存储过程：

```
DELIMITER $$
CREATE PROCEDURE Test()
BEGIN
DECLARE PassN INT;
DECLARE NotPassN INT;
CALL GetPassNum('ele001','1901',PassN,NotPassN);
SELECT PassN,NotPassN;
END $$
```

调用测试存储过程：

```
CALL Test()
```

运行程序后，PassN 和 NotPassN 分别为班号为“1901”、课程号为“ele001”的及格和不及格学生人数。

下面对该存储过程提供两种改进算法。

(1) 算法改进一。

上面的程序获取及格人数和不及格人数分别对相关的数据表进行了两次统计，可以对此查询语句进行改进，实现对相关数据表进行一次统计完成及格和不及格人数的统计，方法是利用聚合函数 COUNT 可以统计某个表达式为非空值的行数，对及格人数，使用 CASE 语句把大于或等于 60 的成绩转换为任一非空值(0)，其他的转换为空值，对不及格人数使用 CASE 语句把小于 60 的成绩转换为任一非空值(0)，其他的转换为空值。改进后的程序为：

```
DELIMITER $$
CREATE PROCEDURE GetPassNum(EleId CHAR(6), ClassId CHAR(6),OUT PassNum INTEGER,OUT NotPassNum
INTEGER)
BEGIN
SELECT COUNT(CASE WHEN Grade > = 60 THEN 0 ELSE NULL END),
COUNT(CASE WHEN Grade < 60 THEN 0 ELSE NULL END) INTO PassNum,NotPassNum
FROM Student_Elective a JOIN Student b ON a.StdId = b.StdId
WHERE a.EleId = 'ele001' AND b.ClassId = '1901';
END $$
```

(2) 算法改进二。

也可以使用 CASE 语句把及格成绩转换为 1，不及格成绩转换为 0，然后对转换后的值分组统计，其查询语句为：

```
SELECT CASE WHEN Grade > = 60 THEN 1 ELSE 0 END Sign,COUNT( * )
FROM Student_Elective a JOIN Student b ON a.StdId = b.StdId
WHERE a.EleId = 'ele001' AND b.ClassId = '1901'
GROUP BY Sign
```

查询结果一般为两行两列，第一行第二列为及格人数，第二行第二列为不及格人数，若没有不及格的学生，则仅有及格人数一行，同样，若没有及格学生，则仅有不及格人数一行。

接下来的问题是如何把两行数据赋给参数 PassNum 和 NotPassNum，方法是使用游标。

7.3.2 存储过程实例分析——月初库存的生成

【例 7-21】 在输出商品汇总表的改进方案中，为了提升查询的效率，引入了存放各商品各月月初库存的表 MonthStock(StockMon,GoodsNo,StockQty)，该表的数据可以在每月的月末产生，本节用存储过程设计并实现这一过程。

初步分析：商品的各月月初余额表 MonthStock 的数据可以在每月的月末最后一天停止营业后产生。其数据生成可有如下两种方法。

第一种从使用系统的开工月开始统计，某月的月初余额＝商品开工时库存数（Goods.InitStock）＋指定月之前的进货数量合计－指定月之前的退货数量合计－指定月之前的销售量合计＋指定月之前的溢缺数量合计。

第二种从指定月的上个月开始统计，指定月的月初余额＝上月的月初余额＋上月进货数量合计－上月退货数量合计－上月销售量合计＋上月溢缺数量合计。

显然第二种方法计算量要远远小于第一种方法，下面以存储过程的形式从完成最基本的程序开始，逐步改进最终得到功能比较完善的程序。

1. 基本程序

假设在开始使用系统时，由用户输入各商品的期初库存（Goods.InitStock）后通过某种方式，这些商品库存已经插入数据表 MonthStock 中作为开工月份的期初库存，该工作只需要做一次，是系统初始化工作一个组成部分，同时，系统使用后，假设每月的各商品的期初库存一定会被产生，即不会出现计算某月的期初库存时取不到上月期初库存的情况。

（1）定义存储过程参数。

存储过程的参数为要生成月初库存的年份和月份，其定义形式为：

```
FillMonStock(Year INT,Mon INT)
```

（2）写出可独立运行调试的查询语句。

存储过程中的关键语句是通过查询得到参数指定年月的每个商品的月初库存，计算公式中的进货、退货、销售和溢缺数据可取 4.7 节中定义的视图 GoodsSummaryBasic(GoodsNo，HappenDate，BuyQty，ReturnQty，SaleQty，OverShortQty)，所以查询语句为（以查询 2019 年 3 月份的期初库存为例）：

```
SELECT a.GoodsNo,a.StockQty + SUM(b.BuyQty) - SUM(b.ReturnQty) - SUM(b.SaleQty) +
SUM(b.OverShortQty)
FROM MonthStock a JOIN GoodsSummary b ON a.GoodsNo = b.GoodsNo
WHERE a.StockMon = '2019 - 2 - 1'
AND b.HappenDate <'2019 - 3 - 1' AND b.HappenDate > = '2019 - 2 - 1'
GROUP BY a.GoodsNo,a.StockQty
```

（3）改写查询使之符合参数要求。

把“2019-2-1”和“2019-3-1”替换为参数指定的日期，即必须由参数年份 Year 和月份 Mon 产生同年月 1 日的日期和上月 1 日的日期。

① 由年份和月份产生该年月 1 日的日期。

由年份 Year、月份 Mon 产生该月 1 日的日期的方法是使用 CONCAT 函数产生日期字符串，然后使用 CONVERT 函数把字符串转换为日期，表达式为：

```
CONVERT(CONCAT(CONCAT(CONCAT(Year,' - '),Mon),' - 01'),DATE);
```

② 获取某个日期上月同日的日期。

假定某个日期为 D，获取该日期上月同日日期的方法可使用 DATE_ADD，时间周期为 MONTH，表达式为：

```
DATE_ADD(D,INTERVAL -1 MONTH)
```

在存储过程中可以定义两个日期型变量存放上述两个日期：

```
DECLARE FirstDayThisMonth DATE,FirstDayPriorMonth DATE;
SET FirstDayThisMonth =
 CONVERT(CONCAT(CONCAT(CONCAT(Year,'-'),Mon),'-01'),DATE);
SET FirstDayPriorMonth = DATE_ADD(FirstDayThisMonth,INTERVAL -1 MONTH);
```

改写后的 SELECT 语句为：

```
SELECT a.GoodsNo,a.StockQty + SUM(b.BuyQty) - SUM(b.ReturnQty) - SUM(b.SaleQty) +
SUM(b.OverShortQty)
FROM MonthStock a JOIN GoodsSummary b ON a.GoodsNo = b.GoodsNo
WHERE a.StockMon = FirstDayPriorMonth
AND b.HappenDate < FirstDayThisMonth AND b.HappenDate > = FirstDayPriorMonth
GROUP BY a.GoodsNo,a.StockQty
```

（4）程序的第一步：在 MonthStock 中插入存放参数指定年月的商品期初库存的行。

首先要把商品表的所有商品插入 MonthStock，日期 StockMon 为参数指定年月的 1 日，即 FirstDayThisMonth，插入语句为：

```
INSERT INTO MonthStock(StockMon,GoodsNo)
SELECT FirstDayThisMonth,GoodsNo FROM Goods
```

（5）更新插入行的期初库存(StockQty)。

用上面的查询语句更新 MonthStock 新插入行(各商品指定月的月初库存)的月初库存，更新语句为：

```
UPDATE MonthStock SET StockQty = (
SELECT a.StockQty + SUM(b.BuyQty) - SUM(b.ReturnQty) - SUM(b.SaleQty) +
SUM(b.OverShortQty)
FROM MonthStock a JOIN GoodsSummary b ON a.GoodsNo = b.GoodsNo
WHERE a.StockMon = FirstDayPriorMonth
AND b.HappenDate < FirstDayThisMonth AND b.HappenDate > = FirstDayPriorMonth
AND a.GoodsNo = MonthStock.GoodsNo
GROUP BY a.StockQty)
WHERE StockMon = FirstDayThisMonth
```

由于子查询语句中限定了某个商品，因此分组条件中可以去除 a.GoodsNo。

（6）完整的存储过程。

```
DELIMITER $$
CREATE PROCEDURE FillMonStock(Year INT,Mon INT)
BEGIN
DECLARE FirstDayThisMonth DATE;
DECLARE FirstDayPriorMonth DATE;
SET FirstDayThisMonth =
CONVERT(CONCAT(CONCAT(CONCAT(Year,'-'),Mon),'-01'),DATE);
SET FirstDayPriorMonth = DATE_ADD(FirstDayThisMonth,INTERVAL -1 MONTH);
INSERT INTO MonthStock (StockMon,GoodsNo)
SELECT FirstDayThisMonth,GoodsNo FROM Goods;
UPDATE MonthStock SET StockQty = (
SELECT a.StockQty + SUM(b.BuyQty) - SUM(b.ReturnQty) - SUM(b.SaleQty) +
SUM(b.OverShortQty)
FROM MonthStock a JOIN GoodsSummary b ON a.GoodsNo = b.GoodsNo
```

```
WHERE a.StockMon = FirstDayPriorMonth
AND b.HappenDate < FirstDayThisMonth AND b.HappenDate >= FirstDayPriorMonth
AND a.GoodsNo = MonthStock.GoodsNo
GROUP BY a.GoodsNo,a.StockQty)
WHERE StockMon = FirstDayThisMonth;
END $$
```

2. 内连接的问题及改进方法

为了确保新插入的每个商品的期初库存都得到正确的更新,需要再分析一下查询语句。由于查询语句中使用的是内连接,因此查询结果中的商品必然符合两个条件:第一个是该商品上月期初就已经存在,即 MonthStock 的上月期初库存中有该商品;第二是该商品本月在进货、退货、销售和溢缺中至少发生过一次,即视图 GoodsSummary 中存在该商品的该月数据。使用上节的存储过程,能够确保符合这两个条件的商品得到正确的更新。

对不同时符合这两个条件的商品,子查询结果将为空集,所以运行上节存储过程的结果是这些商品的月初库存将被赋予空值,而实际情况是不同时符合这两个条件的商品的月初库存并非为空。下面分别对不同时符合这两个条件的商品分三种情况进行讨论。

第一种情况考虑不符合第一个条件但符合第二个条件的商品,即某些商品上月月初不存在,但上月内有业务发生。在上月新增的商品就属于这种情况,这些商品的月初库存=上月进货数量合计－上月退货数量合计－上月销售量合计＋上月溢缺数量合计。

第二种情况考虑符合第一个条件但不符合第二个条件的商品,即某些商品上月月初存在,但上月内没有任何业务发生。这种情况下,这些商品的月初库存=上月月初库存。

第三种情况是两个条件均不符合,即某些商品上月月初不存在,上月内也没有业务发生。在上月新增了某个商品但却没有任何业务发生就属于这种情况,这些商品的月初库存等于 0。

解决这个问题的方法是对符合这三种情况的商品,使用 UPDATE 对月初库存重新赋值。

(1) 符合第一种情况商品的月初库存更新语句。

```
UPDATE MonthStock SET StockQty = (
SELECT SUM(BuyQty) - SUM(ReturnQty) - SUM(SaleQty) + SUM(OverShortQty)
FROM GoodsSummary
WHERE HappenDate < FirstDayThisMonth AND HappenDate >= FirstDayPriorMonth
AND GoodsNo = MonthStock.GoodsNo
GROUP BY StockQty)
WHERE StockMon = FirstDayThisMonth
AND GoodsNo NOT IN
(SELECT GoodsNo From MonthStock WHERE StockMon = FirstDayPriorMonth)
AND GoodsNo IN
(SELECT GoodsNo FROM GoodsSummary
WHERE YEAR(HappenDate) = YEAR(FirstDayPriorMonth)
AND MONTH(HappenDate) =  MONTH(FirstDayPriorMonth))
```

(2) 符合第二种情况商品的月初库存更新语句。

```
UPDATE MonthStock SET StockQty = (SELECT StockQty FROM MonthStock a
WHERE a.StockMon = FirstDayPriorMonth
AND a.GoodsNo = MonthStock.GoodsNo)
WHERE StockMon = FirstDayThisMonth
AND GoodsNo IN
```

```
(SELECT GoodsNo From MonthStock WHERE StockMon = FirstDayPriorMonth)
AND GoodsNo NOT IN
(SELECT GoodsNo FROM GoodsSummary
WHERE YEAR(HappenDate) = YEAR(FirstDayPriorMonth)
AND MONTH(HappenDate) =  MONTH(FirstDayPriorMonth))
```


(3) 符合第三种情况商品的月初库存更新语句(从逻辑上看,剩下的月初库存还未赋值的商品,即月初库存被基本程序中更新语句更新为NULL的商品,就一定属于第三种情况)。

```
UPDATE MonthStock SET StockQty = 0 WHERE StockQty IS NULL
AND StockMon = FirstDayThisMonth
```

(4) 得到完整的存储过程。

```
DELIMITER $$
CREATE PROCEDURE InsertMonStock(Year INT,Mon INT)
BEGIN
DECLARE FirstDayThisMonth DATETIME;
DECLARE FirstDayPriorMonth DATETIME;
SET FirstDayThisMonth =
CONVERT(CONCAT(CONCAT(CONCAT(Year,'-'),Mon),'-01'),DATE);
SET FirstDayPriorMonth  =  DATE_ADD(FirstDayThisMonth,INTERVAL  -1 MONTH);
INSERT INTO MonthStock (StockMon,GoodsNo)
SELECT FirstDayThisMonth,GoodsNo FROM Goods;
-- 基本更新,符合三种情况的商品被赋予 NULL(子查询为空集)
UPDATE MonthStock SET StockQty = (
SELECT a.StockQty + SUM(b.BuyQty) - SUM(b.ReturnQty) - SUM(b.SaleQty) +
SUM(b.OverShortQty)
FROM MonthStock a JOIN GoodsSummary b ON a.GoodsNo = b.GoodsNo
WHERE a.StockMon = FirstDayPriorMonth
AND b.HappenDate < FirstDayThisMonth AND b.HappenDate >= FirstDayPriorMonth
AND a.GoodsNo = MonthStock.GoodsNo
GROUP BY a.GoodsNo,a.StockQty)
WHERE StockMon = FirstDayThisMonth;
-- 更新第一种情况的商品的月初库存
UPDATE MonthStock SET StockQty = (
SELECT SUM(BuyQty) - SUM(ReturnQty) - SUM(SaleQty) + SUM(OverShortQty)
FROM GoodsSummary
WHERE HappenDate < FirstDayThisMonth AND HappenDate >= FirstDayPriorMonth
AND GoodsNo = MonthStock.GoodsNo
GROUP BY StockQty)
WHERE StockMon = @FirstDayThisMonth
AND GoodsNo NOT IN
(SELECT GoodsNo From MonthStock WHERE StockMon = FirstDayPriorMonth)
AND GoodsNo IN
(SELECT GoodsNo FROM GoodsSummary
WHERE YEAR(HappenDate) = YEAR(FirstDayPriorMonth)
AND MONTH(HappenDate) =  MONTH(FirstDayPriorMonth));
-- 更新第二种情况的商品的月初库存
UPDATE MonthStock SET StockQty = (SELECT StockQty FROM MonthStock a
WHERE a.StockMon = FirstDayPriorMonth
AND a.GoodsNo = MonthStock.GoodsNo)
WHERE StockMon = FirstDayThisMonth
AND GoodsNo IN
(SELECT GoodsNo From MonthStock WHERE StockMon = @FirstDayPriorMonth)
AND GoodsNo NOT IN
```

```
(SELECT GoodsNo FROM GoodsSummary
WHERE YEAR(HappenDate) = YEAR(FirstDayPriorMonth)
AND MONTH(HappenDate) =  MONTH(FirstDayPriorMonth));
-- 更新第三种情况的商品的月初库存
UPDATE MonthStock SET StockQty = 0 WHERE StockQty IS NULL
AND StockMon = FirstDayThisMonth;
END $$
```

3. 完善程序

如何使存储过程具有更强的适用性,在任何情况下都不出现运行错误或数据的逻辑错误?开发人员需要进一步地分析需求,改进已经完成的存储过程,使其功能更完善。

经过简单的分析,不难发现上面已经实现的存储过程存在以下两个限制。

(1) 某个月的月初库存无法重复生成或重复生成将产生重复的数据。实际情况是在程序调试阶段和系统试运行阶段,生成的数据可能有错误,需要程序或数据调整后重新生成。

(2) 参数指定月份的上月的月初库存必须存在,由此引出两个问题。

① 月初库存的重新生成问题。

这个问题比较容易解决,只要在插入某月的月初库存数据之前,删除该月已经生成的月初数据。

② 第一个月月初库存数据的生成。

为了保持各月月初库存数据存储方式的一致性以使后继的算法实现更简单,在系统初始化时,需要把各商品的初始库存从商品表(Goods. InitStock)导入 MonthStock 中,即对于存储过程中参数指定的月份为开工月(使用系统的第一个月),该月的各商品的月初库存应该直接取自 Goods 表的 InitStock 值。

关键要解决如何判断要生成的月初库存的月份是否为开工月,如果仅判断 MonthStock 是否为空是不可靠的,因为改进后的程序将允许数据重复生成,即再生成第一个月的数据时,MonthStock 中可能存在第二个月的数据。

通常情况下,GoodsSummary 的最小日期的月份就是开工月份,下列两种极端情况是例外。

(1) 初始化时,GoodsSummary 为空,即最小日期为空。

(2) 开工月早于 GoodsSummary 的最小日期,即开工当月可能任何商品没有发生任何业务。

第一种例外表示没有任何商品任何业务发生,此时,可以认为参数指定的年月就是开工月份,引出的问题是如何保证参数的正确性,唯一可以参照的是当前日期,在此情况下参数可以强制取当前的年月,即没有任何商品和任何业务发生的情况下,当前月份就是开工月。

第二种例外由于开工后当月没有商品发生任何业务,因此可以把开工月延后至有商品发生业务的月份,这样的延后从逻辑上看是合理的。

综合以上分析,可以得到判断参数指定月份是否为开工月及相应的处理流程如图 7-2 所示。

判断一个表是否为空的常用方法是判断以下查询语句返回值是否为 0:

```
SELECT COUNT( * )FROM MonthStock
```

而取 MonthStock 中的最早日期查询语句为:

```
SELECT MIN(StockMon)FROM MonthStock
```

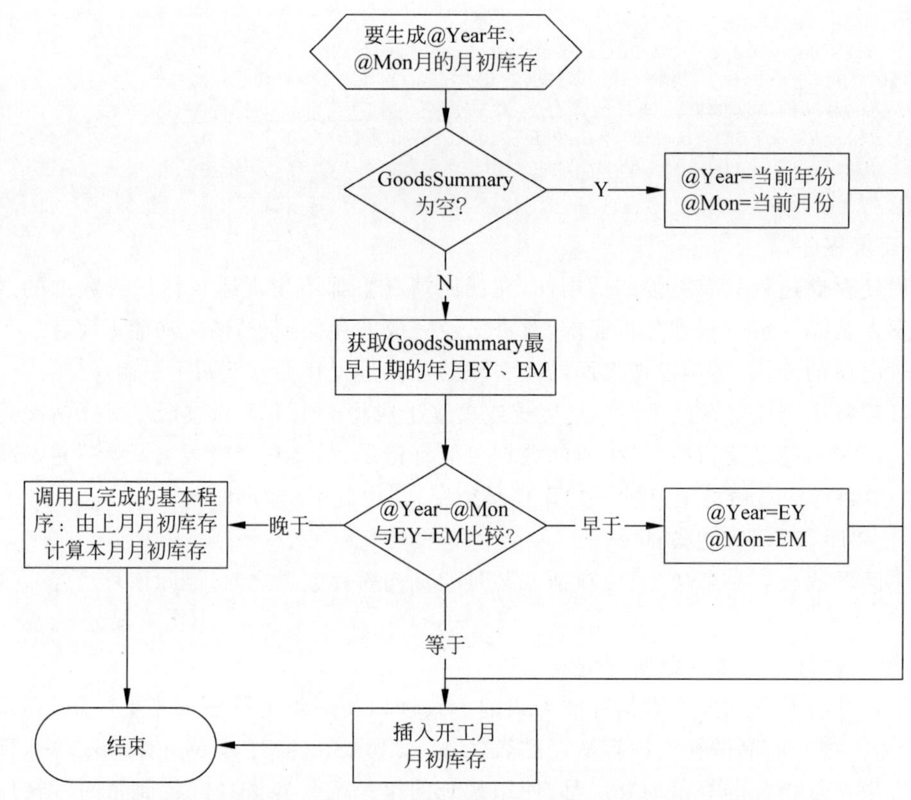

图 7-2　判断存储过程参数指定月份是否为开工月及相应的处理流程

通过判断第二个语句返回值是否为空，同样可以判断数据表是否为空，这样可以少执行一次查询语句。

根据图 7-2 实现的程序如下：

```
DECLARE FirstDayThisMonth DATETIME;
DECLARE VarYear INT;
DECLARE VarMon INT;
DECLARE MinDate DATETIME;
DECLARE IsFirstMon BIT;       -- IsFirstMon = 1 表示指定月为开工月
SET IsFirstMon = 1;
SELECT MinDate = MIN(HappenDate)FROM GoodsSummary;
IF MinDate IS NULL THEN       -- 数据表为空
BEGIN
  SET Year = YEAR(GETDATE());
  SET Mon = MONTH(GETDATE());
END;
ELSE
  IF Year < YEAR(MinDate)     -- (Year,Mon)早于 MinMon 相应的年月
    OR (Year = YEAR(MinDate)AND Mon < MONTH(MinDate))THEN
    SET Year =  YEAR(MinDate);
    SET Mon = MONTH(MinDate);
  ELSE
    IF NOT(Year = YEAR(MinDate)AND Mon = MONTH(MinDate))THEN
      SET IsFirstMon = 0;
    END IF;
  END IF;
```

```
END IF;
SET FirstDayThisMonth =
CONVERT(CONCAT(CONCAT(CONCAT(Year,'-'),Mon),'-01'),DATE);
DELETE FROM MonthStock WHERE StockMon = FirstDayThisMonth; -- 删除数据
IF IsFirstMon = 1 THEN
  INSERT INTO MonthStock(StockMon,GoodsNo,StockQty)
  SELECT FirstDayThisMonth,GoodsNo,InitStock FROM Goods;
END IF;
```

下面将给出的参数指定年月为非开工月的月初库存的生成和计算程序。

(3) 确保各月数据的连续性。

从图 7-2 中可以看到,在要产生月初库存的指定年月晚于 GoodsSummary 中业务发生的最早年月时,就可以根据上月期初库存计算指定月份的月初库存。

在计算参数指定月的月初库存之前,首先要判断上月月初库存是否存在,若不存在则需要首先生成上月月初库存,在生成上月月初库存前同样要做以上判断,所以等价的方法是首先在 MonthStock 中找到小于指定月份的最大月份,然后从最大月份的后一月到参数指定月份,逐月生成月初库存。

必须考虑的一种极端情况是 MonthStock 中小于指定月份的最大月份为空,即 MonthStock 中不存在早于指定月份的月初库存数据,这种情况发生在开工后业务数据已经进入系统(GoodsSummary)但却还没有生成月初库存时。此时,要生成月初库存的起始月份为 GoodsSummary 中的最小年月,并且该月的期初库存直接取自商品表,以后月份从上月的期初库存开始计算。

获取 GoodsSummary 中最早日期后,必须转换为同月 1 号的日期,一般而言,已知日期 D,获取与该日年同月 1 日的完整日期的方法是使用 DATE_ADD 获取该日期以前 n 天的日期,其中 n 就是该日期的 DAY−1,即可调用函数 DATE_ADD(DAY,−DAY(D)+1,D)。

以下是逐月生成月初库存的程序:

```
DECLARE MaxMon DATETIME;
DECLARE VarDate DATETIME;
DECLARE VarYear INT;
DECLARE VarMon INT;
SELECT MAX(StockMon) INTO MaxMon
FROM MonthStock WHERE StockMon < FirstDayThisMonth;
IF MaxMon IS NOT NULL THEN
  SET VarDate = DATEADD(MONTH,1,@MaxMon);             -- 最大日期的下月 1 日
ELSE
  SET VarDate = DATE_ADD(MinDate,INTERVAL - DAY(MinDate) + 1 DAY);
  INSERT INTO MonthStock(StockMon,GoodsNo,StockQty)
  SELECT VarDate,GoodsNo,InitStock FROM Goods;
  SET VarDate = DATEADD(MONTH,1,@VarDate);
END IF;
WHILE VarDate <= FirstDayThisMonth DO
  SET VarYear = YEAR(VarDate);
  SET VarMon = MONTH(VarDate);
  CALL InsertMonStock(VarYear,VarMon);
  SET VarDate = DATE_ADD(VarDate,INTERVAL 1 MONTH);    -- 取下月 1 日
END WHILE;
```

（4）完整的存储过程。

完整的存储过程程序：

```
DELIMITER $$
CREATE PROCEDURE FillMonStock(Year INT,Mon INT)
BEGIN
DECLARE FirstDayThisMonth DATETIME;
DECLARE VarYear INT;
DECLARE VarMon INT;
DECLARE MinDate DATETIME;
DECLARE MaxMon DATETIME;
DECLARE VarDate DATETIME;
DECLARE IsFirstMon BIT;       -- IsFirstMon = 1 表示指定月为开工月
SET IsFirstMon = 1;
SELECT MinDate = MIN(HappenDate)FROM GoodsSummary;
IF MinDate IS NULL THEN       -- 数据表为空
BEGIN
  SET Year = YEAR(GETDATE());
  SET Mon = MONTH(GETDATE());
END;
ELSE
IF Year < YEAR(MinDate)       -- (Year,Mon)早于 MinMon 相应的年月
 OR(Year = YEAR(MinDate)AND Mon < MONTH(MinDate))THEN
    SET Year =  YEAR(MinDate);
    SET Mon = MONTH(MinDate);
  ELSE
    IF NOT(Year = YEAR(MinDate)AND Mon = MONTH(MinDate))THEN
      SET IsFirstMon = 0;
    END IF;
  END IF;
END IF;
SET FirstDayThisMonth =
CONVERT(CONCAT(CONCAT(CONCAT(Year,'-'),Mon),'-01'),DATE);
DELETE FROM MonthStock WHERE StockMon = FirstDayThisMonth;       -- 删除数据
IF IsFirstMon = 1 THEN
  INSERT INTO MonthStock(StockMon,GoodsNo,StockQty)
  SELECT FirstDayThisMonth,GoodsNo,InitStock FROM Goods;
END IF;
-- 以上为程序的前半部分,以下为程序的后半部分
SELECT MAX(StockMon)INTO MaxMon
FROM MonthStock WHERE StockMon < FirstDayThisMonth;
IF MaxMon IS NOT NULL THEN
  SET VarDate = DATEADD(MONTH,1,@MaxMon);                       -- 最大日期的下月 1 日
ELSE
  SET VarDate = DATE_ADD(MinDate,INTERVAL -DAY(MinDate) + 1 DAY);
  INSERT INTO MonthStock(StockMon,GoodsNo,StockQty)
  SELECT VarDate,GoodsNo,InitStock FROM Goods;
  SET VarDate = DATEADD(MONTH,1,@VarDate);
END IF;
WHILE VarDate <= FirstDayThisMonth DO
  SET VarYear = YEAR(VarDate);
  SET VarMon = MONTH(VarDate);
  CALL InsertMonStock(VarYear,VarMon);
  SET VarDate = DATE_ADD(VarDate,INTERVAL 1 MONTH);             -- 取下月 1 日
END WHILE;
END $$
```

月初库存的连续性也可以使用其他程序来控制，例如每月的第一笔业务（进货、退货、销售或溢缺）进入系统时，首先判断是否已生成了当月的月初库存，如果没有生成，则提示必须先生成本月月初库存，在用户未生成月初库存前，系统不允许输入该月的业务数据。

4. 使用递归

在计算参数指定月的月初库存之前，首先要判断上月月初库存是否存在，若不存在则需要首先生成上月月初库存，即调用存储过程本身，其参数为原参数表示年月的上一个月份，这样就形成了递归调用。

使用存储过程递归调用的程序的前半部分与前面程序相同，后半部分可用以下程序替换：

```
DECLARE FirstDayLastMonth DATETIME;
SET FirstDayLastMonth = DATE_ADD(FirstDayThisMonth, INTERVAL - 1 MONTH);
IF(SELECT COUNT( * )FROM MonthStock WHERE StockMon = @FirstDayLastMonth) = 0
THEN
SET VarYear = YEAR(FirstDayLastMonth);
SET VarMon = MONTH(FirstDayLastMonth);
CALL FillMonStock(VarYear, VarMon);
ELSE
SET VarYear = YEAR(FirstDayThisMonth);
SET VarMon = MONTH(FirstDayThisMonth);
  CALL InsertMonStock(VarYear, VarMon);
END IF;
```

本节完成了一个功能非常完善的存储过程，给出任何年和月的参数，都将能生成完整的各月商品月初库存的数据 MonthStock，它可在以下场合下被调用。

（1）各月月底，生成下月的月初库存，如果发现本月或前几月的月初库存未生成，则自动生成，确保各月库存数据中月份的连续性。

（2）如果商品的各月月初库存发生错误，则可以删除 MonthStock 所有数据，然后调用该存储过程，结果将生成从开工月到参数指定月的所有商品的各月月初库存。

（3）如果从某月开始的商品月初库存发生错误，则可以删除 MonthStock 该月后的所有数据，然后调用该存储过程，结果将生成从该月到参数指定月的所有商品的各月月初库存。

要注意的是，通常某个月的月初库存重新生成后，其后继的所有月的月初库存都需要进行更新。本节提供的程序在生成某月的月初库存前，能自动先删除该月的数据，但并没有删除该月以后的所有数据，这是为了不影响功能实现的前提下（如果要重新生成某月以后的所有库存数据，只要按以上第(3)点操作就可以了），保证充分的灵活性，即允许在非常特殊的情况下单独更新中间某个月的月初库存。

7.4 触　发　器

一个商场的总经理希望能动态地看到各类商品当日实时的销售总额，即要求界面上显示各分类商品的销售额随销售的进行将被定时地刷新，实现这个功能可有如下两种方法。

一种方法是按一定的时间间隔用查询语句汇总各类商品当日的销售额，然后用查询结果刷新界面显示的数据。这种方法对一个大型商场，在销售量巨大的情况下，查询的效率可能存在问题。

另一种方法是在商品表中增加一个存放"当日销售额"的列,每笔销售量据存入数据库时,更新商品表相应商品的"当日销售额",查询的应用程序只需要定时地读取商品表的该列数据即可。与第一种集中汇总方式相比,本方法把汇总工作分散到每笔销售中,从某种程度上提高了查询的效率。

同时,对第二种方法的实现,数据库管理系统提供了称为触发器的编程接口,触发器是一种特殊的存储过程,当对指定表执行指定的数据修改语句时自动执行。

就例 7-21 而言,只需要建立一个触发器,该触发器在对销售表实施插入(执行 UPDATE 语句)操作时触发,触发器对应的程序就是实现把插入销售表的某个商品的销售额累加到商品表中对应商品的"当日销售额"中。

7.4.1 建立触发器

建立触发器完整的语句格式为:

```
CREATE TRIGGER trigger_name
{BEFORE | AFTER | INSTEAD OF} {INSERT | UPDATE | DELETE}
ON table_name
FOR EACH ROW
BEGIN
  -- 触发器逻辑
END
```

语句各部分说明如下。

trigger_name:触发器名称。触发器一般不被显式调用,需要用到名称的地方一般为删除该触发器时。

BEFORE|AFTER|INSTEAD OF:触发时机,指定触发器是在事件之前、之后还是代替事件执行。INSTEAD OF 触发器用于视图,代替实际的操作执行。

INSERT|UPDATE|DELETE:触发事件,指定触发器在哪些操作上触发。

table_name:触发器关联的表名。MySQL 不支持在视图上建立触发器。

FOR EACH ROW:行级触发器,表示对每一行都执行触发器逻辑。MySQL 中 FOR EACH ROW 是默认的行为,即使没有显式地写出,触发器也会默认为每一行执行一次。为了代码的清晰性和可读性,建议显式地写出 FOR EACH ROW。有些数据库还支持语句级触发器(如 Oracle),只要执行了插入、修改或者删除语句,不论数据表实际是否有改变,都会执行该触发器且只执行一次。

删除触发器的语句为:

```
DROP TRIGGER {触发器}
```

7.4.2 触发器应用实例

触发器在实际的应用中常常被用来确保不同数据表之间的数据完整性或一致性,并且确保这种完整性和一致性是实时和同步的,如对 7.4.1 节开头的实例,使用触发器可以保证了每个商品当日的销售额实时地等于当日该商品每一笔销售额的合计。

另外,一般数据库管理系统在引用完整性的控制方面只支持限制和级联两种方式,如果要实现置空和置默认值控制(参见 3.7 节),也可以使用触发器。

（1）合计数同步。

【例 7-22】 实现 7.4.1 节开头的实例中的触发器，即在商品表中增加一个列 SaleAmt 用于存放各商品当日合计的销售金额，用触发器实现当销售表插入一个新行时，更新商品表中对应商品的该列值。

在销售表 SaleDetail 上创建触发器，触发器在对该表实施 INSERT 操作时触发，触发的程序是把插入行的销售金额(＝销售价格×销售量)，累加到商品表中与插入行商品所对应的 SaleAmt 中。

可先执行以下语句该 Goods 表增加一个列 SaleAmt：

```
ALTER TABLE goods ADD COLUMN SaleAmt float
```

然后建立触发器：

```
DELIMITER $$
CREATE TRIGGER Tri_SaleDetail AFTER INSERT ON SaleDetail
FOR EACH ROW
BEGIN
  UPDATE Goods SET SaleAmt = IFNULL(SaleAmt,0) + NEW.Quantity * NEW.SalePrice;
END $$
```

其中，NEW. Quantity 和 NEW. SalePrice 表示插入语句插入操作执行后的插入表 SaleDetail 的 Quantity 和 SalePrice 值。Goods 表新加列的 SaleAmt 可能为空值，所以如果为空值则转换为 0，否则空值和任何值相加仍为空值，也可在给 Goods 表新加 SaleAmt 列时指定默认值为 0，这样触发器中的更新语句就不必使用函数 IFNULL。

要实现本节开头的实例的功能，除了创建该触发器，还必须在每日结束营业后或次日开始营业前，把商品表中所有商品的 SaleAamt 设置为 0。

（2）有条件的关联插入。

【例 7-23】 在 Students 表中建立一个触发器，在插入一名学生信息后，若该学生所在班级为“1901”，则其必选修所有可选修的课程，在 Student_Elective 表中插入该学生的选课信息，成绩(Grade)列的值为 NULL。

本例实际上是用触发器实现以下的数据完整性要求：选课表 Student_Elective 中必须包含“1901”班所有学生选修了所有选修课的信息。

```
DELIMITER $$
CREATE TRIGGER Tri_Student AFTER INSERT ON Student
FOR EACH ROW
BEGIN
IF NEW.ClassId = '1901' THEN
INSERT INTO Student_Elective SELECT NEW.StdId,EleId,NULL FROM Elective;
END IF;
END $$
```

（3）实现引用表外码的置空操作。

在删除或修改了某个班的班号后，属于该班的学生的班号设置为空。

为 Class 表的 UPDATE 和 DELETE 建立如下两个触发器。

更新操作的触发器：

```
DELIMITER $$
CREATE TRIGGER Tri_Class1 AFTER UPDATE ON Class
FOR EACH ROW
BEGIN
IF NEW.ClassID <> OLD.ClassID THEN
  UPDATE Student SET ClassId = NULL WHERE ClassId = OLD.ClassId;
END IF;
END $$
```

删除操作的触发器：

```
DELIMITER $$
CREATE TRIGGER Tri_Class2 AFTER DELETE ON Class
FOR EACH ROW
BEGIN
UPDATE Student SET ClassId =  NULL WHERE ClassId = OLD.ClassId;
END $$
```

7.5 临 时 表

在处理一个复杂的业务逻辑的过程中，其数据源可能是一些数据表，经过若干步骤最终得到一个结果表，在每个中间步骤中，可能需要产生一些中间结果表作为后一步骤的输入，最终的结果表和中间的结果表可能都具有以下两个特征。

第一个特征是数据的临时性。在得到最终结果表后，就不再需要这些中间结果表数据，而在最终结果被使用后（如查询后），最终结果表的数据也将不再需要保留。

第二个特征是数据的独立性。对两个不同的连接，执行同一个程序，其中间结果和最终结果互不相关，即两个用户同时调用了一个程序，由于输入条件不同，算法过程中的中间结果和最终结果也互不相同。

用什么方式存放具有这些特征的中间结果和最终结果？一种解决方案是建立专门存放这些中间结果和最终结果的数据表，为此必须通过程序做以下工作。

为了满足第一个特征，每次程序完成后，必须删除存放在这些表中的数据，如考虑在中间结果已经产生后程序意外终止，造成数据未删除，下次再运行该程序时，重复的插入可能造成运行错误，所以更可靠的方法是在程序开始时做删除工作，即在程序开始时检查是否有数据未删除，若有则删除。

为了满足第二个特征，这些数据表必须存在一个标识不同连接的“连接标志”，即如果两个用户同时在执行这个程序，他们将同时向同一个数据表插入中间数据，但他们的“连接标志”将是不同的，从而使他们的中间结果互不干扰。

也可以用另外一个方案来满足这两个特征，在程序开始以随机的名称建立存放中间结果的数据表，程序结束后删除这些数据表。由于每次运行程序所产生的数据表名称不一样，即不同用户同时使用该程序时使用的将是不同的数据表存放中间结果，中间数据互不相关。

上述两种方案都是使用普通的数据表来存放中间结果，事实上，一般的数据库管理系统包括 MySQL 提供了更好的机制来解决这个问题，那就是临时表。

7.5.1 建立临时表

建立临时表和建立数据表的语句相似，在 CREATE 和 TABLE 之间加入 TEMPORARY

即可，如建立临时表 MyTemp 的命令为：

```
CREATE TEMPORARY TABLE MyTemp
(
    Id CHAR(6)PRIMARY KEY,
    Name VARCHAR(20)
)
```

可以对表 MyTemp 使用 INSERT、UPDATE 和 DELETE 语句进行修改，也可以使用 SELECT 语句进行查询。

该临时表具有以下特点。

(1) 生存期：所有在和数据库连接期间的临时表在连接断开时自动被删除。

(2) 不同连接临时表之间的独立性：同一个程序多个用户同时执行，程序中所创建的临时表将是不同的，尽管在程序中它们是同名的。事实上，不同连接 MySQL 在内部为每张临时表取的表名并不相同，这样就保证了不同的连接创建的同名的临时表其实是不同的表，其数据互不干扰。

临时表的第(1)个和第(2)个特点，与中间结果表和最终结果表的临时性和独立性的需求特征是完全一致的，使用临时表存放中间结果或最终结果，与使用永久数据表相比，可以使程序的开发和运行更有效和更可靠。可以在创建临时表的同时插入一个查询结果，这是一个比较常用的需求：

```
CREATE TEMPPORARY TABLE MyTemp SELECT ...
```

该语句将使用后面的查询语句的结果创建临时表，并把查询结果插入临时表。

7.5.2 临时表应用实例

在前面章节介绍了如何用视图和 SELECT 语句实现根据销售表数据汇总输出月销售汇总表的方法，本节可以用临时表完成同样的输出。为方便阅读理解，这里把相关的表结构以及示例数据摘录如表 7-3 和表 7-4 所示。

```
SaleSummary(SaleNo,SaleDate)：单据摘要(销售单编号,销售日期)
SaleDetail(SaleNo,GoodsNo,SaleQty,SalePrice)：单据明细(销售单编号,品号,销售量,销售价格)
```

假设销售单包含的数据如表 7-3 所示。

表 7-3 销售表的示列数据

日　期	品　号	数　量	单　价
2019-01-01	G0001	10.00	89.00
2019-01-03	G0001	15.00	90.00
2019-01-20	G0001	12.00	89.00
2019-02-02	G0001	20.00	92.00
2019-02-14	G0001	30.00	94.00
2019-03-03	G0001	15.00	90.00
2019-03-18	G0001	10.00	89.00

表 7-3 中的数据是通过对 SaleSummary 和 SaleDetail 表执行下列查询语句得到：

```
SELECT a.SaleDate,b.GoodsNo,b.SaleQty,b.SalePrice
FROM SaleSummary a,SaleDetail b WHERE a.SaleNo = B.SaleNo
```

【例 7-24】 要求对月累计销售量进行汇总查询，内容包括年月、品号、月累计销售量和年累计销售量。其中，年累计销售量为从年初到指定月月底的累计销售量。对表 7-3 中数据统计结果如表 7-4 所示。

表 7-4 月销售汇总表

年 月	品 号	月累计销售量	年累计销售量
2019-01	G0001	37.00	37.00
2019-02	G0001	50.00	87.00
2019-03	G0001	25.00	112.00

使用存储过程实现以上需求，参数为要查询的商品编号，首先创建一张与月销售汇总表同结构的本地临时表，然后根据销售表数据，第一步汇总产生各月的商品累计销售量，并把这些数据插入临时表中，第二步汇总产生各月的年累计销售量，用这些数据更新临时表中的年累计销售量据，程序如下：

```
DELIMITER $$
CREATE PROCEDURE GetMonthSaleGather(GoodsNo CHAR(6))
BEGIN
DECLARE SafeMode int;
SET SafeMode = @@SQL_SAFE_UPDATES;
SET SQL_SAFE_UPDATES = 0;
CREATE TEMPORARY TABLE IF NOT EXISTS MonthSaleSummary
(SaleYear INT,SaleMon INT,GoodsNo CHAR(6),
MonSaleQty DECIMAL(10,2),YearSaleQty DECIMAL(10,2));
DELETE FROM MonthSaleSummary;
INSERT INTO MonthSaleSummary
SELECT YEAR(a.SaleDate),MONTH(a.SaleDate),
b.GoodsNo,SUM(b.Quantity),0
FROM SaleSummary a,SaleDetail b
WHERE a.SaleNo = b.SaleNo and b.GoodsNo = GoodsNo
GROUP BY YEAR(a.SaleDate),MONTH(a.SaleDate),GoodsNo;
-- 该 SELECT 语句取自例 4-23 中统计月累计销售量的语句二，仅增加了一个常数列 0
UPDATE MonthSaleSummary SET YearSaleQty =
(SELECT sum(b.Quantity) FROM SaleSummary a,SaleDetail b
WHERE a.SaleNo = b.SaleNo
AND YEAR(a.SaleDate) = MonthSaleSummary.SaleYear
AND MONTH(a.SaleDate)<= MonthSaleSummary.SaleMon
AND b.GoodsNo = MonthSaleSummary.GoodsNo);
SET SQL_SAFE_UPDATES = SafeMode;
END $$
```

上述程序结构简单而清晰，前一个 INSERT 语句把指定商品的各月的累计销售额插入临时表，后一个 UPDATE 语句则统计并更新临时表的年销售累计数。显然，用临时表实现月销售汇总表的输出在技术上的要求要低于用视图和 SELECT 语句。

CREATE TABLE 中的 IF NOT EXISTS 短语含义是如果该临时表不存在则建立该表，因为存储过程在一次连接中可能会被反复调用，所以没有该短语，第二次调用建表语句就会提示该表已存在的错误和终止存储过程。

同样原因，如果该临时表已存在，则应该删除其上次运行该存储过程可能产生的所有行。另外，要完成 DELETE 语句，先要关闭安全模式，存储过程执行完毕后再恢复安全模式的原有状态。需要注意的是，读取安全状态 SQL_SAFE_UPDATES 的值时，需要在前面加“@@”。

7.6 游　　标

由查询语句可以得到的是一个结果集,有时需要对此结果集进行逐行处理,游标则提供了这种机制。

游标是系统为用户开设的一个数据缓冲区,存放 SELECT 语句的执行结果。每个游标都有一个名字,用户可以用 FETCH 语句逐一从游标中获取行,并把行的列值赋给变量。

使用游标的一般步骤:声明游标、打开游标、移动游标指针并取得当前行数据、关闭游标。

7.6.1 声明游标

声明游标的语句为:

```
DECLARE cursor_name CURSOR FOR select_statement
```

其中,cursor_name 为游标名,后继操作使用该名称对游标进行操作;select_statement 为一个查询语句,对游标的逐行的读取操作就是对该查询结果的逐行读取。

所以,声明一个游标的主要作用就是把一个游标对应一个查询语句。需要注意的是,执行声明游标的语句并不会去执行对应的查询语句,执行查询语句是由下面打开游标的语句来完成的。

7.6.2 打开游标

打开游标实际上是执行相应的 SELECT 语句,把所有满足查询条件的记录从指定表取到缓冲区中。打开游标的语句为:

```
OPEN cursor_name
```

打开游标后,游标处于激活状态,指针指向查询结果集中的第一行之前。

7.6.3 移动游标指针并取得当前行数据

打开游标后就可以使用 FETCH 语句获得查询结果中某行数据,FETCH 格式为:

```
FETCH [[NEXT] FROM] cursor_name INTO var_name [, var_name] ...
```

该语句把已打开的 cursor_name 命名的游标对应的查询结果集的游标指针指向当前行的下一行的数据读取出来,列值逐一赋值给后面的变量。

如上次已读到最后一行,再执行 FETCH 则会抛出“NOT FOUND”异常,需要进行异常处理。

7.6.4 关闭游标

使用 CLOSE 语句关闭游标,释放当前结果集,被关闭的游标可再次被打开。

CLOSE 语句的格式为:

```
CLOSE cursor_name
```

尽管在使用游标的存储过程结束时游标所占资源自然会被释放,但还是应该养成游标使用完毕后就使用 CLOSE 语句关闭的习惯，打开的游标会占用系统资源，如果不及时关闭，会影响系统运行的效率。

7.6.5 使用游标实例

【例 7-25】 使用游标分别实现 2.8.1 节中两种设计方案下树节点中数据逐级求和的算法。

两种设计的数据示例见表 7-5，其中第二种设计的数据省略了 Name 列，Amt 列可以理解为各个分类商品的累计销售量，其中叶节点的分类数据（黑体数值）可由销售表根据每个商品的分类汇总得到，非叶节点的数据应该为其直接子节点的数据之和，所以，由叶节点的数据通过逐级向上求和可以计算得到所有非叶节点的 Amt 列数据。

表 7-5 树节点数据的逐级求和

(a) 商品分类统计表设计

Code	Name	Amt
01	服装	900
0101	男装	300
010101	西装	**100**
010102	休闲装	**200**
0102	女装	390
010201	套装	**120**
010202	职业装	**130**
010203	休闲装	**140**
0103	童装	**210**
02	电器	290
0201	进口	**140**
0202	国产	**150**
03	日用品	**300**

(b) 商品分类统计表设计

Id	Code	PId	Amt	Level
0			0	
1	01	0	900	1
2	01	1	300	2
3	01	2	**100**	3
4	02	2	**200**	3
5	02	1	390	2
6	01	5	**120**	3
7	02	5	**130**	3
8	03	5	**140**	3
9	03	1	**210**	2
10	02	0	290	1
11	01	10	**140**	2
12	02	10	**150**	2
13	03	0	**300**	1

如“男装”的销售量由“西装”和“休闲装”的销售量求和得到，“女装”的销售量则是由其下的三个子节点“套装”“职业装”“休闲装”的销售量求和得到，然后把“男装”“女装”“童装”的销售量合计得到“服装”的销售量。

如此销售量汇总算法的合理性是以每个商品的分类必须指定为分类中的叶节点为前提，如果有一个商品的分类不为叶节点分类，则上述父子节点之间的数据关系不再成立。

(1) 设计一的逐级求和的算法。

建立数据表 GoodsClass，并输入表 7-5 中的数据。

```
CREATE TABLE GoodsClass
(
    Code CHAR(10)PRIMARY KEY,
    Name VARCHAR(20),
    Amt DECIMAL(10,2)
)
```

算法要求：由叶节点数据 Amt 列（粗体数据）生成非叶节点数据 Amt 列（非粗体数据），每个非叶节点数据等于其直接子节点的数据之和。

定义一个累加器数组，记录树节点各层的累计数据，首先按表 7-5 所示顺序排序，然后从最后一行开始扫描到第一行，当节点为叶节点(从最后一行节点向上的顺序下，当前节点层数大于或等于上一节点的层数，即表示当前节点无子节点)，则把该数据加入该节点以上各层的累加器，反之，对非叶节点，用同层的累加器的值为该节点赋值，并把该层累计器复位为 0。

要求对数据表一次扫描完成计算，其算法的框图如图 7-3 所示，假设数据表已按 Code 倒序排列，并假设树节点最多不超过 5 层。

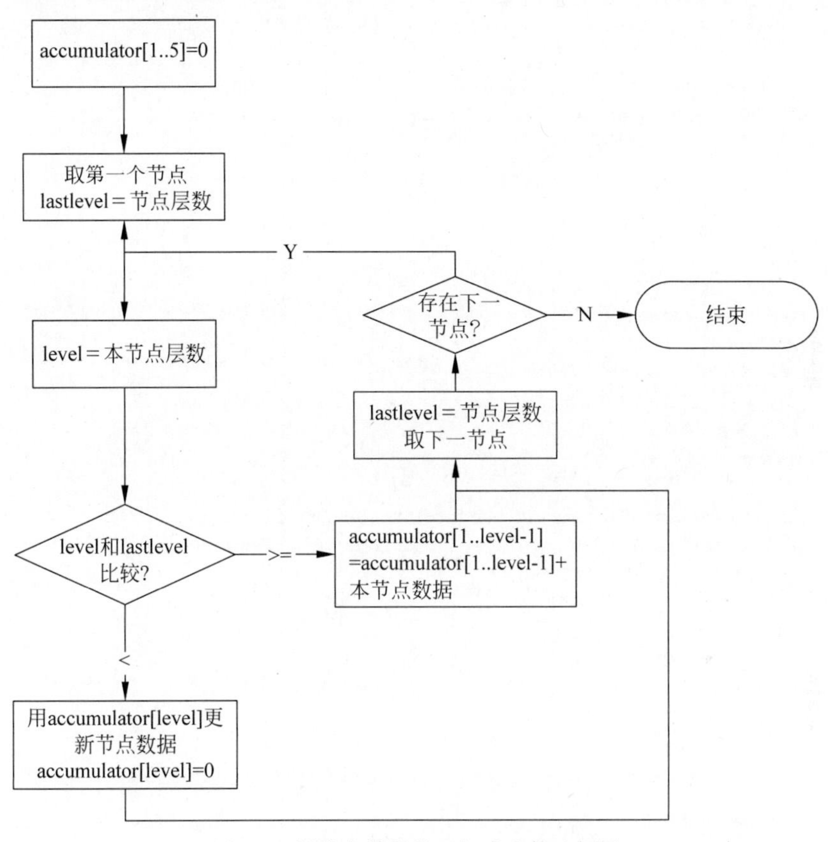

图 7-3　树节点数据的逐级求和算法框图

用存储过程 SumOnClass 实现上面的算法，MySQL 并不支持数组数据类型，用临时表 Accumulator 代替数组，同时假设各层代码长度均为 2，总代码长度除以 2 即为该节点所在树结构中的层数。

```
DELIMITER $$
CREATE PROCEDURE SumOnClass()
BEGIN
DECLARE i INT;
DECLARE ClassCode CHAR(12);
DECLARE Amtv DECIMAL(10,2);
DECLARE Level INT;
DECLARE LastLevel INT;
DECLARE EndOfTable INT DEFAULT FALSE;
DECLARE SafeMode int;
```

```
DECLARE GoodsClass_Cursor CURSOR
FOR SELECT Code,Amt FROM GoodsClass ORDER BY Code DESC;
DECLARE CONTINUE HANDLER FOR NOT FOUND SET EndOfTable = TRUE;
SET SafeMode = @@SQL_SAFE_UPDATES;
SET SQL_SAFE_UPDATES = 0;
CREATE TEMPORARY TABLE IF NOT EXISTS Accumulator(Lev INT,Amount DECIMAL(10,2));
DELETE FROM Accumulator;
SET i = 1;
WHILE i <= 5 DO
  INSERT INTO Accumulator VALUES(i,0);
  SET i = i + 1;
END WHILE;
OPEN GoodsClass_Cursor;
FETCH NEXT FROM GoodsClass_Cursor INTO ClassCode,Amtv;
SET LastLevel = LENGTH(ClassCode)/2;
rep:LOOP
    IF EndOfTable then
        LEAVE rep;
    END IF;
    SET Level = LENGTH(ClassCode)/2;
    IF(Level >= LastLevel)THEN
        SET i = 1;
        WHILE i < Level DO
            UPDATE Accumulator SET Amount = Amount + Amtv WHERE Lev = i;
            SET i = i + 1;
        END WHILE;
    ELSE
        SELECT Amount INTO Amtv FROM Accumulator WHERE Lev = Level;
        UPDATE GoodsClass SET Amt = Amtv WHERE Code = ClassCode;
        UPDATE Accumulator SET Amount = 0 WHERE Lev = Level;
    END IF;
    SET LastLevel = Level;
    FETCH NEXT FROM GoodsClass_Cursor INTO ClassCode,Amtv;
END LOOP;
SET SQL_SAFE_UPDATES = SafeMode;
CLOSE GoodsClass_Cursor;
END $$
```

关于以上程序做以下几点说明。

① 其中以下的语句为定义 NOT FOUND 异常发生时要执行的语句。

```
DECLARE CONTINUE HANDLER FOR NOT FOUND SET EndOfTable = TRUE;
```

② 游标声明必须出现在以上的定义异常处理的语句之前,在变量声明之后。

③ 定义游标时,对应的查询语句必须关于 Code 倒序排列,这是本算法的关键点之一。

④ 存储过程执行完成后,可用查询语句验证 ClassCode 表是否生成了非叶节点对应行的 Amt 值。

(2) 对设计二的逐级求和算法实现。

首先建立表 GoodsClass1,并输入表 7-5 中的数据。

```
CREATE TABLE GoodsClass1
(
```

```
        Id INT PRIMARY KEY,
        Code CHAR(2),
        Name VARCHAR(20),
        PId INT,
        Amt DECIMAL(10,2),
        Level int
    )
```

按 Level 倒序排列扫描每一节点，若存在上一层父节点，则上一层父节点数据=父节点数据+本节点数据。

```
    DELIMITER $$
    CREATE PROCEDURE SumOnClass1()
    BEGIN
    DECLARE PIdv INT;
    DECLARE Amtv DECIMAL(10,2);
    DECLARE EndOfTable INT DEFAULT FALSE;
    DECLARE GoodsClass_Cursor CURSOR FOR
    SELECT PId,Amt FROM GoodsClass1 ORDER BY Level DESC;
    DECLARE CONTINUE HANDLER FOR NOT FOUND SET EndOfTable = TRUE;
    OPEN GoodsClass_Cursor;
    Rep:LOOP
        FETCH NEXT FROM GoodsClass_Cursor INTO PIdv,Amtv;
        IF EndOfTable THEN
            LEAVE Rep;
        ELSE
          UPDATE GoodsClass1 SET AMT = AMT + Amtv WHERE Id = PIdv;
        END IF;
    END LOOP;
    CLOSE GoodsClass_Cursor;
    END $$
```

程序显然比第一种设计方案短小简单，但以上程序能获得正确结果有一个前提条件，就是数据库管理系统必须支持动态游标，所谓动态游标是打开游标后，即获取了游标对应的查询语句的结果集之后，一旦游标对应的查询语句其数据库中的数据源数据发生变化，下一次用 FETCH 获取数据会动态改变，而不是打开游标时的数据。

上面的算法由于在游标的遍历过程中，下一次循环可能会用到上一次循环产生的数据，而上一次循环产生的数据是被存储更新在 GoodsClass1 表中，而在循环前打开游标时，GoodsClass1 表中的数据已被存入游标缓冲区中，这部分数据需要随 GoodsClass1 数据的改变而改变，这就需要系统支持动态游标，遗憾的是目前 MySQL 版本还不支持游标，所以上面程序只能产生叶节点向上一层的数据，一层以上的数据依赖于下层新产生的数据（在 GoosClass1 表中），而下层数据没有被更新到游标缓冲区中。

要在不支持动态游标的 MySQL 下也能得到正确结果，需要每次循环都使用 SELECT 语句获得 GoodsClass1 中当前行的 Amt 数据，通过游标只需要获得 Id 和 Pid，Id 用于 SELECT 获取当前行的 Amt 值，Pid 还是用于定位需要更新的行，程序如下：

```
    DELIMITER $$
    CREATE PROCEDURE SumOnClass1()
    BEGIN
    DECLARE Idv INT;
    DECLARE PIdv INT;
    DECLARE Amtv DECIMAL(10,2);
```

```
DECLARE EndOfTable INT DEFAULT FALSE;
DECLARE GoodsClass_Cursor CURSOR FOR
SELECT Id,PId FROM GoodsClass1 ORDER BY Level DESC;
DECLARE CONTINUE HANDLER FOR NOT FOUND SET EndOfTable = TRUE;
OPEN GoodsClass_Cursor;
Rep:LOOP
    FETCH NEXT FROM GoodsClass_Cursor INTO Idv,PIdv;
    IF EndOfTable THEN
       LEAVE Rep;
    ELSE
      SELECT Amt into Amtv FROM GoodsClass1 WHERE id = Idv;
      UPDATE GoodsClass1 SET AMT = AMT + Amtv WHERE Id = PIdv;
    END IF;
END LOOP;
CLOSE GoodsClass_Cursor;
END $$
```

7.7 事　　务

7.7.1 事务定义方法及基本特性

首先通过在查询分析器中执行一个批处理命令，来观察一下事务机制的作用以及定义事务的基本方法。在查询分析器中打开一个连接，选择 DEMO 数据库，然后输入下面的批处理程序更改供应商的编号：

```
START TRANSACTION;
UPDATE Supplier SET SupplierId = 'SH0003' WHERE SupplierId = 'SH0001';
UPDATE BuySummary SET SupplierId = 'SH0003' WHERE SupplierId = 'SH0001';
```

执行上述批处理程序完毕后，继续执行：

```
ROLLBACK
SELECT * FROM Supplier;
SELECT * FROM BuySummary;
```

将看到，查询的结果 Supplier 和 BuySummary 两张表的数据没有发生变化。同样重复上述过程，但把 ROLLBACK 改成 COMMIT，则最后查询结果 Supplier 和 BuySummary 两表的数据被改变。

一个事务开始于 START TRANSACTION，结束于 COMMIT 或 ROLLBACK。若结束于 COMMIT，则从最近的 START TRANSACTION 后所做的对数据库的所有修改操作被提交；若结束于 ROLLBACK，则相应的所有操作被取消。事务确保了在一个事务内对数据的插入、更新或删除操作在任何情况下(包括软硬件故障)不会出现被部分执行的情况。

MySQL 默认情况下每一个语句被自动设置为一个事务，仿佛语句开始于 START TRANSACTION，结束于 COMMIT。下面举一个更实际的例子。

【例 7-26】 设想在一个银行的自助终端上进行一个转账操作，即把一个账号 A 下的金额划转到另一个账号 B 下，其简化后的操作流程如图 7-4 所示。

在这一个过程中的第(3)和第(4)步中，会用到一组插入和更新语句，系统必须确保这些语句在任何情况下要么全部成功执行，要么全部不执行，不允许出现一部分被执行而一部分没有被执行的情况发生，即使在发生断电、通信故障或硬件故障的情况下，因为它可能使一

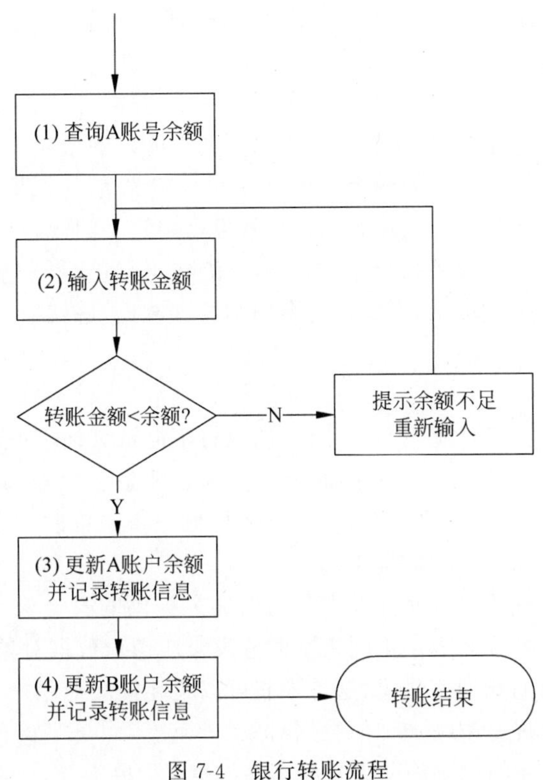

图 7-4　银行转账流程

个账号下的资金减少了但却没有去向，这对用户和银行都将是一件非常严重的事件。

如何从技术上避免这种情况的发生？数据库技术中的事务处理机制解决了此类问题。事务是作为单个逻辑工作单元执行的一系列操作，如可以把上述转账操作从余额查询开始到最后一个更新或插入语句定义为一个事务，则就能确保所有的修改操作要么全部执行，要么全部不执行。

事务具有原子性（Atomicity）、一致性（Consistency）、隔离性（Isolation）和持久性（Durability）四个特性，简称为 ACID。

（1）原子性。

所谓原子性即事务是不可分割的逻辑工作单位，事务中包括的各个操作不可能只做一部分，要么全都执行，要么全都不执行。就上例而言，划出账户扣减余额和划入账户增加余额必须作为一个事务中的两个操作，在任何情况下，两个操作的执行结果只能出现全部成功执行或全部未执行两种可能，而不能出现只执行了一部分操作的情况。

（2）一致性。

事务在完成时，必须使所有的数据都保持一致状态，即事务执行的结果必须是使数据库从一个一致性状态变到另一个一致性状态。在相关数据库中，所有定义的规则都必须应用于事务中对数据表的修改，以保持所有数据的完整性。事务结束时，所有的内部数据结构（如 B 树索引或双向链表）都必须是正确的。如上述实例中，可以使用下述方案实现转账操作。

① 定义规则。对记录账户资金变动信息的数据表设置一个触发器，该触发器当账户资金变动的数据表新增行时触发，若资金变动使账户余额增加，则通过触发器增加该账户在账

户数据表中的余额；若资金变动使账户余额减少，则通过触发器减少该账户在账户数据表中的余额。

② 转账程序。定义了以上触发器后，转账的程序只需要在记录账户资金变动的数据表中分别插入转出和转入原始信息，由触发器去更新两个账户的余额。

把插入转出和转入原始信息的两个 INSERT 语句定义为一个事务，事务在保证该两个语句全部执行或全部不执行，同时，还必须包括触发器中定义的规则对数据表所做的修改也要全部执行或全部不执行。如果执行了 INSERT 语句，但触发器程序未完成，结果是账户的资金转入或转出的信息被记录，但账户的余额却没有改变，这就造成了数据的不一致即破坏了数据的完整性。

(3) 隔离性。

隔离性是指在并发执行情况下，一个事务的执行不能被其他事务所干扰，由并发事务所做的修改必须与任何其他并发事务所做的修改隔离。即事务中查询数据时数据所处的状态，要么是另一并发事务修改它之前的状态，要么是另一事务修改它之后的状态，隔离性要确保事务不会查询到中间状态的数据。

隔离性是数据库管理系统针对并发事务间的冲突提供的安全保证，通过为数据对象加锁的方法在并发执行的事务间提供不同级别的分离。所谓对数据对象加锁就是在加锁期间限制其他用户对该数据的查询或修改，这种限制可以是允许其他用户查询但不允许修改，或者既不允许查询也不允许修改被加锁的数据对象。

【例 7-27】 以图 7-4 的例子说明事务隔离性的意义。

用户甲在使用 A 账户进行转账（转出），就在其进入第(2)步查询余额但还尚未进入第(3)步的时刻，用户乙在另一个银行终端上却在这个时间段内使用 A 账户完成了一笔资金转出的操作，此时，A 账户的实际余额将小于甲先前看到的余额，所以如果甲进行全额转账，账户余额将出现负数。

为避免发生这种情况，对流程做一点修改，即在第(3)第(4)步记录数据并更新余额之前，再查询一下 A 账户的余额，因为此时的余额与先前用户查询的余额可能已经发生变化，如果判断结果账户余额小于转出的金额，则提示用户转账失败。

这样似乎解决了问题，但事实却不然，把查询余额和记录转账信息（包括更新余额）连续执行，只是缩小了查询和转账两个操作之间的时间差，减小了上述情况发生的机会，但并没有完全杜绝这种情况的发生，图 7-5 表示两个用户对同一账号同时确认转账后，两个转账程序同时（并发）被提交执行的过程可能发生的一种情况。

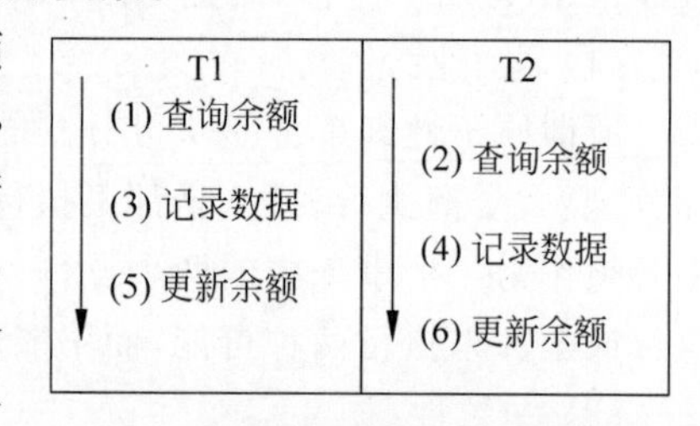

图 7-5 未隔离并发的转账操作

图 7-5 表示两个程序中的三个操作恰好被数据库服务器交叉执行，编号即表示数据库服务器执行这些操作的顺序，由于第二个程序查询余额时，第一个程序还没有更新余额，因此查询得到的余额和第一个程序查询得到的余额是相同的，如果系统以此余额作为转出账户限额的话，极端情况下，两个用户都可以进行全额转账，结果是账户 A 转出的金额合计双倍于余额。

如果把上述三个操作作为一个事务来处理，为事务设置恰当的隔离级别，就可以避免发生上述情况。

可以设置事务的隔离级别为可重复读(REPEATABLE READ,见下节),这将锁定查询中使用的所有数据以防止其他用户更新这些数据,也就是说 T1 在执行第(5)步时由于账户余额已被 T2 锁定,因此将处于等待解锁的状态,而此时 T2 则继续执行更新余额的操作,但同样由于账户余额被 T1 锁定,也将处于等待解锁的状态,如此彼此等待就发生了死锁,MySQL 能检测到这种状况(innodb_deadlock_detect 打开的情况下,这个状态默认为打开状态),并迫使某一个操作失败(使 T2 失败)并自动执行 ROLLBACK,T2 所加的锁被解除,T1 继续执行完成余额更新,到此用户甲的转账操作获得成功,而用户乙将收到操作失败的错误提示,然后乙可以重新进行转账操作,如图 7-6 所示。

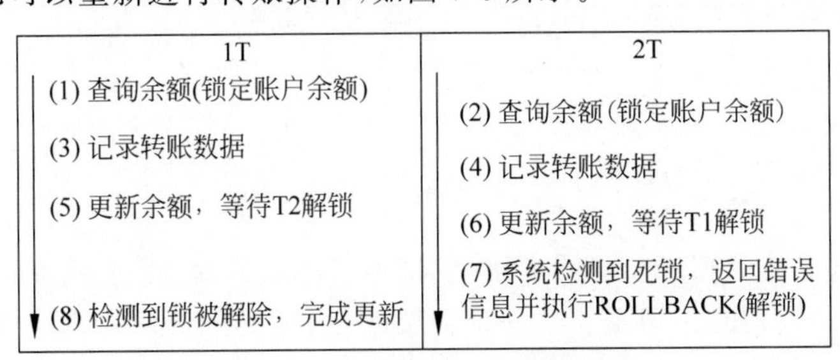

图 7-6　隔离后并发的转账操作

(4) 持久性。

事务完成之后,它对于系统的影响是永久性的,即使当系统或介质发生故障时,已提交事务的更新也不能被丢失。通常持久性通过数据库备份和恢复来保证。

7.7.2　并发引起的数据不一致性与隔离级别

隔离是数据库管理系统为避免因并发事务间的冲突而造成的某一种数据不一致性,通过为数据对象加锁等方法在并发执行的事务间提供不同级别的分离。事务的并发可能产生的数据不一致性可能为以下几种。

(1) 不可重复读。

若事务 A 先读取数据对象,后执行的事务 B 可更改该数据对象,更改提交后,事务 A 再次读取该数据对象将与第一次读取的数据不一致,把此现象称为不可重复读。

(2) 脏读。

事务 A 在修改数据对象时,在未提交前,允许事务 B 查询该数据对象,且查询得到的是事务 A 修改但还未提交的数据,如果事务 A 最后回滚了所做的修改,则事务 B 之前读出的数据事实上在数据库中不存在的数据,即被事务 A“丢弃”的数据,把此现象称为脏读(Dirty Read)。

(3) 丢失修改。

事务 A 对数据的修改后,事务 B 也修改了该数据,结果事务 A 的修改被“丢失”。

(4) 幻读。

类似不可重复读,其表现为事务 A 用 SELECT 语句检查目前的数据状态(如检查数据表中是否已存在某个主码值的行)是否可支持进一步的操作(如插入某个主码值的行),得到的结果是可以进一步的操作,但在进行操作前,数据状态被事务 B 改变(如插入了某个主码值的行)，最后造成事务 A 的后继操作失败或插入了不该插入的数据，事务 A 的第一次的读就变成了“幻读”。和不可重复读的区别是幻读侧重于由于事务 B 对表的插入或删除操作而造成事务 A 的后继操作无法进行。

MySQL 提供四种事务间的隔离级别，按隔离的程度依次是：未提交读(READ UNCOMMITTED)、提交读(READ COMMITTED)、可重复读(REPEATABLE READ)和可串行读(SERIALIZABLE)。设置隔离级别的语句有如下三种。

设置全局隔离级别：

```
SET GLOBAL TRANSACTION ISOLATION LEVEL
READ UNCOMMITTED|READ COMMITTED
|REPEATABLE READ|SERIALIZABLE
```

设置会话隔离级别：

```
SET SESSION TRANSACTION ISOLATION LEVEL
READ UNCOMMITTED|READ COMMITTED
|REPEATABLE READ|SERIALIZABLE
```

会话隔离级别优先级高于全局隔离级别，即两者不一致时，事务以会话隔离级别为当前隔离级别，全局隔离级别的作用是新建一个会话时，会话的隔离级别取自全局隔离级别，改变全局的隔离级别，并不会改变已建立会话的隔离级别。设置下一个事务的隔离级别：

```
SET TRANSACTION ISOLATION LEVEL
READ UNCOMMITTED|READ COMMITTED
|REPEATABLE READ|SERIALIZABLE
```

对执行该语句后的那个事务起作用，且该事务结束后，隔离级别恢复到原来级别，一般该语句不出现在一个事务中。隔离级别是针对某个连接(会话)，不同的连接可以有不同的隔离级别。可以使用以下语句获得当前使用的隔离级别：

```
SELECT @@tx_isolation
```

获取全局隔离级别的语句为：

```
SELECT @@global.tx_isolation
```

MySQL 默认的隔离级别是可重复读，每一次服务重启后，隔离级别恢复到可重复读。

(1) 未提交读。

未提交读是四个隔离级别中限制最小的级别，其基本特征是事务读取的不一定是数据库中的数据，而可能是被其他并发事务修改但还没有提交的数据。

上述情况中，如果事务 A 最后回滚了所做的修改，则事务 B 读出的事实上最后是数据库中不存在的数据，也就是所谓的“脏读”。

可以使用对 MySQL 的客户端(如 Navicat for MySQL)两个连接来模拟脏读的情况(假设 Student 表中学号 StdId='19001'的学生的 ClassId 为“1901”)：

第一个连接中执行以下命令：

```
START TRANSACTION;
UPDATE Student SET ClassId = '1900' WHERE StdId = '19001'
```

在第二个连接中执行以下语句：

```
SET TRANSACTION ISOLATION LEVEL READ UNCOMMITTED;
SELECT * FROM Student WHERE StdId = '19001'
```

然后在第一个连接中执行以下语句：

```
ROLLBACK
```

第二个连接中的查询结果中学号为“19001”的学生的 ClassId 为“1900”，而事实上该班号的设置最后被事务 A 回滚，在数据库中该学生班号仍为“1901”，此时，第二个连接中该学生查询结果中的班号“1900”就成为“脏数据”。

(2) 提交读。

提交读的基本特征是事务读取的数据对象始终是被提交的数据，而不会是被某个事务修改但还未提交的数据。提交读存在的第一个问题是若事务 A 先读取数据对象，后执行的事务 B 可更改该数据对象，更改提交后，事务 A 再次读取该数据对象将与第一次读取的数据不一致，也就是发生了并发可能引起不一致性中的不可重复读。提交读存在的第二个问题是当事务 B 对数据对象的修改被提交后，事务 A 先前得到的该数据对象事实已经过时，即已经不再是数据库中的数据，也就是“幻像”数据。

类似未提交读的操作，可模拟不可重复读的情况(假设 Student 表中学号 stdid='19001'的学生的 ClassId 为“1900”)。

建立两个连接，在第一个连接中执行以下语句：

```
SET TRANSACTION ISOLATION LEVEL READ COMMITTED;
START TRANSACTION;
SELECT * FROM Student WHERE Stdid LIKE '19%';
```

在第二个连接中执行以下语句：

```
START TRANSACTION;
UPDATE Student SET ClassId = '1901' WHERE StdId = '19001';
COMMIT;
```

然后在第一个连接的事务中继续执行以下语句：

```
SELECT * FROM Student WHERE Stdid LIKE '19%';
COMMIT;
```

第一个连接中，一个事务两次查询的结果不同，第一次学号为'19001'学生的 ClassId 为“1900”，第二次为“1901”。

(3) 可重复读。

可重复读的基本特征是一个事务中两次相同查询，第二次查询的结果一定和第一次查询的结果相同。可重复读隔离级别避免了提交读隔离级别中不可重复读的问题，但未解决幻读问题。

模拟可重复读的操作如下(假设 Student 表中学号 stdid='19001'的学生的 ClassId 为“1901”)。

建立两个连接，在第一个连接中执行以下语句：

```
SET TRANSACTION ISOLATION LEVEL REPEATABLE READ;
START TRANSACTION;
SELECT * FROM Student WHERE Stdid LIKE '19%';
```

在第二个连接中执行以下语句：

```
START TRANSACTION;
UPDATE Student SET ClassId = '1900' WHERE StdId = '19001';
COMMIT;
```

在第一个连接中再次执行查询语句,查询结果中学号 StdId='19001'的学生的 ClassId 仍为“1901”。在第二个连接中,再增加一个插入语句:

```
START TRANSACTION;
UPDATE Student SET ClassId = '1900' WHERE StdId = '19001';
INSERT INTO Student (StdId) VALUES ('19019');
COMMIT;
```

在第一个连接中再次执行查询语句,查询结果中学号 StdId='19001'的学生的 ClassId 仍为“1901”,且并没有“19019”学号的学生。

然后在第一个连接中执行以下插入语句:

```
INSERT INTO Student (StdId) VALUES ('19019');
```

在执行结果报主码重复的错误,也就是前面的查询结果(没有主码为“19019”的行)为“幻读”,实际数据表中存在主码为“19019”的行。

(4) 可串行读。

可串行读是隔离的最高级别,可解决脏读、不可重复读以及幻读所有并发产生的不一致,但并发性最差。

假设事务 A 中执行了查询,则查询所使用的相关数据将被锁定,以防止其他事务更新或删除这些数据,同时不允许其他并发事务新增(插入)可能改变事务 A 中查询结果的数据,即确保事务 A 进行第二次查询的结果与第一次查询的结果保持和数据库中实际存放的数据一致,且事务执行期间数据库中的相关数据也不允许被其他事务改变。

建立两个连接,在第一个连接中执行以下批处理程序:

```
SET TRANSACTION ISOLATION LEVEL SERIALIZABLE;
START TRANSACTION;
SELECT * FROM Student WHERE Stdid LIKE '19%';
```

在第二个连接中执行以下语句:

```
INSERT INTO Student (StdId)VALUES ('03019');
```

插入语句被阻塞,直到第一个连接中执行了 COMMIT 或 ROLLBACK 结束事务。

读者可尝试在第二个连接中执行对 Student 表的 UPDATE 或 DELETE 语句,同样会被阻塞,直到超时后报错。

表 7-6 汇总了四种隔离级别与脏读、不可重复读取以及幻读的关系。

表 7-6 隔离级别允许不同类型的行为

隔离级别	脏读	不可重复读取	幻读
未提交读	是	是	是
提交读	否	是	是
可重复读	否	否	是
串行读	否	否	否

从表 7-6 可以看出,四个隔离级别的限制自上而下逐步增大,“未提交读”为最低,而“串行读”为最高。

7.7.3 事务应用实例

【例 7-28】 在 7.6.5 节的第二个设计方案的程序中加入事务控制机制,避免可能由于循环中某个 UPDATE 语句发生错误而使 GoodsClass1 中 Amt 数据发生混乱。

修改包括以下五方面。

(1) 定义变量 HaveErr，初始值为 FALSE，当存在 UPDATE 语句执行错误时设置为 TRUE，其值决定最后是以 COMMIT 还是 ROLLBACK 结束事务。

(2) 定义。

```
DECLARE CONTINUE HANDLER FOR SQLEXCEPTION SET HaveErr  =  TRUE;
```

(3) 进入循环前用 START TRANSACTION 开始一个事务。

(4) 在对 GoodsClass1 进行 UPDATE 后，通过 HaveErr 判断执行是否成功，若不成功则退出循环。

(5) 循环结束后，如果 HaveErr=TRUE，则执行 ROLLBACK 回滚已做的更新，否则执行 COMMIT 提交所有 UPDATE 的修改。

完整的程序如下：

```
DELIMITER $$
CREATE PROCEDURE SumOnClass1()
BEGIN
DECLARE Idv INT;
DECLARE PIdv INT;
DECLARE Amtv DECIMAL(10,2);
DECLARE EndOfTable INT DEFAULT FALSE;
DECLARE HaveErr INT DEFAULT FALSE;
DECLARE GoodsClass_Cursor CURSOR FOR
SELECT Id,PId FROM GoodsClass1 ORDER BY Level DESC;
DECLARE CONTINUE HANDLER FOR NOT FOUND SET EndOfTable  =  TRUE;
DECLARE CONTINUE HANDLER FOR SQLEXCEPTION SET HaveErr  =  TRUE;
START TRANSACTION;
OPEN GoodsClass_Cursor;
Rep:LOOP
    FETCH NEXT FROM GoodsClass_Cursor INTO Idv,PIdv;
    IF EndOfTable THEN
       LEAVE Rep;
    ELSE
  SELECT Amt into Amtv FROM GoodsClass1 WHERE id = Idv;
      UPDATE GoodsClass1 SET AMT = AMT + Amtv WHERE Id = PIdv;
  IF HaveErr THEN
    LEAVE Rep;
  END IF;
    END IF;
END LOOP;
CLOSE GoodsClass_Cursor;
IF HaveErr THEN
  ROLLBACK;
ELSE
  COMMIT;
END IF;
END $$
```

MySQL 提供了获得 UPDATE 执行结果的函数 ROW_COUNT，该函数返回最近的修改语句(INSERT、UPDATE 或 DELETE)影响的行数，但通过这个函数返回是否为 0 来判断 UPDATE 是否成功运行并不靠谱，原因是如果 Amtv 为 0，UPDATE 语句正常运行，但由于更新值和表中原来值相同,所以 ROW_COUNT 也会返回 0。

友情提示:如要在客户端测试 ROW_COUNT,UPDATE 语句和 SELECT ROW_COUNT 语句必须一次执行完成,分开执行 ROW_COUNT 将始终返回-1。

7.7.4 加锁

数据库管理系统通常使用加锁技术确保在并发情况下事务完整性和数据一致性。为数据对象加锁可以防止用户读取正在由其他用户更改的数据,也可以防止多个用户同时更改相同数据。虽然数据库管理系统会自动根据对数据对象不同的操作确定以某种方式锁定被操作的数据对象,但可以通过了解加锁技术并在应用程序中自定义锁来设计更有效的应用程序。

(1) 锁的类型。

锁的基本类型有共享锁(Share Lock)和排他锁(Exclusive Lock)两种,分别简称为 S 锁和 X 锁。共享锁也可称为读锁,可以理解为为了读而需要加的锁;相应地,排他锁也称为写锁,可以理解为为了读而加的锁。

① 共享锁(读锁)。

若事务 T 对数据对象 A 加上共享锁,则其他事务只能再对 A 加共享锁,而不能加排他锁,直到 T 释放 A 上的共享锁。

这样一种机制使得多个事务可同时查询相同的数据对象,但在获取数据时,任何其他事务都不能对正被获取的数据进行修改。因为执行修改操作 UPDATE、INSERT 或 DELETE 时 MDL 自动会加排他锁,而由于这些数据对象已加上共享锁,因此加锁失败。默认情况下,UPDATE 会等待共享锁的解除,即会等待查询语句执行完毕后继续执行。

② 排他锁(写锁)。

若事务 T 对数据对象 A 加上排他锁,则允许 T 读取和修改 A,而其他任何事务都不能再对 A 加任何类型的锁,直到 T 释放 A 上的锁。排他锁通常用于对数据对象的修改操作,如 INSERT、UPDATE 和 DELETE。在执行这些命令时,MDL 会给相关的数据对象加上排他锁,一旦数据修改完毕,自动解除排他锁。

这样一种机制使得一个事务在对数据对象进行修改时,任何其他事务都不能对该数据对象进行查询和修改,原因是其他事务无法再加共享锁或排他锁。

一般地,MySQL 的查询语句的执行不会给相关行加任何类型的锁,如果要加锁则必须在语句中指定。如果给相关行加排他锁,语句最后加 FOR UPDATE 短语;如果加共享锁,则语句最后加 LOCK IN SHARE MODE。可使用以下步骤模拟效果。

第一步,使用 MySQL 的任意一个客户端程序启动两个连接。

第二步,在第一个连接中输入以下命令:

```
SET AUTOCOMMIT = 0;
START TRANSACTION;
SELECT * FROM Student WHERE StdId LIKE '19 % ' FOR UPDATE
```

第三步,在第二个连接中执行以下语句:

```
UPDATE Student SET StdName = '王名' WHERE StdId = '19001';
```

该语句执行处于等待状态,原因是第一个连接数据对象加了排他锁。

第四步，切换到第一个连接，执行 COMMIT 或 ROLLBACK，则切换到第二个连接，此时发现查询结果被返回，原因是第一个连接的事务结束，排他锁被释放。

可以继续以下测试：

如果第二个连接执行的不是对 Student 表的 UPDATE，而是 SELECT，此时发现程序结果马上被返回，这说明 MySQL 在执行 SELECT 语句时，并不会对 Student 表加任何锁，不论是何种隔离级别下都是如此。

如果第一个连接执行的是 UPDATE 语句，条件是 StdId='19001'，则第二个连接如果也对该行 UPDATE 时，在第一个连接结束事务前会等待，直到前一个事务结束，如果第二个连接修改的是其他行，则不会影响即刻运行，说明 UPDATE 语句并没有对整个数据表加锁，而只是给符合条件的行加了锁，这就引出了锁对数据对象的封锁粒度的概念。

(2) 锁的封锁粒度。

数据库管理系统加锁的对象可以是数据的逻辑单元或物理单元。逻辑单元可以包括列、行、表、索引及整个数据库。物理单元包括页(数据页或索引页)和块等。封锁对象的大小称为封锁的粒度，在一个系统中同时支持多种封锁粒度供不同的事务选择称为多粒度封锁。封锁粒度越大，系统被封锁的对象就越少，系统并发度也越小，系统开销也越小。

选择封锁粒度要根据处理数据覆盖的范围来定，如需要处理大量数据表且牵涉大量行的事务可以封锁数据库；需要处理少量表大量行的事务可以封锁这些数据表，而只处理少量行的事务可以只封锁行。MySQL 锁根据其封锁粒度主要有以下几种。

① 全局锁。

全局锁对整个数据库加锁，命令为：

```
FLUSH TABLES WITH READ LOCK
```

当需要让整个数据库处于只读状态时，可以使用这个命令，之后所有对数据库的修改语句的提交均被阻塞。当要做全数据库逻辑备份时可进入该状态。

② 表级锁。

表级别的锁有两种：一种是通过命令施加的表锁；另一种是系统在进入某种操作时自动施加的元数据锁(MDL：META DATA LOCK)。

命令施加表锁的语法是：

```
LOCK TABLES TableName READ|WRITE[, TableName READ|WRITE] ...
```

释放锁的命令是：

```
UNLOCK TABLES
```

在客户端断开时会自动释放会话期间加的所有锁，也可以用 UNLOCK TABLES 命令释放所有锁，LOCK TABLES 除了会限制别的线程的读写锁定的表，也限定了本线程接下来的操作对象。如果一个连接会话 A 中执行：

```
LOCK TABLES Student READ
```

则其他连接会话可读 Student，写 Student 将被阻塞，包括会话 A 在释放锁之前也只能读 Student，写 Student 也将会被阻塞。如果一个连接会话 A 中执行：

```
LOCK TABLES Student WRITE
```

则连接会话 A 可读写 Student 表,而其他连接会话读写 Student 表都会被阻塞。

另一类表级的锁是 MDL(元数据锁),MySQL 使用 MDL 处理对数据库的并发存取以确保数据的一致性。MDL 不需要显式使用,在操作一个表时会自动加上合适的锁。

③ 行级锁。

MySQL 的行锁是由各个引擎来实现的,并不是所有的引擎都支持行锁,InnoDB 支持行锁,但 MyISAM 引擎不支持行锁。

行锁就是限于数据表中行的锁,如事务 A 更新了某一行,而同时事务 B 也要更新同一行,则必须等事务 A 的操作完成后才能进行更新。

④ 间隙锁。

为了防止幻读,MySQL 的 InnoDB 数据库引擎引入了间隙锁,当进行附加共享或排他锁的带索引值条件的检索时,除了给符合条件的行加锁外,对于索引值在某条件范围内但并不存在的记录,也会对这个称为“间隙”的条件范围加锁,这个范围的值不允许插入索引列或索引列不允许被修改为这个范围的值,这种锁机制就是所谓的间隙锁。

通过以下测试理解间隙锁。

【例 7-29】 在一个连接中执行(假设 StdId='19007'在 Student 表中并不存在):

```
START TRANSACTION;
SELECT * FROM Student WHERE StdId = '19007' FOR UPDATE;
```

可以理解程序时对主码值是否存在的判断。

在第二个连接中执行:

```
INSERT INTO Student(StdId)VALUES('19007');
```

发现被阻塞,这就保证了第一个连接的第一次运行结果中不存在的行,在事务后面再次读依然不会存在,添加这个“19007”键值的行也不会引起主键冲突,即解决了之前描述的幻读的问题。

第一个连接执行 COMMIT 或 ROLLBACK 后,第二个连接若在超时时间内,会解除阻塞,自动执行。

第一个连接如果不是一个事务(SELECT 仍包含 FOR UPDATE),或者是一个事务,但 SELECT 语句中没有 FOR UPDATE 加排他锁,将都不能阻塞第二个连接的执行。前者是因为不是一个事务 SELECT 瞬间执行完成后就解锁了;后者是 SELECT 语句中没有对符合条件的行加锁(尽管这行并不存在,从这点可以理解间隙锁的“间隙”概念)。

为更好地理解“间隙”的概念,继续做以下测试(假设 Student 表中存在“19005”和“19018”两个键值行,没有行取这两个键值之间的值)。

第一个连接执行不变,第二个连接执行:

```
INSERT INTO Student(StdId)VALUES('19006');
```

发现同样被阻塞。原因是系统把 Student 表中 StdId 的存在的键值作为区间的端点,假设有 n 个点就得到 $n+1$ 个左开右闭区间,其中“19007”所在的区间就是('19005','19018'],第一个连接的 SELECT 语句锁定的是这个区间的值,所以'19006'插入也被阻塞。

第二个连接换成:

```
INSERT INTO Student(StdId)VALUES('19010');
```

该语句即刻成功执行(假设原来没有 StdId='19010'的行)。

如果第一个连接的 SELECT 语句的条件是'19005',该值为区间的端点,则锁定的区间根据其索引的不同而不同。对唯一性索引(上例主码一定是唯一性索引),则不再产生间隙锁,就仅仅在该行上加行锁;对非唯一性索引,则其前后两个区间的值均将被锁定。

对本例,如果第一个连接执行:

```
START TRANSACTION;
SELECT * FROM Student WHERE StdId = '19005' FOR UPDATE;
```

则第二个连接由于 StdId='19005'的行被锁定,自然不能修改删除该行,但可以插入 StdId 为其他值的行(只要主码不能重复)。

第3篇
数据库应用程序界面和中间层设计

本篇主要介绍数据库应用程序的界面和中间层的设计与开发方法，涵盖在客户端/服务器(C/S)结构下，采用两种不同的数据库访问技术进行界面设计和开发的基本步骤。第8章详细阐述了数据库应用程序的体系结构，并通过实际案例展示了可视化程序设计的一般方法。此外，还简要介绍了客户端程序访问数据库时所使用的主要技术。第9章则专注于C/S结构下的断开式数据库应用程序开发技术，使用.NET作为编程语言。通过一个典型的实例，深入讲解了ADO.NET的使用及其在数据库应用程序设计中的应用，特别是与界面设计相关的技术。

第8章　数据库应用程序开发技术概述

完成了数据库的设计，接下来的任务是设计和实现一般用户经过简单培训就能理解和操作的界面，通过这些界面用户完成对数据库数据的访问，即完成对数据库中数据的维护和查询。要完成上述工作，需要完成以下三个任务。

第一个也是最主要的任务是提供友好的供用户操作的界面。在 Windows 操作系统下，界面可能是一个个窗口，也可能是使用浏览器(IE)打开的一个个页面。用户通过界面修改或查询数据库中的数据。

第二个任务是对用户在界面上输入的数据以及将存入数据库中的数据进行必要的逻辑判断或转换，或对从数据库中取出的数据进行一定的加工整理，然后显示在界面上。

第三个任务是完成对数据库的访问，必须把经过处理的用户在界面(窗口或页面)上输入的数据在需要保存时存储到数据库中，同时把用户需要查询的数据从数据库中取出，同样经过处理后显示在界面上。

数据库应用程序基本的结构框架如图 8-1 所示。

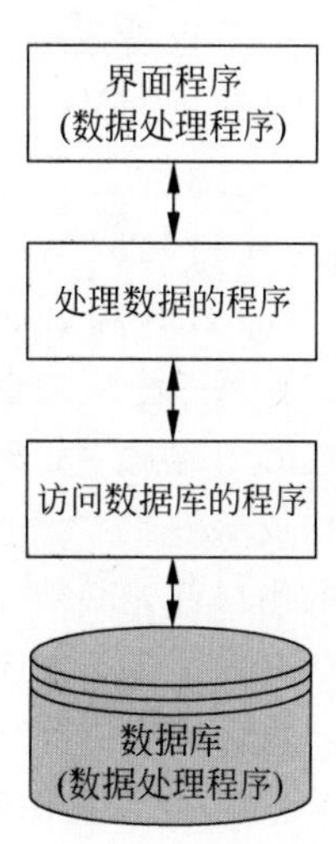

图 8-1　数据库应用程序基本的结构框架

实现这三个任务所采用的技术和方法取决于所开发的数据库应用系统采用的体系结构，不同的体系结构，其技术和方法存在较大差异。

8.1　数据库应用系统的体系结构

数据库应用系统的体系结构分为两大类：一类称为客户机(Client)/服务器(Server)结构，简记为 C/S 结构；另一类为浏览器(Browser)/服务器(Server)结构，简记为 B/S 结构。两者最主要的差异在于对图 8-1 中界面的实现方式上。

(1) 客户机和服务器。

在计算机领域里，无论是软件或硬件，凡是提供服务的一方称为服务端或服务器(Server)，而接受服务的另一方称为客户端或客户机(Client)。如在 SQL Server 中，启动后的服务管理器就是一个服务器，查询分析器就是一个客户端。作为客户端的查询分析器提供一个输入 SQL 语句的界面，并负责把 SQL 语句提交给数据库服务器，数据库服务器编译并执行被提交的 SQL 语句，并把执行结果返回查询分析器。这里，数据库服务器作为服务器为查询分析器客户端提供了编译、运行 SQL 语句并返回执行结果的服务。

(2) 浏览器和 Web 服务器。

随着 Internet 技术的出现,必须提供一个具有统一界面的软件,用来浏览世界各地的 Internet 服务器上提供的信息,这个软件就称为浏览器。目前被普遍使用的浏览器有 IE (Internet Explore)、FireFox 等。

浏览器负责向服务器发出请求和显示从服务器获得的信息,把浏览器中显示这些信息的界面称为页面。

随着 Internet 的发展,浏览器不再仅仅是浏览信息的阅读器,而是已经发展成为一个功能强大的具有依据服务器提供的信息产生界面(页面)以及进行界面(页面)控制的软件。其工作的基本原理是:由浏览器向服务器发出请求(通常以网址形式),服务器以某种标准的格式(如 HTML)返回页面信息,浏览器获得这些页面信息后对其解释并显示页面,用户在此页面下查看或输入数据,完成后把输入的数据提交给服务器,服务器根据用户提交的数据,把新的页面信息返回给浏览器,如此往复。

响应浏览器页面请求的服务器称为 Web 服务器,其产品有 Microsoft IIS、BEA WebLogic、Tomcat 和 IBM WebSphere 等。

(3) C/S 和 B/S 结构。

如果一个应用系统或子系统由客户端的软件系统和服务端软件系统两大部分组成,就构成 C/S 结构;如果一个应用系统或子系统只有服务端软件系统,客户端使用的是浏览器,就构成 B/S 结构。换句话说,C/S 结构必须专门开发客户端的应用程序,所有需要使用系统的用户首先必须安装客户端的应用程序,而 B/S 结构则不需要开发客户端应用程序,只需要开发服务端的应用程序,客户端只要使用浏览器就可使用系统。C/S 和 B/S 结构的主要特点和区别表现为以下几方面。

① 界面和操作的特点。B/S 结构的界面就是浏览器中显示的页面,其美观程度以及操作的便捷性受制于浏览器的功能,无法满足对界面以及操作的某些特殊需求。例如,超市或商场的收银系统几乎全部使用的是 C/S 结构,收银过程必须使用键盘以及对操作的快捷性需求很难使用浏览器的页面来实现。

② 访问数据库的效率。B/S 结构相对于 C/S 结构,对数据库的访问,一般总是要多一个环节。在最简单的体系结构下,客户端程序可直接访问数据库数据,而 B/S 结构则必须通过 Web 服务器,所以 B/S 结构在同等条件下对数据访问请求的响应速度要低于 C/S 结构。

③ 系统的开发、安装、扩展和维护。由于 B/S 结构的客户端不需要专门的客户端程序,而只需要一般操作系统都包含的浏览器,系统的开发、安装、升级以及维护等全部工作均只需要在服务器上进行,这种便利性是 C/S 结构的软件系统所无法比拟的。对 C/S 结构的软件系统,必须为每个客户端安装和维护客户端应用程序、安装访问数据库所必需的驱动程序以及对系统进行适当的配置,而服务器和客户端以及客户端和客户端之间的地理位置有时可能相差很远,或者甚至在异地。B/S 结构可以大大减轻为用户安装、维护与升级系统的成本。

④ 硬件资源的利用率。采用 B/S 结构,客户端只完成页面的显示以及数据的输入等简单功能,绝大部分工作集中在服务器,所以服务器的负担很重,必须具有较高的性能,而即使客户机有很好的性能,在 B/S 结构下也无法得以利用。采用 C/S 结构时,一部分的数据处

理任务可以由客户机来完成，由此可以减轻服务器的压力。

(4) 多层结构和应用服务器。

对数据库应用程序而言，最简单的C/S结构为两层结构，即客户端和数据库服务器。对照图8-1，处理数据的程序一部分可以在客户端完成，一部分可以在数据库服务器端完成。而最简单B/S结构则为三层：第一层为客户端；第二层为Web服务器；第三层为数据库服务器。对照图8-1，界面由第一层和第二层产生，数据处理程序一部分在Web服务器中完成，一部分可以在数据库服务器中完成。

上述最简单的C/S结构和B/S结构中，数据处理程序或存在于与界面相关的程序中，或存在于数据库中，希望把数据处理程序从界面程序或数据库中分离出来，使得当业务逻辑改变时不需要或尽可能少地去改变界面程序或数据库，而当界面程序需要改变或数据库需要改变时，不改变或尽可能少地改变反映业务逻辑的数据处理程序。

把数据处理程序从界面程序或数据库中分离出来的另一个好处是可以解决软件的重用问题以及系统的分布异构问题。在采用了一种称为中间件技术的应用服务器的软件平台上，编写并发布反映业务逻辑的数据处理程序，不同的软硬件以及网络环境下的客户端用户都可以调用这些部署在应用服务器上的程序。

部署在应用服务器上的程序也可以被另一个应用服务器调用，由此，可以把复杂的业务逻辑按某种规则划分为若干部分，分别部署在不同的应用服务器上，以减轻负载。这样就可以形成*N*层的体系结构。

多层体系结构的每一层，并不一定要对应不同的计算机，应用服务器可以和数据库服务器安装在一台计算机上，甚至还可以包括Web服务器，极端情况下，所有服务器软件包括客户端程序均可在一台计算机上协作运行，这对开发者或学习者很有用，在一台计算机上完成所有各层程序的开发和调试，然后可以很容易地把它们部署到不同的硬件环境中。

应用服务器的产品有IBM WebSphere和BEA WebLogic等。

8.2 可视化程序设计概述

对C/S结构，图8-1中的第一个任务所涉及的技术就是可视化程序设计技术，几乎所有的主流高级语言都有相应的可视化程序设计的平台，在界面设计阶段，程序设计者只需要选择平台提供的可视化控件，放入要设计的窗口上，根据需要为控件设置相关的属性(控件的位置、外观等)，然后就可运行该窗口程序，就能看到和设计阶段完全相同的窗口以及窗口中包含的控件，这就是所谓的所见即所得。

事实上，在设计阶段放入窗口的控件以及设置的属性，均被自动转换为程序，计算机运行的依然是程序，只是这些程序由开发平台自动生成。

但平台能生成的程序是有局限的，通常是一些标准化的内容，如控件的外观、控件的操作特性和数据来源等。对于控件所表示的数据之间的逻辑关系，必须通过开发人员编写程序来实现。如有三个分别表示一个商品销售的价格、数量和金额的文本框控件，要求输入或改变价格或数量时，金额的显示与之同步，其满足的关系为：金额=价格×数量。

在可视化程序设计中，一个完整的应用程序的框架以及控件的显示和部分控制程序由系统自动生成，所以开发者只需要在合适的地方编写程序的片段，完成某个局部的功能。可视化的工具为每个控件定义了一系列的事件(Events),开发者可以在事件中编写程序,这些程序在事件发生时被调用。如所有控件都有一个 Click 事件,该事件对应的程序在单击该控件时被调用。

如为了实现上面所述的三个文本框数据必须满足的关系,可以在价格和数量的文本框的“数值变化”的事件中输入反映关系“金额文本框数值=价格文本框数值×数量文本框数值”的程序,这样,只要价格和数量发生变化,金额文本框中的数据就会按此关系同步发生变化。

各种语言的可视化程序设计的开发平台由软件开发商提供,如微软开发了基于 Basic、C++等语言的 Visual Studio 开发环境,后继又推出了.NET,在.NET 中又引入了结合了 C 语言和 Java 语言优点于一身的 C#语言。先前的 Borland(已被并购)公司开发了基于 C++语言的 C++ Builder、基于 Java 语言的 JBuilder 和基于 Object Pascal 语言的 Delphi 可视化开发环境,Java 的可视化开发工具还有 IBM 等多家公司共同参与开发的 Eclipse 等。

8.3 可视化程序设计实例

下面使用 Microsoft Visual Studio 2018(.NET)平台和 C#语言,通过一个实例来说明可视化程序设计的完整过程。

【例 8-1】 要求设计如图 8-2 所示的界面,完成两个数的四则运算,即在两个文本框中输入两个操作数,选择下拉列表框中的四则运算符,单击“=”按钮,在结果文本框中显示两个操作数的运算结果。

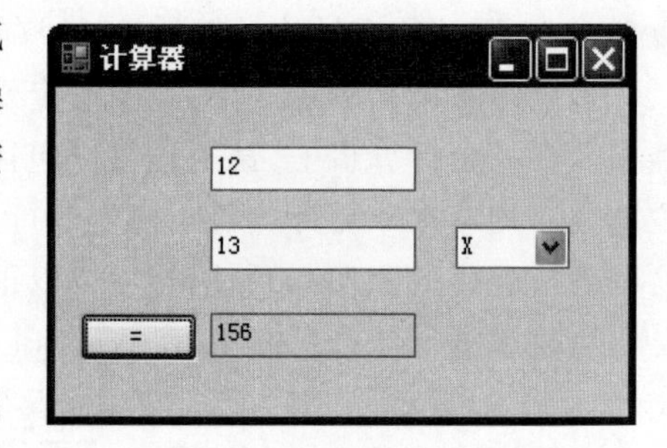

图 8-2 简单的计算器界面

设计这个界面的操作步骤如下。

(1) 新建项目和窗口。

操作:选择 File→New→Project 菜单,在弹出的对话框中,Project Types(项目类型)选择 Visual C#/Windows,Templates(模板)选择 Windows Forms Application(Windows 窗口应用程序),在 Location(位置)中单击 Browse(浏览)按钮,选择存放应用程序的目录。

通常一个 Project 对应一个应用程序,一个 Windows 的窗口应用程序至少包含一个 Form(窗口),所以新建项目后,系统自动创建一个空白的窗口 Form1。

(2) 在窗口上放入控件。

操作:单击 Microsoft Visual Studio 窗口左侧的 ToolBox(工具栏),根据上面的界面要求,选择工具栏中的控件放到窗口(Form1)中的合适位置上,需要安放的控件包括三个 TextBox(文本框)、一个 ComboBox(下拉列表框)和一个 Button(按钮)。

在窗口上放入控件的同时,.NET 生成了相应的程序,右击 Solution Explorer(解决方案浏览器)中 Form1.cs 下的 Form1.Designer.cs,选择 View Code(显示代码)菜单,可以看到生成的完整的程序。

(3) 设置窗口和控件属性。

操作:设置属性的方法有两种。对某些属性如窗口和控件的大小、位置,可以使用鼠标或键盘操作进行可视化的改变，操作方法和 Windows 操作系统中改变 Windows 窗口的大小和位置的方法相同。另一种方法适用所有控件的属性设置，就是右击需要设置属性的控件，在弹出的快捷菜单中选择 Properties(属性)菜单，在 Properties(属性)窗口中将列出这个控件的所有属性，设计者可以在此窗口中对列出的所有属性进行设置(选择或输入)。

本例需要设置的内容如下。

① 控件位置和大小设置：参考图 8-2 改变窗口的大小及窗口中各控件的位置和长度。

② 窗口标题设置：改变窗口的 Text 属性为“计算器”，即改变窗口的标题。

③ 窗口位置设置：设置窗口的 StartPosition 属性，选择 CenterScreen，窗口打开后将居中。

④ 下拉列表框中选项设置：设置 ComboBox 的 Items 属性，单击该 Collection(属性值)右侧的小按钮，在弹出的 String Collection Editor 对话框中分行输入“＋”“－”“X”“/”，这些就是下拉列表框的选项。

⑤ 只读属性设置：设置最下面显示运算结果的 TextBox 的 ReadOnly 属性为 True，使该 TextBox 无法输入。

⑥ 控件的 Text 属性设置：设置按钮的 Text 属性为“＝”。

⑦ 设置下拉列表框的默认选择：设置下拉列表框的 Text 属性为“＋”。

⑧ 所有控件的 Name(名称)属性设置：尽管系统自动以控件名加编号为控件取了默认的名称，但在程序中，若使用默认名称引用这些控件，为程序的编写带来不便，完成后的程序可读性差，所以修改这些名称使之符合控件实际的含义是一种良好的编程习惯。对图 8-2 所示界面上所有控件的名称属性做如下修改：Form1 修改为 Frm_Calculator，最上面的 TextBox1 修改为 tb_Num1，中间的 TextBox2 修改为 tb_Num2，下面的 TextBox3 修改为 tb_Result，按钮修改为 tb_Equal，下拉列表框修改为 cb_Operator。

控件属性的设置同样被自动生成程序，以上属性设置后，可以打开 Form1. Designer. cs，所有的属性设置均能在该源程序中找到对应的程序。

(4) 编写程序(事件)。

最后需要完成程序的编写，该程序在单击“＝”按钮后执行，程序根据下拉列表框中选择的运算符，对 tb_Num1 和 tb_Num2 中的数值进行计算，然后把计算结果显示在 tb_Result 中。

```
Double Num1,Num2,Result = 0;
Num1 = Convert.ToDouble(tb_Num1.Text);
Num2 = Convert.ToDouble(tb_Num2.Text);
switch(cb_Operator.Text)
{
  case " + ": Result = Num1 + Num2; break;
  case " - ": Result = Num1 - Num2; break;
  case "X": Result = Num1 * Num2; break;
  case "/": Result = Num1 / Num2; break;
}
tb_Result.Text = Result.ToString();
```

程序首先定义了三个变量，分别用于存放两个操作数和一个计算结果，文本框控件中的内容可以通过其属性 Text 读取或设置，其类型为字符串，字符串无法进行四则运算，所以必须把它转换为数值。Convert 是一个类，其中提供了各种数据类型转换的方法，其中 ToDouble 则把参数转换为 Double 型。Switch 语句依据下拉列表框 cb_Operator 的当前选项，对 Num1 和 Num2 进行计算，并把计算结果赋给 Result。最后把 Result 转换为字符串赋给文本框 tb_Result 的 Text 属性，即在该文本框中显示运算的结果。

(5) 运行和调试程序。

新建一个项目后，不做任何设置和编程，就可以单击"运行"按钮，运行结果将出现一个空白的窗口，单击窗口右上方的"关闭"图标，就可关闭窗口，结束程序的运行。这一切都是由开发平台生成的程序来完成的。

在窗口中加入控件后，或在事件中编写程序后，时刻都可以单击"运行"按钮验证控件设置的效果和程序的正确性，事实上，在运行程序前，系统首先要对生成的和编写的源程序进行编译和连接，产生可运行的目标代码或机器代码，如果存在错误，系统会把所有的错误列在错误窗口中，一般双击某个错误，系统自动会把光标定位到产生错误的代码上，供开发者修改。

编译或连接错误通常分为两种：一种为错误(Error)；另一种为警告(Warning)。只要存在一个错误，目标代码或机器代码就无法生成，程序就无法运行，所以必须排除所有错误。警告则不影响目标代码或机器代码的产生，也不影响程序的运行，但运行过程中可能存在潜在的发生错误的可能。

除了编译或连接可能产生错误外，程序运行后也可能发生错误：一种错误是由于程序控制出了问题，如死循环、两数相除分母为零或数组下标溢出等；另一种错误是算法出了问题，使程序运行后的结果和预期不一致。对这种运行错误，系统无法自动来定位错误代码，通常的方法是让程序运行到某些关键位置处停下来，观察一下某些变量的值是否符合预期，为此，所有的可视化开发平台基本都提供以下三种程序运行的跟踪方法。

① 运行到光标处(Run to Cursor)：程序运行到光标处暂停。

② 断点(BreakPoint)跟踪：在程序中可以设置若干的断点，程序运行到这些断点处将暂停。

③ 单步跟踪(Step Trace)：每次运行一个语句，单步跟踪分两种。一种为 Step Over，若当前语句中包含了方法(子程序)，则完整执行这些方法(子程序)后停在当前语句的后一语句；另一种为 Step Into，若当前语句中包含了方法(子程序)，将跟踪到方法(子程序)的第一个语句上。单步跟踪通常使用系统提供的热键来控制。

程序运行暂停后，可以通过在窗口中观察此时变量的值，由此判断程序运行到此是否正确。找到错误原因后，可以终止程序的运行。

8.4 数据存取技术

图 8-1 中的第三个任务所涉及的技术就是数据存取(访问)技术，早期的数据库存取技术是为特定的开发语言提供一套访问某个数据库的函数库，不同的数据库和不同的开发语言各自均有不同的函数库，其函数的定义和使用函数对数据库的访问方式也各不相同。为了使应用程序对数据库的访问不依赖于具体数据库管理系统，必须提供一种访问数据库的标准，即无论采用何种语言，都可以在此标准下，以一种统一的方式访问任意类型的关系数

据库。

(1) ODBC。

1992年，Microsoft和Sybase、Digital公司共同制定了开放的数据库互连(Open Database Connectivity，ODBC)的标准接口。ODBC提供了一组访问数据库的标准应用程序编程接口(Application Programming Interface，API)，这些API利用SQL来完成其大部分任务。一个基于ODBC的应用程序在需要访问数据库时，只需要调用ODBC提供的标准API函数，由统一的API函数再去调用具体某个数据库管理系统所对应的ODBC驱动程序。标准化的API使得应用程序能以统一的方式访问各种类型的数据库。ODBC结构如图8-3所示。

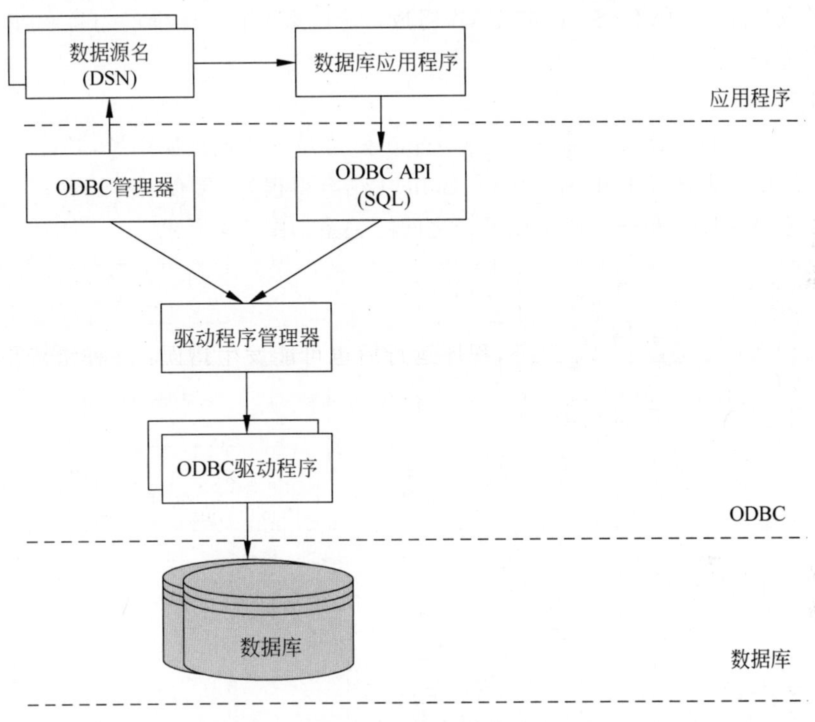

图8-3　ODBC结构

使用ODBC的第一步是使用ODBC管理器设置数据源，数据源设置中通常包含以下内容：数据库管理系统的驱动程序、数据库服务器、登录数据库服务器的用户名和密码以及数据库名称等。应用程序通过数据源名称调用ODBC的API。

Windows操作系统包含了一个ODBC管理器，以及部分数据库的ODBC驱动程序。进入Windows控制面板中的管理工具，选择“数据源(ODBC)”，就可以进行数据源的设置。

(2) OLE-DB和ADO。

ODBC仅支持对关系数据库的访问，并且以C/C++语言的API形式提供服务，而OLE-DB(OLE，Object Linking and Embedding，是一种面向对象的技术，利用这种技术可开发可重复使用的软件组件COM)则不仅支持对关系数据库的访问，也能以一致的方式支持对非关系数据的访问，如Email、目录服务或Excel文件。OLE-DB定义了统一的组件对象模型(COM)接口作为存取各类异质数据源的标准，并且封装在一组COM对象中。当访问关系数据库时，OLE-DB仍然使用ODBC。

由于 OLE-DB 是通向不同的数据源的低级应用程序接口，使用起来比较复杂，并且不能被不支持指针类型的语言如 VB 调用，因此微软同样以 COM 技术封装了 OLE-DB 的大部分功能为 ADO(ActiveX Data Object)，通过 ADO，使用包括 VB 在内的高级语言能方便地访问关系数据库以及各种非关系型数据。

(3) ADO.NET。

ADO.NET 是微软专门为.NET 框架设计的数据访问模型，通过它可以访问关系和非关系数据，它与 ADO 一样具有方便易用的特点，但更具备了 ADO 所不具备的特点：断开式的数据访问模型、与 XML 的紧密集成以及与.NET 的无缝集成。

ADO.NET 支持多层结构应用程序的开发，对能访问的数据源具有扩展的能力，其主要由数据提供程序和 DATASET(数据集)组成，关于该技术更详细的内容和使用方法，在第 9 章中有进一步的说明。

(4) BDE。

BDE(Borland Database Engine)是 Borland 公司开发的数据库引擎，功能类似 ODBC，与其推出的软件开发产品 Delphi 和 C++ Builder 结合得很好，具有很高的效率。

上述数据访问技术和开发语言或平台之间的关系如图 8-4 所示。

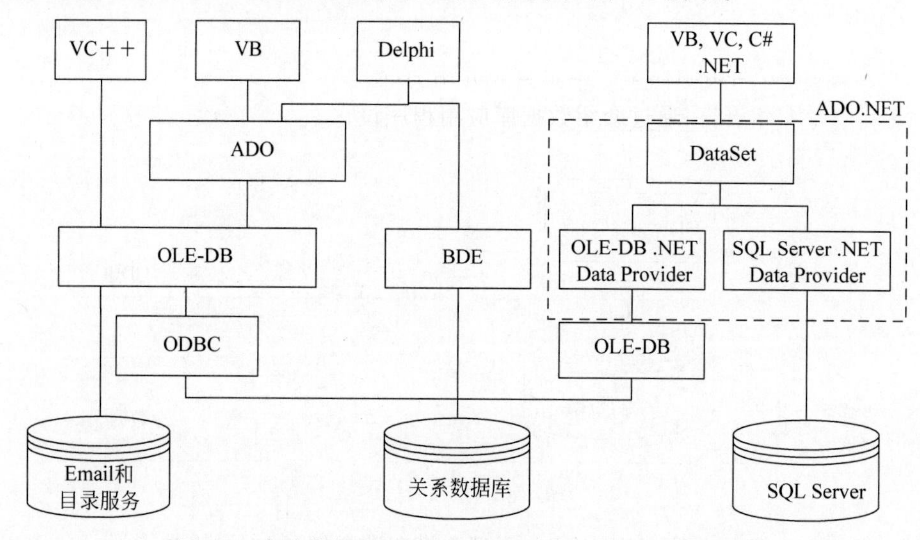

图 8-4　各种数据访问技术和开发语言或平台之间的关系

第 9 章　C/S 结构断开式数据库应用程序设计

断开式数据库应用程序采用断开式的数据访问模式访问数据库。这种模式的最大特点是仅在需要时连接数据库：当用户请求访问数据库数据时，通过网络连接数据库并一次把需要处理的数据提取到本地内存中，用户对内存中的数据进行编辑修改，此时用户对本地内存中数据的操作不再依赖于网络以及对数据库的连接，用户操作完成后，再通过网络连接数据库，用修改后的本地数据更新对应的数据库中的数据。

这种断开式的访问模型大大降低了对网络资源的需求，提高了系统的稳定性，即网络的短时故障可能不会影响用户的当前操作，这是断开式数据访问模型和在线式数据访问模型的主要区别之一。

微软在其推出的软件开发平台.NET 中引入了全新的数据访问模型 ADO.NET，其采用的就是断开式的数据访问模型。本章首先介绍 ADO.NET，之后将使用 Microsoft Visual Studio 2018 以及 C# 语言，通过介绍数据库应用程序设计中与界面设计相关的技术。

9.1　ADO.NET

要实现断开式的数据访问，必须实现以下四个任务。

(1) 构建一个和数据库结构类似的类。其中可以包含表(Table)、行(Row)、列(Column)、主码以及其他约束(Constraint)，通过该类对象存放从数据库中取得的数据以及约束条件，在 ADO.NET 中，该类就是 DataSet。

(2) 确定 DataSet 中数据的结构。由于通常 DataSet 中数据表的结构和约束与数据库中对应表是一致的，因此.NET 框架提供了一种把数据库中的数据结构信息导出到一个 XML 文件，然后依据 XML 文件中的结构信息构建 DataSet 类的机制。

(3) 完成数据库数据与 DataSet 数据之间双向的交互。一方面，要把数据库中数据放入 DataSet，也就是通过执行 SELECT 查询语句，把查询的结果放入 DataSet；另一方面，用户在对 DataSet 数据修改后，要用 DataSet 中的数据更新数据库，就是要根据 DataSet 中数据的修改情况，用 INSERT、UPDATE 和 DELETE 语句更新数据库。在 ADO.NET 中，提供了一个专门用来完成这个任务的 DataAdapter 类，它包含了一个从数据库获取数据填充 DataSet 的 Fill 方法和用 DataSet 数据更新数据库数据的 Update 方法。

(4) 实现数据库的连接和 SQL 命令的提交。.NET 分别提供了 Connection 和 Command 两个类，DataAdapter 就是通过这两个类提供的功能连接和提交 SQL 命令。

ADO.NET 的基本结构如图 9-1 所示。其中包含的 DataReader 和 DataReaderCollection，本书不做讨论。

另外，.NET 同时提供了 OLE-DB 和 ODBC 两种方式访问数据库，其对应的类名就是在图 9-1 中的类名前加上这两个前缀，如 OleDbConnection、OleDbDataAdapter 或 OdbcDbConnection、OdbcDataAdapter 等。

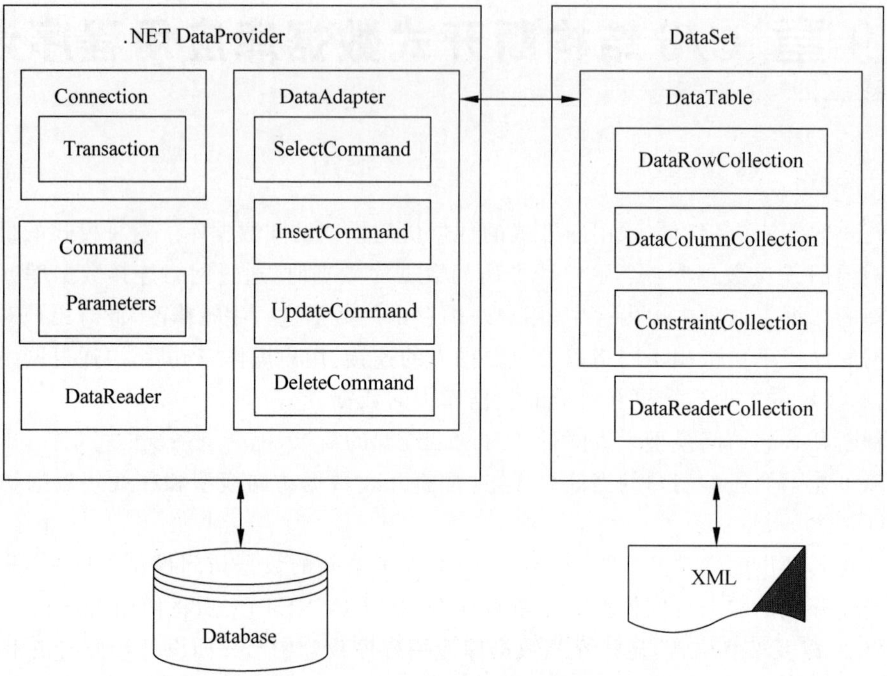

.NET DataProvider
Connection
Transaction
Command
Parameters
DataReader
DataAdapter
SelectCommand
InsertCommand
UpdateCommand
DeleteCommand
DataSet
DataTable
DataRowCollection
DataColumnCollection
ConstraintCollection
DataReaderCollection
Database
XML

图 9-1　ADO. NET 的结构

9.2　数据库应用程序界面设计实例

【例 9-1】　要求完成一个数据库应用程序，界面如图 9-2 所示，实现的功能如下。

图 9-2　典型的数据库应用程序界面

（1）对学生表信息的浏览、插入、修改和删除，学生信息包括学号、姓名、性别和所在班级，要求班级信息选自班级数据表。

（2）显示学生所选的选修课的课程名称和成绩，并且能对成绩进行修改，同时在界面上同步显示选修课的平均成绩，即平均成绩随各门选修课成绩的改变而同步改变。

（3）用户可取消对当前界面上的数据修改，也能取消进行"保存"操作后的所有修改。

（4）输入学生的学号，搜索定位该学号的学生并显示该学生的信息。

（5）预览并打印输出学生清单和学生成绩表。

9.3～9.6节结合数据库原理详细介绍了完成该应用程序的实现步骤。

9.3 创建项目和界面控件设置

启动Microsoft Visual Studio 2018，若为第一次进入，首先选择默认的环境设置，即选择Visual C# Development Settings，然后单击Start Visual Studio。

进入后，选择File→New→Project菜单新建一个项目，在弹出的对话框中，在Project Types（项目类型）中选择Visual C#/Windows，在Templates（模板）中选择Windows Forms Application。单击Browse（浏览）按钮选择新建的项目文件存放的位置，在Name（名称）文本框中输入项目的名称。

单击OK按钮后，.NET自动创建了一个空白的窗口（Form1），右击窗口，在弹出的快捷菜单中选择Properties（属性）菜单，在出现的Properties窗口中设置Form1的Text属性为"学籍和成绩"，Text属性为窗口的标题。StartPositon属性选择CenterScreen，该设置使窗口打开时位于屏幕的中央，属性窗口中的Name为该控件（对象）的名称而非属性，把默认的名称Form1改为Frm_Std_Grade。

窗口的Name（名称）修改后，属性窗口下拉列表框中该窗口名称就显示为新的名称，前缀Frm表示该控件是Form类型，控件改名而不使用其默认的名称是为了使引用这些控件的程序更容易编写和具有更好的可读性，程序员必须养成这种良好的编程习惯。

新建一个窗口后，与窗口相关的程序和信息将存放在若干文件中，可以通过菜单View（视图）打开Solution Explorer（解决方案浏览器）窗口，在该窗口中可以看到这些文件以默认的窗口名命名（Form1），右击Form1.cs，在弹出的快捷菜单中选择Rename（重命名）菜单，把名称改为Frm_Std_Grade，此时，所有相关的文件名均自动作相应的修改，其中，Frm_Std_Grade.Designer.cs存放的是系统依据用户在窗口上进行的可视化设计所生成的程序，Frm_Std_Grade.cs存放的是用户编写的程序。

接下来参考图9-2，把相关的控件放入窗口，并做位置和大小的调整，具体操作步骤如下。

（1）在ToolBox（工具箱）中选择Label放入窗口，连续放入四个Label，分别设置Label的Text属性为"学号："“姓名：”“班级：”“学号”，也可以放一个Label，然后使用复制（选中后按Ctrl+C组合键）和粘贴（Ctrl+V组合键）快速在窗口上得到另外三个Label。

（2）同以上方法，在窗口中放入四个TextBox，用于输入学号、姓名，显示平均成绩和输入搜索的学号，其Name分别可设置为tb_StdId、tb_StdName、tb_AvgGrade和tb_IdSearched，其中前缀tb表示这些控件是TextBox。设置tb_AvgGrade的ReadOnly属性为True。

(3) 在窗口中加入一个 ComboBox,其 Name 设置为 cb_Class。

(4) 在窗口中加入一个 GroupBox,设置其 Text 属性为“性别”,然后在 GroupBox 中放入两个 RadioButton,RadioButton 的 Name 属性设置为 rb_Male 和 rb_Female,其 Text 属性分别设置为“男”和“女”。对于一个 GroupBox 中的 RadioButton,当程序运行用户选中一个时,其他的将自动处于关闭状态。

(5) 在窗口中加入所有按钮,如表 9-1 所示设置各个按钮的 Name。

表 9-1　按钮的 Name

按　　钮	Name	按　　钮	Name
插入	tb_Insert	学生清单-2	tb_StudentList2
删除	tb_Delete	学生成绩 1	tb_GradeList1
取消	tb_Cancel	学生成绩 2	tb_GradeList2
复制	tb_Copy	第一行	tb_First
全部取消	tb_CacelAll	上一行	tb_Prior
保存	tb_Save	下一行	tb_Next
搜索	tb_Search	最后一行	tb_Last
学生清单-1	tb_StudentList1		

(6) 最后,在窗口中放入一个 Panel,设置其 BorderStyle 为 Fixed3D,为了使该控件不覆盖其他控件,右击该控件,在弹出的快捷菜单中选择 Send to Back 菜单,然后把如图 9-3 所示的相关控件拖入 Panel 中。

至此,得到了如图 9-3 所示的界面,界面设置基本完成,可以打开文件 Frm_Std_Grade. Designer. cs,在该文件中可以看到上面所有的界面设置所对应的程序。

图 9-3　界面设计

接下来的任务就是要实现界面数据与数据库中数据的交互,对程序员而言,可用两种方式实现这种交互:①程序设计方式。用户编写程序实例化 DataSet 等对象,设置属性,动态连接数据库,实现数据绑定、数据表关联等。②可视化设计方式。设计阶段通过添加开发平台提供的数据类的组件(包括 DataSet)和设置组件属性完成数据库的连接、数据绑定以及数据表的关联等,实际是由系统根据用户添加的组件以及对其设置的属性生成与数据交互相关的程序。这里采用程序设计方式实现界面数据与数据库中数据的交互。

9.4 以程序设计方式实现界面与数据库的交互

按以下步骤逐步完成界面功能。

(1) 连接数据库并使用简单绑定把学生表数据显示到界面上。

(2) 使用复杂绑定实现班级的选择。

(3) 实现对学生表的浏览功能。

(4) 实现对学生信息的插入、删除和当前界面上数据的取消功能。

(5) 实现界面上当前学生的各门学科成绩的显示。

(6) 实现对已修改数据的全部确认和取消功能。

(7) 实现平均成绩的动态显示。

(8) 实现根据主码(学号)检索学生信息。

(9) 实现对数据库中学生成绩的更新功能。

9.4.1 控件和数据库数据的交互机制概述

在.NET 中,界面控件和数据库中数据的交互机制如图 9-4 所示。

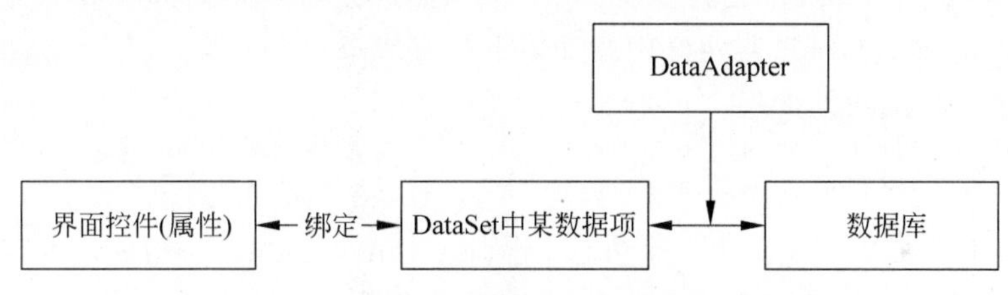

图 9-4 界面控件和数据库中数据的交互机制

(1) DataSet 和数据库的数据交互。由 DataAdapter 类提供的 Fill 方法,通过向数据库提交一个 SELECT 语句,把查询语句返回结果放入 DataSet 的 Table 对象中;反之,由 DataAdapter 类提供的 Update 方法,可以用 DataSet 中的数据更新数据库中的数据。前者比较简单,但后者相对复杂,并且依赖于前者,即系统必须记录在 DataSet 获取数据库中数据后,做了哪些修改,然后对数据库中的数据表做相应的修改(插入、更新或删除),修改的前提是要生成相应的 INSERT、UPDATE 和 DELETE 语句,关于这个内容,在 10.4.6 节中有详细的说明。

(2) 界面控件与 DataSet 数据的交互。.NET 提供一种称为绑定(Binding)的机制,即可以把界面控件的某个属性与 DataSet 中的某个数据项实施绑定,绑定后的结果是界面控件被绑定的属性值与 DataSet 中被绑定的数据项将自动保持同步,即只要属性值发生变化,对应 DataSet 中数据项也会变化,反之,DataSet 中数据项变化,则属性值也会变化。

通常,可以把控件的 Text 属性与 DataSet 中某个数据项绑定,其结果就是控件将显示数据项的值,并且用户在界面上通过该控件的输入(修改了 Text 属性),将直接反映到 DataSet 中的数据项,就如同直接在给 DataSet 中数据项赋值。

9.4.2 连接、加载和简单绑定——学生信息的显示

第一步要把数据库中学生表 Student 中的学号和姓名(对该表查询结果的第一行)显示在界面上学号和姓名的文本框中。

为此,首先要理解图 9-4 所示的.NET 中界面控件数据和数据库中数据进行交互的机制。

使用以上机制,要把数据库中数据显示在文本框中,首先要把数据库中数据加载到 DataSet 中,在使用 DataAdapter 中的 Fill 方法加载数据时,必须明确数据取自哪个数据库,在.NET 中,通过一个 Connection 类来实现对数据库的连接。

所以,把数据库中数据显示在界面上的一个文本框中的步骤为:

(1) 连接数据库:本实例数据库名称为 Demo(SQL Server)。

(2) 使用以上的连接把数据库中数据加载到 DataSet:加载数据表 Student。

(3) DataSet 中数据和控件的绑定:Student.StdId 和 tb_StdId 的 Text 属性绑定。

具体编程的步骤如下。

右击窗口,在弹出的快捷菜单中选择 View Code(显示代码)菜单,随即出现对文件 Frm_Std_Grade.cs 的编辑窗口。在该源程序文件中,已经生成了 Frm_Std_Grade 类的定义框架,由于使用的是 OleDb 模型访问数据库,因此在程序的首部加上:

```
using System.Data.OleDb;
```

然后在 Frm_Std_Grade 类定义中增加以下私有成员:

```
private DataSet dataSet;
private OleDbConnection oleDbConnection;            //用于连接数据库
private OleDbDataAdapter oleDbDataAdapter;          //用于加载和更新数据库
```

然后把以上三个步骤定义为三个方法,分别为 ConnectDB、LoadData 和 BindControls,程序如下,这些程序同样放在 Frm_Std_Grade 类的定义中。

(1) 连接数据库。

```
private void ConnectDB()
{
oleDbConnection = new OleDbConnection("ProvIder = SQLOLEDB.1;Integrated Security = SSPI;
Persist Security Info = False;Initial Catalog = Demo");
      oleDbConnection.Open();
}
```

说明:第一条语句实例化一个名为 oleDbConnection 的连接对象,其参数"ProvIder=SQLOLEDB.1; Integrated Security=SSPI; Persist Security Info=False; Initial Catalog=Demo"为连接数据库的连接字符串。该字符串可用以下方法获得:使用 Windows 资源管理器新建一个文本文件,然后把文件名改为 Demo.udl,双击该文件后将出现一个“数据链接属性”的设置窗口,通过该窗口中数据项的设置连接对应数据库,成功进行测试连接后,关闭该窗口,用记事本打开 Demo.udl,就可以得到连接字符串。

第二条语句实施连接,如果连接不上,将抛出错误,使用 try…catch 语句可获取错误并做出相应的控制。

(2) 加载数据到 DataSet。

```
private void LoadData()
{
    oleDbDataAdapter = new OleDbDataAdapter("SELECT * FROM Student", oleDbConnection);
        dataSet = new DataSet();
        oleDbDataAdapter.Fill(dataSet, "Student");
}
```

说明：DataSet 本身没有从数据库加载数据的功能，必须通过 oleDbDataAdapter 提供的 Fill 方法进行加载。第一条语句实例化一个名为 oleDbDataAdapter 的对象，第一个参数为从数据库加载数据时要使用的查询语句，后一个参数指定查询命令将提交哪个数据库。

第二条语句实例化一个 DataSet 对象，第三条语句提交数据库服务器执行"SELECT * FROM Student"，在 dataSet 中创建 Student 表(Table)，并插入查询结果。

(3) 控件属性和 dataSet 中数据的绑定。

```
private void BindingControls()
{
        tb_StdId.DataBindings.Add("text", dataSet, "Student.StdId");
        tb_StdName.DataBindings.Add("text", dataSet, "Student.StdName");
}
```

说明：第一条语句在 tb_StdId 的 DataBindings 中加入一个 Binding 对象，该 Binding 对象把文本框 tb_StdId 的 Text 属性和 dataSet 中 Student 表的 StdId 列绑定。

第二条语句把文本框 tb_StdName 的 Text 属性和 dataSet 中 Student 表的 StdName 列绑定，绑定的结果是文本框 tb_StdId 和 tb_StdName 中的值和 dataSet 中 Student 表的 StdId 和 StdName 值同步变化。

.NET 允许控件中的很多外观方面的属性可以和 dataSet 中数据表的列进行绑定，这为设计可定制界面的系统提供了极大的方便，只需要设计一个数据表，其中存放了控件的尺寸、位置、颜色、字体等数据，然后将这些数据列和对应的控件属性绑定，只要改变数据表中的这些数据，界面就会相应地发生变化。

以上三个方法可以在窗口的 Load 事件中被调用，在窗口的属性窗口中，单击事件(Envents)按钮，找到 Load 事件，双击右侧空白处，系统自动进入 Frm_Std_Grade.cs 的编辑窗口，光标被定位在已生成 Load 事件的对应方法的框架中，输入以下程序，这段程序，在窗口被加载时执行。

```
ConnectDB();
LoadData();
BindingControls();
```

单击"运行"按钮，在界面上将看到学生表中的第一名学生的学号和姓名显示在窗口中。

9.4.3 细述绑定

1. 复杂绑定——实现班级的选择

这里牵涉两张表的数据：一张是学生表 Student；另一张是班级表 Class。

首先"班级"下拉列表框中的选项应该取自数据表 Class 中的班名(ClassName)列，而选择后其对应的班号(ClassId)与学生表 Student 中的班号(ClassId)绑定。这就要使用

ComboBox 提供的复杂绑定机制。

首先要把数据库中班级 Class 表的数据加载到 dataSet 中，可以在原 LoadData 方法的程序后加下列程序：

```
oleDbDataAdapter.SelectCommand.CommandText = "select * from class";
oleDbDataAdapter.Fill(dataSet, "classes");
```

可以使用与加载 Student 表一样的方法加载 Class 表，由于 oleDbDataAdapter 对象不能被实例化两次，所以必须另外定义一个 oleDbDataAdapter 对象，但这样做的问题是明显的：必须为所有要加载的数据定义一个 oleDbDataAdapter 对象。

比较好的方法是在 oleDbDataAdapter 加载完 Student 表后，仍用它来加载 Class 表，在 oleDbDataAdapter 对象中需要改变的仅仅是加载数据所要使用的 SELECT 语句，上面的第一条语句完成的正是这项任务。在方法 BindControls 中增加下列程序实现下拉列表框 cb_Class 和 dataSet 中 Student 表和 Class 中列的绑定。

```
cb_Class.DataSource = dataSet.Tables["Class"];
cb_Class.DisplayMember = "ClassName";
cb_Class.ValueMember = "ClassId";
cb_Class.DataBindings.Add("SelectedValue", dataSet, "Student.ClassId");
```

第一条语句指定了下拉列表框的数据来自 dataSet 的 Class 表，后两条语句分别指定下拉列表框选项的数据来源为 Class. ClassName 和下拉列表框的值取自对应的 Class. ClassId，最后一个语句把下拉列表框的值即 Class. ClassId 和 dataSet 中的 Student. ClassId 绑定。

2. 绑定定位控制——学生信息浏览

前面对绑定含义的解释回避了一个问题：控件属性与 dataSet 中数据表的列绑定后，由于绑定的语句中只给出了控件的哪个属性和数据表的哪个列绑定，并没有给出属性值和绑定列的哪一行的数据对应，但控件属性在某一时刻只能对应该列的一行数据，属性值和 dataSet 中数据表的行是如何对应的？

这就需要一个类似指针的对象来明确数据表的当前行，属性值绑定的总是数据表的当前行的对应列。一个窗口中所有绑定到相同表的控件在某一时刻应该与数据表的同一行对应，因为一般不会出现也不希望出现一个窗口中学号显示的是某一行学生的学号，而姓名显示的却是另一行学生的姓名的情况。

一种方法是在 DataSet 的 Table 中维护一个指针对象，界面绑定的总是数据表中指针指向的行，但这样做的话，若多个用户同时共享一个 dataSet，在界面上看到的将是相同的行。

. NET 采用的处理方法是为一个窗口中与相同表绑定的控件的绑定对象（Binding）维护一个统一的指针，它定义了一个抽象类 BindingManagerBase，管理窗口中具有相同数据源和数据成员（即对应相同数据表）的绑定对象（Binding），其中包含了一个 Position 属性用来确定所有这些控件属性与数据表的哪一行对应。但一个窗口中不同的控件可能绑定到不同的数据表，所以. NET 为每个窗口对象引入了一个 BindingContext 对象，由该对象来管理窗口的 BindingManagerBase。

在窗口的四个“浏览”按钮（第一行、下一行、上一行和最后一行）的 Click 事件中分别输入以下程序，就可实现对界面上学生信息的浏览功能。

第一行：

```
this.BindingContext[dataSet, "Student"].Position = 0;
```

下一行：

```
this.BindingContext[dataSet, "Student"].Position+ = 1;
```

上一行：

```
this.BindingContext[dataSet, "Student"].Position- = 1;
```

最后一行：

```
this.BindingContext[dataSet, "Student"].Position = this.BindingContext[dataSet, "Student"].
Count - 1;
```

其中，this 也可以替换为 Frm_Std_Grade，this 表示对对象自身的引用，即表示窗口对象自身。this.BindingContext[dataSet,"Student"]为 BindingManagerBase 对象，由它管理窗口中所有和 Student 表绑定的控件的绑定对象(Binding)。如果将 TextBox 控件添加到某个窗口并将其绑定到数据集中某张表的某列，则此窗口的 BindingContext 对象会与之同步。

this.BindingContext[dataSet,"Student"].Count 为 Student 表的行数，此数据也可以用 dataSet.Tables["Student"].Rows.Count 来获得。

注意，Student 和控件的绑定方式不能写成下列形式，这将使窗口仅显示首行内容，而无法通过上述方式定位到其他行。

```
tb_StdId.DataBindings.Add("text", dataSet.Tables["Student"], "Id");
```

首行对应 Position＝0，当 Position＝0 时，再减 1 属性值将不变，同样，当 Position＝总行数－1 时，再加 1 属性值也不变。

需要注意的是，当绑定的列值与控件属性不匹配并且不能被自动转换时，如果这种情况出现在数据表的第一行，则运行绑定语句时将出现类型不能转换的运行错误；如果第一行不出现这种情况，而在其他行出现这种情况，则绑定语句将被成功执行，但当 Position 指向这些行时，Position 将拒绝改变。关于这点的进一步的说明将在后面介绍。

另一个需要注意的是，当被绑定的数据表为空时，绑定后 Position 为－1，此时运行过程中并不会发生错误，界面上与之绑定的控件属性将均为空，但属性值并不对应数据表的任何行，所以改变控件的属性值并不对数据表产生任何影响。

为此，考虑初始状态下数据表可能为空，所以绑定后应对数据表是否为空进行判定，若结果为空，则提示数据表为空，由用户确定是否要添加一个空行。

3. 绑定其他控制——学生信息的插入、删除和取消

控件属性和 dataSet 中数据表的列绑定后，属性值与 dataSet 中数据表当前行的列值将同步变化，利用绑定不需要写一行程序就实现了通过界面控件对 dataSet 中数据表的修改。

另外，.NET 利用绑定还提供了对 dataSet 中数据表的插入、删除和取消功能。

(1) 插入语句。

插入的语句为：

```
this.BindingContext[dataSet, "Student"].AddNew();
```

执行该语句后，dataSet 中的 Student 表中将插入一个新的空白行，Position 自动指向该行，所以界面与之绑定的控件也显示该行的空白信息。

需要注意的是，使用该方法插入的新行的列值均为空值，如果被绑定控件属性不允许为空值，则空行将被插入 dataSet 的数据表，但根据上节说明，Position 将拒绝定位到该行，所以界面仍显示为原来内容，并且通过“浏览”按钮无法定位到新行上。解决这个问题的方案，见后面节中对性别的处理。

可以使用插入操作解决上节绑定时数据表为空的问题，控件属性和某个数据表的列绑定后，需要增加以下程序：

```
if (this.BindingContext[dataSet, "Student"].Count == 0)
  if (MessageBox.Show("无学生信息,是否添加?", "提示", MessageBoxButtons.YesNo) ==
DialogResult.Yes)
      this.BindingContext[dataSet, "Student"].AddNew();
  else
      this.Close();
```

(2) 删除语句。

删除的语句为：

```
this.BindingContext[dataSet, "Student"].RemoveAt(this.BindingContext[dataSet, "Student"].
Position);
```

该语句将删除与 dataSet 中 Student 表绑定的控件显示的当前行，RemoveAt 的参数为要删除行的行序号。当前行删除后，Position 不变，即实际指向被删除行的后一行；若删除的为最后一行，则删除后 Position 仍指向数据表的最后一行；若数据表只有一行，则删除该行后 Position 为－1，如果 Position 为－1 时再次执行上述语句，则出现运行错误。所以实际调用该语句时，必须加上条件判断：

```
if (this.BindingContext[dataSet, "Student"].Position != -1)
this.BindingContext[dataSet, "Student"].RemoveAt(this.BindingContext[dataSet, "Student"].
Position);
```

(3) 取消语句——控件属性和 dataSet 数据的同步。

控件属性和 dataSet 中表的列绑定后，其值并不时刻保持同步，事实上需要调用下列方法才能完成双向的同步。

① 用控件属性值更新 dataSet 中绑定的数据：

```
this.BindingContext[dataSet, "Student"].EndCurrentEdit();
```

② 用 dataSet 数据更新被绑定的控件属性值：

```
this.BindingContext[dataSet, "Student"].CancelCurrentEdit();
```

但事实上，在多数情况下不需要调用以上方法更新控件属性和绑定 dataSet 中数据就能保持同步，原因是当控件属性和 dataSet 数据进行绑定时，.NET 会调用 this.BindingContext[dataSet,"Student"].CancelCurrentEdit()，把 dataSet 数据赋予绑定的控件属性，当 this.BindingContext[dataSet,"Student"].Position 值改变时，.NET 会去调用 this.BindingContext[dataSet,"Student"].EndCurrentEdit()，把控件属性值赋予被绑定的 dataSet 中数据表原 Position 指向的行数据，然后执行 this.BindingContext[dataSet,"Student"].CancelCurrentEdit()，把新 Position 指向的数据表的行数据赋予被绑定的控件属性。

所以，在界面上对学生信息的修改，在没有改变 Position 的情况下(没有按四个“浏览”

按钮及“插入”和“删除”按钮)，可以使用 this. BindingContext[dataSet," Student"]. CancelCurrentEdit()语句从 dataSet 重新获得数据，从而达到取消当前输入的目的。

在个别情况下，需要调用 this. BindingContext[dataSet,"Student"]. EndCurrentEdit()，以避免界面上对数据进行了修改但没有反映到 dataSet 中，如用户修改了界面上的学生信息后，直接单击“保存”按钮，在“保存”按钮的 Click 事件中，必须调用上述方法，然后再用 dataSet 数据更新数据库，具体程序见 10.4.6 节。

4. 绑定的进一步讨论——学生性别的处理

有时数据表中列值和控件属性值可能不是相等的关系，如 Student. StdSex 类型为 bit，1 表示男，0 表示女，要求使用两个 RadioButton 分别表示男和女。

问题是用哪个 RadioButton 的哪个属性与 Student. StdSex 绑定?

(1) 方案一：与 rb_Male. Checked 绑定。

SQL Server 中的位类型的数据加载到 dataSet 中，将被转换为布尔类型，所以可以使用表示“男”的 RadioButton(rb_Male)的 Checked 属性与 Student. StdSex 绑定。

在 BindingControls()方法中增加下列语句，实现上述绑定：

```
rb_Male.DataBindings.Add("Checked",dataSet,"Student.StdSex");
```

绑定后，还存在以下问题需要解决。

① 与其他控件状态的联动问题。

当单击四个“浏览”按钮时，rb_Male 的状态会随 Student. StdSex 的值而变化，为 1 则显示为选中状态，为 0 则显示为未选中状态，但是表示 “女”的 RadioButton(rb_Female)却不会变化，而一直处于未选中状态。

解决此问题的方法是在 rb_Male 的 CheckedChangeded 事件中改变 rb_Female 状态：

```
if (rb_Male.Checked)
        rb_Female.Checked = False;
    else
        rb_Female.Checked = True;
```

该事件在 rb_Male 状态发生变化时触发。

② 进入界面初始状态的设置问题(边际问题)。

若第一名学生为女性，即 Student. StdSex＝False，则进入界面的初始状态 rb_Male 将显示为未选中，若 rb_Female. Checked 默认为 False，则也显示为未选中(初始状态不会触发 CheckedChangeded 事件)。

解决这个问题的方法是设置 rb_Male. Checked 为 True，或设置 rb_Female. Checked 为 True。

若设置 rb_Male. Checked 为 True，则如果第一名学生为男性，则显示正确，如果第一名学生为女性，则绑定后由于改变 rb_Male. Checked 的值，因此会触发 Checked 事件，从而触发 CheckedChangeded 事件，通过该事件中程序设置对应的 rb_Female 的 Checked 属性。

③ 绑定值和属性值无法转换问题。

在单击“插入”按钮后，由于插入 dataSet 数据表的都是空值，此时，把空值赋予 rb_Male. Checked 将出现错误，但.NET 并不提示错误中止程序，而是不改变 Position 的值，即不会改变 Position 的值使之指向新插入的行，而是窗口中仍显示原来行的数据，但空值数据被插入 dataSet 的 Student 数据表中。

如果数据表第一行的 StdSex 为空,则程序运行后将出现运行错误:对象不能从 DBNull 转换为其他类型。造成该错误的原因是 rb_Male. Checked 不能取空值。

解决这个问题的方法是为 dataSet 的 Student 表中 StdSex 指定一个默认值,在 LoadData 方法中,加载 Student 到 dataSet 的语句"oleDbDataAdapter. Fill(dataSet,"Student")"后加:

```
dataSet.Tables["Student"].Columns["StdSex"].DefaultValue = 1;
```

(2) 方案二:与 tb_Male. Tag 绑定。

如果需要绑定的控件属性值与数据表对应列的列值不一致,如一个产品表中包含一个产品颜色列,该列取值 0、1 和 2,分别表示"黑""灰""白",界面上要求用三个 RadioButton 表示这三种颜色,此时,用 RadioButton 的什么属性与之绑定?

.NET 为几乎所有控件都提供了一个 Tag 属性,该属性类型为 Object,即可以存放任意类型的数据对象,仍以 Student 表的性别为例,把 RadioButton. Tag 属性与 Student. StdSex 绑定,在 BindingControls 方法中增加下列语句,实现上述绑定:

```
rb_Male.DataBindings.Add("Tag",dataSet,"Student.StdSex");
```

绑定后,需要实现 Tag 值和 RadioButton 状态双向的联动,即 Tag 改变要对 RadioButton 状态做相应改变,而 RadioButton 状态改变要对 Tag 做相应的改变(注意,dataSet 中 Student. StdSex 类型已被转换为布尔型)。

① RadioButton 状态改变时,改变 Tag 值(即改变 dataSet 的 Student. StdSex)。

可以在 rb_Male 的 CheckedChanged 事件中输入以下程序:

```
if (rb_Male.Checked)
      rb_Male.Tag = True;
 else
      rb_Male.Tag = False;
```

② Tag 值改变时(浏览时)要对 RadioButton 的状态做相应改变。

在单击四个"浏览"按钮后,Tag 值会随 Student. StdSex 的值一起改变,所以在四个"浏览"按钮的 Click 事件中均要根据 Tag 值设置 RadioButton 的状态。把该程序定义成一个方法以便多次调用:

```
private void SetSexRadioButton(object sender, EventArgs e)
{
     if (rb_Male.Tag.ToString() == "True")
     {
        rb_Male.Checked = True;
        rb_Female.Checked = False;
     }
     else
     {
        rb_Male.Checked = False;
        rb_Female.Checked = True;
     }
}
```

可以在窗口打开后(Load 事件)及"浏览"按钮的 Click 事件中以下列形式调用该方法

（共被调用 5 次）：

```
SetSexRadioButton(this,null);
```

由于单击“浏览”按钮实际上就是改变绑定的 Position 属性值，因此另一种方法在把该方法加入绑定的 Position 属性改变时触发的事件中，可以在 BindingControls 方法中增加下列语句：

```
this.BindingContext[dataSet,"Student"].PositionChanged + = SetSexRadioButton;
```

该语句使 Position 发生改变时，执行 SetSexRadioButton。该方法的参数就是为了使该方法能被注册成一个事件而设。这样就不需要在“浏览”按钮的 Click 事件中重复调用 SetSexRadioButton。在 Form 的 Load 事件中仍需要保留对 SetSexRadioButton 的调用。

9.4.4 DataGrid 和 Relation——学生选课及成绩的显示

要以 DataGrid（网格）的形式显示当前学生的选课的课程名以及成绩信息，需要完成以下步骤。

（1）把学生的选课信息加载到 dataSet，表名为 Student_Elective。

（2）在 dataSet 中通过学号（StdId）建立 Student 和 Student_Elective 表的关联（Relation）。

（3）设置 DataGrid 外观以及数据来源。

首先在 Frm_Std_Grade 类中加入以下成员：

```
private DataRelation dataRelation;               //Student 和 Student_Elective 的关联对象
private OleDbDataAdapter oleDbDataAdapter1;      //用于加载 Student_Elective
```

下面分别定义三个方法来实现以上三个步骤。

（1）加载学生选课信息到 dataSet。

```
private void LoadGrade()
{
        oleDbDataAdapter1 = new OleDbDataAdapter();
        oleDbDataAdapter1.SELECTCommand = new OleDbCommand("SELECT a.StdId, a.EleId, b.
EleName,a.Grade FROM Student_Elective a,Elective b WHERE a.EleId = b.EleId", oleDbConnection);
oleDbDataAdapter1.Fill(dataSet, "Student_Elective");
}
```

调用 LoadGrade 方法将在 dataSet 中产生 Student_Elective 表，该表包含了 SELECT 语句的查询结果，其中包含了 DataGrid 中要求显示的课程名称。在 LoadData 方法的最后调用 LoadGrade 方法。

（2）在 dataSet 中建立 Student 和 Student_Elective 表的关联。

建立名为 Student_Electvie 的两表关系，连接条件为 Student.StdId＝Student_Elective.StdId，目的是 Form 上显示的 Student 表信息与其选课表 Student_Elective 相关联。

```
private void SetRelation()
{
dataRelation = new DataRelation("Student_Elective", dataSet.Tables["Student"].Columns
["StdId"], dataSet.Tables["Student_Elective"].Columns["StdId"]);
        dataSet.Relations.Add(dataRelation);
}
```

第一个语句建立一个名为 Student_Elective 的两表的关系对象，其中第二个参数指定了父表及其连接列，第三个参数指定了子表及其连接列。第二个语句则是把关系对象加入dataSet中。在LoadGrid的最后调用SetRelation方法。

(3) 创建并设置DataGrid的外观以及数据源。

```
private void SetDataGrid()
{
    DataGrid dataGrid = new DataGrid();                  //创建 DataGrid 对象
    dataGrid.SetBounds(panel1.Location.X, panel1.Location.Y + panel1.Size.Height, panel1.
Size.Width, panel1.Size.Height);                         //设置 DataGrid 位置和尺寸
    dataGrid.CaptionText = "成绩";                        //设置 DataGrid 标题
    dataGrid.DataSource = dataSet;                       //设置其数据来源
    dataGrid.DataMember = "Student.Student_Elective"; //设置数据成员
    //定义两个在 DataGrid 中显示的列：课程名称和成绩
    DataGridTextBoxColumn column1 = new DataGridTextBoxColumn();
    DataGridTextBoxColumn column2 = new DataGridTextBoxColumn();
    column1.MappingName = "EleName";                     //该列对应数据成员中的列名
    column1.HeaderText = "课程名称";                      //列标题
    column2.MappingName = "Grade";                       //该列对应数据成员中的列名
    column2.HeaderText = "成绩";                          //列标题
    DataGridTableStyle dataGridTableStyle = new DataGridTableStyle();
    dataGridTableStyle.GridColumnStyles.Add(column1);
    dataGridTableStyle.GridColumnStyles.Add(column2);
    dataGridTableStyle.MappingName = "Student_Elective"; //必须是表而非关系
    dataGrid.TableStyles.Add(dataGridTableStyle);
    this.Controls.Add(dataGrid);                         //把 DataGrid 加入当前窗口
}
```

首先创建一个DataGrid对象，使用SetBounds方法设置其位置和尺寸，SetBounds方法的前两个参数为DataGrid左上角坐标，后两个参数为DataGrid的宽度和高度。本例把DataGrid设置在紧接着Panel1的下方，宽度和高度与Panel1相同。

设置DataGrid.DataMember中的Student_Elective为SetRelation中已建立的Student和Student_Elective关系名，其中Student表示父表，这样的设置将使DataGrid仅显示当前显示学生所选课的课程名和成绩，而非整个选课表(Student_Elective)。

DataGrid的列构成由其TableStyles成员确定，而TableStyles可由多个DataGridTableStyle构成，每个DataGridTableStyle可包含了若干列对象DataGridTextBoxColumn。所以在为DataGrid设置列时，要反过来设置，即先创建并设置列对象，然后创建DataGridTableStyle对象并加入列对象，最后把DataGridTableStyle对象加入TableStyles。

必须为DataGridTableStyle设置MappingName属性为表Student_Elective，若无此语句，.NET将根据DataGrid.DataMember的设置，以默认的方式在DataGrid中显示关系Student_Elective中子表(即Student_Elective表)的所有列，而所有对DataGrid中列的设置语句将不起作用。最后把DataGrid对象加入当前窗口。

9.4.5 进一步探究DataSet

1. 数据的确认和取消——全部取消功能的实现

DataSet提供了对数据集、数据表和数据行不同粒度的数据修改的确认和取消机制。

(1) 对整个dataSet数据修改的确认和取消。

对整个dataSet数据修改的确认：

```
dataSet.AcceptChanges()
```

取消 dataSet 执行 dataSet. AcceptChanges()之后的所有数据修改：

```
dataSet.RejectChanges()
```

(2) 对 dataSet 某个数据表数据修改的确认和取消。

对 dataSet 某个数据表数据修改的确认：

```
dataSet.Tables["Student"].AcceptChanges()
```

取消 dataSet 执行 dataSet. AcceptChanges()或 dataSet. Tables["Student"]. AcceptChanges()之后的所有对 Student 表的数据修改：

```
dataSet.Tables["Student"].RejectChanges()
```

(3) 对 dataSet 某个数据表中数据行数据修改的确认和取消。

对 dataSet 某个数据表中第 i 行数据修改的确认(第一行 $i=0$)：

```
dataSet.Tables["Student"].Rows[i] .AcceptChanges ()
```

取消 dataSet 执行 dataSet. AcceptChanges()或 dataSet. Tables["Student"]. AcceptChanges()或 dataSet. Tables["Student"]. Rows[i] . AcceptChanges ()之后的所有对 Student 表的第 i 行的数据修改：

```
dataSet.Tables["Student"].Rows[i].RejectChanges()
```

在本例界面的"全部取消"按钮的 Click 事件中输入程序：

```
dataSet.RejectChanges();
```

在本例界面的"确定修改"按钮的 Click 事件中输入程序：

```
dataSet.AcceptChanges();
```

2. 表达式列——平均成绩的动态显示

在窗口上动态显示该学生的平均成绩，该成绩随各门课成绩的修改而动态变化。

.NET 为 DataSet 中数据表提供了表达式列可以很方便地解决这个问题，第一步为 Student 表增加一列，然后为该列指定计算公式，最后把该列和界面上的 TextBox 控件的 Text 属性绑定。把上述过程定义为方法 AddAvgGradeToStudent：

```
private void AddAvgGradeToStudents()
{
        if (dataSet.Tables["Student"].Columns["AvgGradec"] == null)
        {
            dataSet.Tables["Student"].Columns.Add("AvgGradec");
            dataSet.Tables["Student"].Columns["AvgGradec"].Expression = "avg(child.Grade)";
            tb_AvgGrade.DataBindings.Add("text", dataSet, "Student.AvgGradec");
        }
}
```

程序中的条件判断是确定该计算列是否在数据表中已经存在，若存在，则不再执行本程序，这是避免因程序重复执行而产生错误。在方法 LoadData 的最后加 AddAvgGradeToStudent ()。运行程序，尝试修改任一选修课成绩，平均成绩即刻更新。

通过列对象的 Expression 属性来指定表达式列的计算方法，表达式可以包含四则运算符以及 sum、max、min 和 count 等聚合函数，也可以是一个逻辑表达式，如某个列名为

ExpCol，则下列表达式均合法：

```
dataSet.Tables["Grade"].Columns["ExpCol"].Expression= "Grade * 0.9";
dataSet.Tables["Grade"].Columns["ExpCol"].Expression= "subId='sub001'"
```

对于第二个表达式，当逻辑表达式成立，则 ExpCol 的值为 True，否则为 False，由此可以把该表达式作为一个筛选器。

具有父子关系的表在各自的计算列中可相互引用，父表引用子表的形式是“child. 子表列名”，子表引用父表的形式是“parent. 父表列名”，如一个父表有多个子表，则对子表的引用必须指定关系名，形式为“child(关系名. 列名)”。

所以上列程序中的语句：

```
dataSet.Tables["Student"].Columns["AvgGradec"].Expression ="avg(child.Grade)";
```

也可以写成：

```
dataSet.Tables["Student"].Columns["AvgGradec"].Expression
="avg(child(Student_Elective).Grade)";
```

后一语句将适用 Student 表同时存在多张子表的情况，其中 Student_Elective 为 Student 和 Student_Elective 的关系名。

3. 数据表的更新、插入和删除——行复制功能的实现

以上对 dataSet 的数据表的操作是通过绑定来实现的，修改控件中的数据则自动更新数据表中的数据，插入和删除则是通过 this.BindingContext[dataSet,"Students"]的 AddNew 方法和 RemoveAt 方法实现。DataSet 类也提供了对数据表各种修改操作。

更新示例(把 Student 表的第 1 行的 Name 列设置为“zhp”)：

```
dataSet.Tables["Student"].Rows[0]["Name"] = "zhp";
```

插入示例(先定义为一个 DataRow 对象 row，并为其赋值，然后用下列语句可以把 row 插入 Student 表的指定位置 pos 处)：

```
dataSet.Tables["Student"].Rows.InsertAt(DataRow row,int pos)
```

删除示例(删除 Student 表中 pos 指定位置处的行)：

```
dataSet.Tables["Student"].Rows.RemoveAt(int pos)
```

下面要利用上述语句实现“复制”功能。所谓复制功能就是在 Student 表中插入一个新行，该行的班号(ClassId)和性别(StdSex)与当前行相同。

```
DataRow dataRow = dataSet.Tables["Student"].NewRow();
    dataRow["ClassId"] = dataSet.Tables["Student"].Rows[this.BindingContext[dataSet,
"Student"].Position]["ClassId"];
    dataRow["StdSex"] = dataSet.Tables["Student"].Rows[this.BindingContext[dataSet,
"Student"].Position]["StdSex"];
    dataSet.Tables["Student"].Rows.InsertAt(dataRow, this.BindingContext[dataSet,
"Student"].Count);
this.BindingContext[dataSet, "Student"].Position = this.BindingContext[dataSet,
"Student"].Count-1;
```

第一个语句新建一个与 Student 表同结构的行对象，后面两个语句把当前行的班号和性别赋给该行对象，后一个语句把该行对象插入 Student 表的最后一行，最后把指针指向新插入的行，窗口中显示该行内容供编辑。

上述程序在“复制”按钮的 Click 事件中输入。

4. 创建主码和检索——根据学号检索学生信息

DataSet 中的 Table 提供了下列两种方法检索符合条件的行，并返回符合条件的行。

(1) Select 方法。

在“搜索”按钮的 Click 事件中输入以下程序：

```
DataRow[] dataRow = dataSet.Tables["Student"].Select("StdId = '" + tb_IdSearched.Text + "'")
```

如果在文本框 tb_IdSearched 中输入“19001”，则该语句将在 Student 表中搜索符合条件 StdId='95001'的行，其中搜索条件可以包括 AND、OR 和 NOT 运算符，使用 dataRow.GetLength(0)获得符合条件的行数，若为零，则表示没有符合条件的行，其中的参数 0 表示取数组的第一维的元素个数。

若存在符合条件的行，则 Select 方法将以 DataRow 类数组返回所有符合条件的行。

(2) Find 方法。

Find 方法只能检索主码值，所以数据表必须首先建立主码，为 Student 表建立 StdId 主码的程序定义为下列方法：

```
private void SetStudentKey()
{
        DataColumn[] dataColumn;                                    //主键列,可能为组合列
        dataColumn = new DataColumn[1];
        dataColumn[0] = dataSet.Tables["Student"].Columns["StdId"];
        dataSet.Tables["Student"].PrimaryKey = dataColumn;    //设置主键
}
```

该方法在 LoadData 方法的最后调用。

Select 检索条件任意，可返回多行，Find 方法只能对建立的主键值检索，返回最多一行，由于数据表总是关于主码排序，因此检索效率大大高于 Select。同上检索由文本框 tb_IdSearched 输入学号的学生信息的语句为：

```
DataRow dataRow = dataSet.Tables["Student"].Rows.Find(tb_IdSearched.Text);
```

该语句将检索主码 StdId 等于 tb_IdSearched.Text 的行，若找到则返回该行（主码唯一，所以检索结果至多为一行）。

检索到符合条件的行后，希望界面上显示该行数据，使已绑定的界面控件显示指定行的方法是设置 BindingContext 的 Position 属性，而 Find 和 Select 返回的是 dataRow，余下的问题是如何由已知行 dataRow 获得该行在 Table 中的行序号，.NET 提供了这样的方法：

```
dataSet.Tables["Student"].Rows.IndexOf(dataRow);
```

该方法返回行 dataRow 在数据表中的行序号。

最后，在“搜索”的 Click 事件中输入以下程序：

```
int idx;
DataRow dataRow = dataSet.Tables["Student"].Rows.Find(tb_IdSearched.Text);
if (dataRow == null)
   MessageBox.Show("没有发现符合条件的行!");
else
{
   idx = dataSet.Tables["Student"].Rows.IndexOf(dataRow);
   this.BindingContext[dataSet, "Student"].Position = idx;
}
```

9.4.6 把 DataSet 数据存入数据库——保存功能的实现

更新数据库中数据表的唯一途径是通过数据库服务器对相应的数据库执行 INSERT、UPDATE 或 DELETE 语句，所以通过界面对 dataSet 中数据表的修改，最后都需要对数据库的相应的数据表再做相应的更新，即要根据对 dataSet 中数据表的修改情况产生相应的 SQL 语句，并提交数据库服务器执行。为实现这个任务，.NET 采用了如下基本思路。

(1) 标记 dataSet 中数据表做过修改的所有行，并记录做了何种修改（增、删、改）。

(2) 编写或生成相应的带参数的 INSERT、DELETE 或 UPDATE 语句。

(3) 对每个被修改过的行（包括新增和删除的行），根据修改的种类，以 dataSet 中数据表的列数据为参数，执行(2)中的语句。

(4) 第(1)点由.NET 自动完成，用户程序无须考虑，具体后面介绍。关于第(2)点，.NET 提供了两种方式：一种是在一定的限制条件下使用.NET 提供的 CommandBuilder 类对象自动生成 SQL 语句；另一种是由程序员在程序中写出需要执行的 SQL 语句，并定义相关的参数。关于第(3)点，用户只需要调用 DataAdapter 的 Update 方法，该方法将根据数据表的行的修改状态(RowState)，把数据表中列作为参数代入(2)中的 SQL 语句中，提交数据库服务器执行。

1. 标记修改行及修改种类

在 dataSet 中数据表的每一行对象(DataRow)有一个 RowState 属性，记录了该行在数据加载后是否做了修改及做了何种修改。对数据表的插入、删除或更新操作后，.NET 会自动对相应的行设置其状态，无须用户编写程序进行设置。如可以通过访问 dataSet.Tables["Student"].Rows[0].RowState，获得 Student 表的第一行的修改状态，该状态可能为以下值之一。

- DataRowState.Added：表示该行为新插入的行。
- DataRowState.Modified：表示该行被修改。
- DataRowState.Deleted：表示该行被删除。
- DataRowState.Unchanged：表示该行未做任何修改。

当数据被加载到 dataSet 中的数据表后，该数据表各行的初始状态为 DataRowState.Unchanged，当对表中某行进行修改（包括插入和删除）后，.NET 会根据修改类型自动改变该行的状态。

需要特别注意的是，在调用数据集、数据表或数据行的 AcceptChanges 方法后，其所包含的所有数据表或数据行的状态将恢复到 Unchanged 状态。由于更新数据库的 Update 方法是依据该状态来确定哪些行要修改和做什么修改，所以在用 dataSet 数据更新数据库前，一般不要调用 AcceptChanges 方法。

记录了数据表中各行的修改状态，接下来的任务是要产生或编写更新、插入和删除语句。.NET 提供了 CommandBuilder 类，用于产生带参数的插入、更新和删除的 SQL 语句，程序员也可以编写带参数的插入、更新和删除的 SQL 语句，在更新数据库时调用。

2. 生成修改数据表的 SQL 语句——学生信息的保存

由前面把数据库中数据加载到 dataSet 数据表的程序中可以看到，DataAdapter 是通过 SelectCommand 中所包含的 SELECT 语句来加载数据的，现在要依据该 SELECT 语句来产生 UPDATE、INSERT 和 DELETE 语句。

(1) 命令生成的一般方法。

.NET 在 DataAdapter 中定义了三个 Command 对象：UpdateCommand、InsertCommand 和 DeleteCommand，分别用来存放带参数的 UPDATE、INSERT 和 DELETE 语句，在调用其 Update 方法更新数据库时，将对 Update 参数指定的数据表中的每一行，依据其修改状态(RowState)，执行属性 UpdateCommand、InsertCommand 和 DeleteCommand 所包含的 SQL 命令。

.NET 并没有在 DataAdapter 内实现 UPDATE、INSERT 和 DELETE 语句的生成，而是专门定义了一个类 CommandBuilder，需要生成更新、插入和删除语句的 DataAdapter 对象作为它的一个属性。

由于生成 DataAdapter 中更新、插入和删除语句的依据为查询语句，因此 CommandBuilder 在生成其属性 DataAdapter 中的更新、插入和删除语句前，它必须能访问到非空的 DataAdapter. SelectCommand，并在生成前，首先会执行上述 SELECT 语句，以获得对应表的列名信息，为生成做准备。

显式地生成带参数的更新、插入和删除的 SQL 语句的语句为：

```
CommandBuilder.GetUpdateCommand();
CommandBuilder.GetInsertCommand();
CommandBuilder.GetDeleteCommand();
```

这三个语句分别通过执行 CommandBuilder 属性的 DataAdapter 所包含的查询语句(dataAapter. SelectCommand. CommandText)，获取数据表的列信息，以此生成 DataAdapter 的另外三个属性即 UpdateCommand、InsertCommand 和 DeleteCommand 中的更新、插入和删除语句，并返回生成的 SQL 命令字符串。

如果没有调用上述三个方法生成更新、插入和删除的 SQL 语句，则在执行 DataAdapter 的 Update 方法时，首先会触发 RowUpdating 事件，而在设置 CommandBuilder 的 DataAdapter 属性时，CommandBuilder 已将其自身注册为 DataAdapter 的 RowUpdating 事件的侦听器，即在 RowUpdating 事件发生时，将执行 CommandBuilder 中生成修改数据表的 SQL 语句。

需要特别注意的是，一旦生成相应的 SQL 语句，不论是用上述哪种方式，都不会重新生成该 SQL 语句，即使在查询语句已经发生变化的情况下，这样处理可以避免频繁地执行 SELECT 语句。CommandBuilder 提供了 RefreshSchema 方法清除这些生成的语句，在查询语句发生变化的情况下，若可调用该方法，则在上述两种方式下，将以新的查询语句生成更新、插入和删除的 SQL 语句。

(2) 实现本例 Student 表的保存功能。

① 定义 CommandBuilder 对象。

② 定义一个 Form 的私有成员：

```
private OleDbCommandBuilder oleDbCommandBuilder;
```

③ 生成命令。

在 LoadData 方法中，在加载 Student 表数据后插入以下语句：

```
oleDbCommandBuilder = new OleDbCommandBuilder(oleDbDataAdapter);
oleDbCommandBuilder.GetDeleteCommand();
```

```
oleDbCommandBuilder.GetUpdateCommand();
oleDbCommandBuilder.GetInsertCommand();
```

第一个语句实例化一个 OleDbCommandBuilder 对象，并把 oleDbDataAdapter 作为其 DataAdapter 的属性值。由于加载 Student 和 Class 表使用了同一个 oleDbDataAdapter，而加载 Class 表在后，因此需要显式地产生三个 SQL 语句，此时产生 SQL 语句的依据是查询语句 SELECT * FROM Student，而非 SELECT * FROM Class。

④ 更新数据库。

在“保存”按钮的 Click 事件中输入以下程序：

```
this.BindingContext[dataSet,"Student"].EndCurrentEdit();
oleDbDataAdapter.Update(dataSet, "Student");
```

第一个语句使当前窗口上的数据写入 dataSet，执行后一个语句时，由于 oleDbDatadapter 中的 InsertCommand、UpdateCommand 和 DeleteCommand 已生成相应的 SQL 语句，因此不再生成，而直接对 Student 表中所有修改过的行，执行相应的 SQL 语句。

如果在 LoadData 中不执行后三个语句，则 Update 将依据此时的 oleDbDataAdapter 的 SelectComand 指定的查询语句(SELECT * FROM Class)来生成更新的 SQL 语句，运行时将出现错误。

(3) 使用 CommandBuilder 的限制。

要使 CommandBuilder 能正确地生成插入、更新和删除语句，前提是 SELECT 语句必须为单表的查询，包含主码，不包含只读列(不可更新的列，如计算列)。同时，为了生成这些语句，CommandBuilder 会自动使用 SelectCommand 属性来检索所需的元数据集，以获得如列名等信息，所以会降低执行效率。

如在 SelectCommand 所包含的 SELECT 语句中不包含主码，则在生成修改数据表的 SQL 语句时，会出现错误：对于不返回任何键列信息的 SelectCommand，不支持 UpdateCommand (或 InsertCommand 或 DeleteCommand)的动态 SQL 生成。

另外，为了提升生成 SQL 语句的执行效率，查询语句不要包含不需要的列。下面是 CommandBuilder 依据 DataAdpater 中不同的 SelectCommand 生成 Update 语句：

```
SELECT * FROM Student
UPDATE Student SET StdId = ?, StdName = ?, StdSex = ?, SideId = ?, DeptId = ?, AvgGrade =
?, ScholarshipLevel = ?, ClassId = ?, Birthday = ? WHERE ((StdId = ?) AND ((? = 1 AND
StdName IS NULL) OR (StdName = ?)) AND ((? = 1 AND StdSex IS NULL) OR (StdSex = ?)) AND ((? =
1 AND SideId IS NULL) OR (SideId = ?)) AND ((? = 1 AND DeptId IS NULL) OR (DeptId = ?)) AND ((? =
1 AND AvgGrade IS NULL) OR (AvgGrade = ?)) AND ((? = 1 AND ScholarshipLevel IS NULL) OR
(ScholarshipLevel = ?)) AND ((? = 1 AND ClassId IS NULL) OR (ClassId = ?)) AND ((? = 1 AND
Birthday IS NULL) OR (Birthday = ?)))
SELECT StdId,StdName,StdSex,ClassId FROM Student
UPDATE Student SET StdId = ?, Stdname = ?, StdSex = ?, ClassId = ? WHERE ((StdId = ?) AND
((? = 1 AND StdName IS NULL) OR (StdName = ?)) AND ((? = 1 AND StdSex IS NULL) OR (StdSex =
?)) AND ((? = 1 AND ClassId IS NULL) OR (ClassId = ?)))
```

可以看出，查询语句包含的列越多，生成的更新语句就越复杂，执行效率也就越差。

3. 编写修改数据表的 SQL 语句——学生成绩的保存

如果填充一个 dataSet 中的数据表对应的 SELECT 语句牵涉多张表，就不能使用 CommandBuilder 生成更新数据库的 SQL 语句，必须手工编写。

如本例中要求在 Form 下方的 DataGrid 中修改的学生成绩，单击“保存”按钮后与学生信息一起保存到数据库的 Student_Elective 数据表中，而与 dataGrid 绑定的 dataSet 中的 Student_Elective 数据表的数据来源于下列查询语句的查询结果：

```
SELECT a.StdId,a.EleId,b.EleName,a.Grade FROM Student_Elective a,Elective b WHERE a.EleId =
b.EleId
```

该查询语句数据源为两个表，所以无法用 CommandBuilder 自动生成修改数据表的 SQL 语句。可以为加载 Student_Elective 表的 oleDbDataAdapter1 指定其 Update 语句：

```
oleDbDataAdapter1.UpdateCommand = new OleDbCommand("UPDATE Student_Elective SET Grade = ?
WHERE StdId = ? AND EleId = ?",oleDbConnection);
```

调用 oleDbDataAdapter1. Update 时将调用上述语句指定的 UPDATE 语句，其中“?”表示定位参数，依次和下面 oleDbDataAdapter1. UpdateCommand. Parameters 中的参数对应。

在参数定义中，必须明确以下几点。

(1) 参数的数据来源：dataSet 中数据表的列名。

(2) 参数的类型：生成 SQL 语句需要知道参数的类型，如参数 12，如果 12 为数字型参数，则 SQL 语句中直接使用 12，如果为字符型参数，则 SQL 语句中必须以'12'的形式出现。

(3) 参数取列的原值还是新值：修改数据表的 SQL 语句中，由于数据库中的数据与 dataSet 中数据表的原值相同，因此 WHERE 子句中的参数通常为取原值，UPDATE 的赋值语句通常取新值。

定义第一个参数(SET Grade=?)的程序：

```
OleDbParameter GradeParameter = new OleDbParameter("Grade", OleDbType.Integer);
GradeParameter.SourceColumn = "Grade";
GradeParameter.SourceVersion = DataRowVersion.Current;
```

第一个语句创建一个参数，第一个参数为参数名，定位参数将按次序对应，参数名不起作用，第二个参数指定参数的类型。

第二个语句指定了该参数的数据来源，即数据列，具体对应 dataSet 中哪个数据表，可以在调用 Update 时作为参数指定。

第三个语句指定数据是取新值，即当前值，DataRowVersion. Current 是 SourceVersion 的默认值，所以该语句可省略。

以下是定义另外两个参数(StdId=? AND EleId=?)的程序：

```
OleDbParameter StdIdParameter = new OleDbParameter("StdId", OleDbType.Char,6);
StdIdParameter.SourceColumn = "StdId";
OleDbParameter EleIdParameter = new OleDbParameter("EleId", OleDbType.Char, 6);
EleIdParameter.SourceColumn = "EleId"
EleIdParameter.SourceVersion = DataRowVersion.Original;
```

将三个参数依次加入参数表，作为 UPDATE 语句中的三个参数：

```
oleDbDataAdapter1.UpdateCommand.Parameters.Add(GradeParameter);
oleDbDataAdapter1.UpdateCommand.Parameters.Add(StdIdParameter);
oleDbDataAdapter1.UpdateCommand.Parameters.Add(EleIdParameter);
```

上述程序可以放在 LoadData 方法中。

最后在“保存”按钮的 Click 事件中，增加下列程序：


```
this.BindingContext[dataSet, "Student_Elective"].EndCurrentEdit();
oleDbDataAdapter1.Update(dataSet,"Student_Elective");
```

4. Update 的更新机制小结

DataAdapter 的 Update 方法将根据其参数指定的数据集中数据表的行状态，检查 DataAdapter 的三个修改数据表的 SQL 命令对象是否已经存在(如对应 Modified 状态行就是检查 UpdateCommand 是否存在)，若存在，则执行和行状态相匹配的修改数据表的 SQL 语句；若不存在，则抛出异常。

在执行 DataAdapter 的 Update 方法时，将首先触发其 RowUpdating 事件，如果已定义了 CommandBuilder 对象，在把 DataAdapter 赋以 CommandBuilder 的 DataAdapter 属性时，CommandBuilder 已将生成修改数据表的 SQL 语句的程序注册为 DataAdapter 的 RowUpdating 事件，所以在执行 Update 方法前，会调用 CommandBuilder 中生成修改数据表的 SQL 语句。

DataAdapter 中的三个修改数据表的 SQL 语句一旦产生，无论是用显式生成 SQL 语句方式(调用 CommadBuilder 中 GetInsertCommand、GetUpdateCommand 和 GetDeleteCommand)，还是通过调用 Update 触发 RowUpdating 事件的方式调用 CommandBuilder 中生成 SQL 语句的程序，都不会重新修改数据表的 SQL 语句。

9.4.7 尝试断开式连接的有效性

在初步完成了上述界面以及功能后，可以尝试做以下试验，以验证断开式的数据连接的有效性。

启动数据库服务器，然后运行程序，在数据显示后，暂停或停止数据库服务器，可以看到对界面以及操作没有任何影响，在对学生表数据和成绩数据进行修改(包括添加和删除)后，启动数据库服务器，单击“保存”按钮后，数据被正常保存。

9.5 数据集及绑定的可视化设计和实现

9.4 节用程序实现了数据集的构建以及数据集数据和控件的绑定，在.NET 可视化的开发环境下，控件的绑定也可以在设计阶段通过设置控件的属性来完成，但前提是必须在设计阶段就能确定和定义数据集的结构，否则在设置控件与绑定相关的属性时，无法确定数据源。

9.5.1 类型化 DataSet 和非类型化 DataSet

上节中在程序运行过程中构建的数据集称为非类型化 DataSet，即必须在程序运行后，才能确定 DataSet 的结构(包含哪些 Table 和 Relation 等)，如果一个 DataSet 在设计阶段就确定和定义其结构，则该 DataSet 就称为类型化 DataSet。

类型化 DataSet 在程序设计时定义 DataSet 类的内部结构，编译时可进行类型检查，所以类型安全，而非类型化 DataSet 在程序运行后才产生 DataSet 对象的内部结构，所以在运行前无法进行类型检查，容易在运行过程中由于数据类型不一致而产生运行错误。

对非类型化 DataSet，可使用下列方式对 Student 表第一行的 StdSex 列进行访问：

```
dataSet.Tables["Student"].Rows[0]["StdSex"]
```

由于在运行前，不知道该列的任何信息，列名错误或赋以一个错误类型的数据（如 True）都不会引起编译错误，但在运行时将报错。

对类型化 DataSet，其中的表、列和行均已被定义为 DataSet 中的对象，同样访问 Student 表第一行的 StdSex，就可用下列形式：

```
dataSet.Student[0].StdSex
```

以这种形式访问 Student.StdSex 可以避免列名错误，同时使编译时的类型检查成为可能，赋以一个错误类型的数据将在编译时产生错误。

类型化 DataSet 当数据库中表结构发生变化时，DataSet 中表结构要同步变化。

9.5.2 构建类型化 DataSet

数据集结构中的主体为数据表，而数据集中的数据表结构通常和数据库中对应数据表的结构一致，.NET 平台提供了可视化环境下根据数据库中的数据表结构构建数据集结构的工具和方法，在自动产生 DataSet 类定义的同时（定义在 dataset1.Designer.cs 中），生成一个扩展名为 XSD 的 XML 文件（dataset1.xsd），该文件保存了用户在可视化环境下对数据集结构的所有设置，并且由系统确保数据集的类定义和 XSD 文件内容的一致性。

引入了 XSD 文件后，也可以由 XSD 文件生成 DataSet 类定义，后面的报表设计就是采用这种方式来完成数据源定义的。

这样一种机制使程序设计甚至运行可不依赖于和数据库的连接，并且当数据库结构修改后，只要修改 XSD 文件的相关内容，而不必修改程序，也不必连接数据库重新生成 XSD 文件。

1. 依据数据库结构产生 XSD 文件及数据集类定义程序的步骤

（1）建立与数据库的连接。

通过 View（视图）菜单打开 Server Explorer（服务浏览器），右击 Data Connections（数据连接），在弹出的快捷菜单中选择 Add Connection（增加连接）菜单，在弹出的对话框中设置与数据库的连接，完成后，在 Server Explorer（服务浏览器）中将看到该数据库中所有的数据表、视图、存储过程和函数

（2）进入可视化构建 DataSet 模式（Schema）的环境。

选择 Project（项目）→Add New Item（添加新项）菜单，选择 Dataset 后，单击 Add（新增）按钮进入可视化构建 DataSet 模式（Schema）。

（3）依据数据库中数据对象的结构产生 DataSet 模式。

依据提示，把 Server Explorer（服务浏览器）中构建 DataSet 需要的数据对象（数据表）拖入 dataset1.xsd 框中，dataset1.xsd 文件中将产生该数据对象的结构信息，并以图形方式显示在窗口中。

（4）建立 DataSet 中数据表之间的关联。

使用工具栏中的 Relation 工具可以建立 DataSet 中数据表之间的关联。

(5) 保存并观察产生的结果。

选择 File(文件)→Save(保存)菜单保存以上设置。

保存后将在 Solution Explorer(解决方案浏览器)中看到 dataset1. xsd 文件以及定义 DataSet 类的程序文件 dataset1. Designer. cs。

2. 由 XSD 文件产生数据集类定义程序的步骤

选择 Project(项目)→Add Existing Item(添加已有项)菜单,然后在弹出的对话框中选择 XSD 文件,选择后将在 Solution Explorer(解决方案浏览器)中看到该 XSD 文件以及生成 DataSet 类定义文件。

9.5.3 设置控件的绑定属性

有了类型化的数据集,就可以在程序设计阶段通过设置控件的绑定属性来完成控件属性和数据集中数据的绑定。

首先要在程序中实例化一个数据集对象,该程序可通过可视化的设置由系统生成,设置方法如下。

从 Toolbox(工具箱)拖入一个 DataSet 到窗口中,在出现的设置窗口中选择 Typed dataset(类型化 dataset),在 Name(名称)文本框中选择在 10. 5. 2 节中加入的数据集名称,确定后在. NET 生成的程序(Designer. cs)中将看到实例化数据集对象的语句。

然后在属性窗口中可以设置窗口中所有控件的 DataBindings 下的绑定属性,由于最常见的是用控件的 Text 属性和数据表数据进行绑定,因此 DataBindings 下列出了 Text 属性,若要绑定其他属性,则可以单击 DataBindings 下 Advanced 中的小按钮。

单击 Text 属性的下拉箭头,单击 Other Data Sources(其他数据源),展开 Frm_Std_Grade List Instances,选择与该 Text 属性绑定的数据列就完成了该控件和数据表列的绑定设置。

9.6 报表设计

数据录入是为经过处理后的数据输出,而报表是数据输出的一个重要形式,报表查询和输出通常是应用系统的一个重要组成部分。

. NET 提供了称为水晶报表(Crystal Report)的报表制作工具,它使得可以在一个可视化的环境下进行报表的样式设计以及设置报表数据项的数据来源,而报表的产生、输出控制等都可以用. NET 提供的现成控件来完成。

9.6.1 水晶报表概述

目前所有可视化开发平台提供的报表制作工具,采用了相似的思路和方法,即提供一个可视化的报表设计工具,并以某种特殊的文件格式保存报表设计内容;提供解析报表文件和获取数据生成报表的程序(类库);提供可视化的控件,输出报表并对报表输出进行控制,如预览、打印、放大和缩小等。

使用. NET 提供的报表设计器设计报表,设计内容将被存入特殊格式的 RPT 文件中,该报表文件格式已经成为一种标准,所以也可供其他语言(C++或 VB)的开发环境使用。

新建一个报表后，同时生成了一个与报表同名的继承于 ReportClass 的报表类定义的 CS 文件，其中包含了该类与 RPT 文件的关联，用户通过该类实现对上述设计报表的操作。报表通过可视化控件 CrystalReportViewer 显示和控制，用户只要实例化一个报表类对象，并把包含数据的 DataSet 对象传给它，由报表类完成对 RPT 文件的解析，获取数据并在 CrystalReportViewer 中显示报表，用户通过 CrystalReportViewer 提供的按钮对报表进行打印和预览等的控制。

对软件开发者而言，整个报表的设计到输出过程的主要工作是在报表设计器中完成报表的设计工作。使用 Project（项目）→Add New Item（添加新项）菜单，然后在 Categories（目录）中选择 Reporting，在 Templates（模板）中选择 Crystal Report（水晶报表）。

.NET 提供了三种方式进入报表设计器：第一种是使用报表向导（Report Wizard）进入；第二种是从一个空白的报表开始；第三种是从一个已经存在的报表开始。同时提供了三种称为报表专家（Expert）的报表样式：标准报表（Standard）、交叉表（Cross Table）和邮件标签（Mail Label）。

为了全面掌握报表的制作方法，主要从空白的报表开始设计若干不同类型的报表，使用报表向导可以快速建立报表，但建立后的报表通常都会存在修改的需要，此时报表向导将无能为力。

9.6.2 简单报表——学生基本信息表

【例 9-2】 要求：输出如图 9-5 所示的学生基本信息表，按班级排序和分组，相同班级的学生按性别分组，班级和性别相同的学生则按姓名排序。

学生基本信息表

2020-5-19

班级	学号	姓名	性别	平均成绩
软工A1	09003	王名	男	70
软工A1	09005	周涛	男	76
		男 同学平均成绩		73
		班级平均成绩		73
软工A2	09002	刘晨	女	87
软工A2	09004	张立	女	90
		女 同学平均成绩		89
软工A2	09001	李勇	男	88
		男 同学平均成绩		88
		班级平均成绩		88
		总平均成绩		82

图 9-5 学生基本信息表

1. 数据源准备

使用报表设计器，在设计阶段必须确定报表数据的数据来源，所以必须存在一个类型化的 DataSet，报表设计时各数据项来源可选择该类型化的 DataSet。

由于本例的 DataSet 为非类型化，为了产生一个类型化的 DataSet，可以在已完成的界面程序中，在加载数据到 DataSet 后的任何地方执行下列语句：

```
dataSet.WriteXmlSchema("dataset1.xsd");
```

该语句将把 DataSet 中的数据结构导出到 dataset1. xsd 文件中。

然后在本项目中依据文件 dataset1. xsd 建立类型化的 DataSet,. NET 为新建的 DataSet 起了一个默认的名称为 NewDataSet。

2. 使用报表向导

以下是使用报表向导后的设置步骤。

第一步选择 Available Data Sources(可用的数据源),在 Project Data(项目数据)下展开 ADO. NET DataSets,选择 NewDataSet 下的 Student 和 Class,加入 Selected Tables(被选择的表)列表框。

第二步建立两个被选择表的关联,. NET 已根据同名列 Student. ClassId 和 Class. ClassId 建立了两表的联系。可对表间关系进行删除,或根据列名(By Name)或主码(By Key)自动建立表间关系,并对表间的关系进行配置。

第三步选择 Available Fields(可用的字段),选择 Class. ClassName、Student. StdId、Student. StdName、Student. StdSex 和 Student. AvgGrade,加入 Fields to Display(显示的字段)列表框。如果没有按照以上的次序加入,可以用箭头按钮调整列的次序。

第四步选择分组信息,在 Available Fields 中先选择 Report Fields 下的 Class. ClassName,加入 Group BY(分组)列表框,然后再选择 Student. StdSex 加入。在该列表框下方可以分别选择这两个分组(即班名和性别)的排序是升序还是降序。

第五步设置分组的统计信息,在 Summarized Fields(统计列)列表框中,. NET 已自动判断在两个分组中均对 Student. AvgGrade(唯一的数字列)求和,使用该列表框下的下拉列表框,改变统计的聚合函数为 Average。

第六步设置基于统计值的分组排序,即按统计值的大小进行排序,如可以设置按照班级的平均成绩排序。

第七步设置报表中是否要包含图表,本例忽略这个设置。

第八步设置行的过滤条件,本例忽略这个设置。

第九步选择报表的风格,在 Available Styles(可用风格)下选择 Table,在 Preview(预览)窗口中可以看到这种风格具有表格线。

单击 Finish(完成)按钮完成报表的设计,在 Solution Explorer(解决方案浏览器)中将看到 CrystalReport1. rpt。

对使用报表向导产生的报表,要使其输出样式和图 9-5 一致,还必须做如下补充和修改。

(1) 加上标题和修改列标题为中文。

(2) 把每个分组的平均成绩移动到平均成绩列下。

(3) 替换 StdSex 列为 Formula Field 列,使其输出为“男”和“女”,而非 True 和 False。

(4) 在 GroupFooterSection 中的姓名列插入 Text Object,输出文字“男/女同学平均成绩”和“班级平均成绩”。

(5) 在 ReportFooter 中姓名列插入 Text Object,输出文字“总平均成绩”。

3. 从空白报表开始设计

在项目中加入一个水晶报表时,选择 As a Blank Report(作为一个空白报表)后确认,在 Solution Explorer(解决方案浏览器)中将产生一个报表文件 CrystalReport1. rpt,同时,界面上将出现一个空白报表，空白报表由五部分组成，分别是 Report Header、Page Header、Details、Report Footer 和 Page Footer。

Report Header 和 Report Footer 只出现在报表头一页和最后一页，Page Header 和 Page Footer 出现在每一页上，Details 为报表的主体——数据部分。

（1）加入要使用的数据项。

右击报表，在弹出的快捷菜单中选择 Field Explorer（字段浏览器）菜单，在打开的窗口中右击 DataBase Fields（数据库字段），在弹出的快捷菜单中选择 DataBase Expert（数据库专家）菜单，在弹出的对话框的 Data（数据）框中可选择 Available Data Sources（可用的数据源），其中列出了 Project Data/ ADO. NET DataSets/NewDataSet 中的所有数据表，把它们全部加入 Selected Tables（被选择的数据表）列表框。在 Link（连接）框中，以图形方式显示了被选中表在 NewDataSet 中所包含的表间关系，可增加通过 ClassId 列建立 Student 和 Class 表的关联。

（2）设置 Page Head。

报表的标题和每页第一行的列标题均在 Page Head 中设置。

在工具栏选择 Text Object（文本对象），放入 Page Header。

右击 Text Object（文本对象），在弹出的快捷菜单中选择 Edit Text Object（编辑文本对象）菜单，输入“学生基本信息表”。

右击 Text Object（文本对象），在弹出的快捷菜单中选择 Format Object（格式化对象）菜单，设置其字体和对齐方式。

在 Field Explorer（字段浏览器）中的 Special Fields（特殊字段）中，选择 Print Date（打印日期），并把它拖到上述标题下。

（3）设置 Details。

把 Field Explorer（字段浏览器）中 Student 表下的列 StdId、StdName、StdSex 和 AvgGrade，以及 Class 表下的列 ClassName 拖入报表的 Details 中。

在 Page Header 中自动出现了内容与上述列名相同的文本对象，右击这些文本对象，在弹出的快捷菜单中选择 Edit Text Object（编辑文本对象）菜单，输入对应中文，然后使用同样的方法选择 Format Object（格式化对象）菜单，设置文本的对齐方式为居中。

右击报表，在弹出的快捷菜单中选择 Preview Report（预览报表）菜单，可对报表进行预览，由于报表设计不需要连接数据库，因此数据为根据各列的数据类型自动生成的模拟数据。

预览后，根据需求调整数据项位置、尺称、字体、对齐方式等。

使用工具栏中的 Box Object（框对象）和 Line Object（线对象）为表格加上线框，线和框可跨越报表的不同区域。

（4）使用公式字段——中文性别输出。

在 dataSet 的 Student 数据表中性别为 Boolean 类型，输出为 True 和 False，在报表中要求输出“男”和“女”。

在 Field Explorer（字段浏览器）中右击 Formula Fields（公式字段），在弹出的快捷菜单中选择 New（新建）菜单，在弹出的对话框中的 Name（名称）文本框中输入 SexText，然后单击 Use Expert（使用专家），进入 Formula Editor（公式编辑器）。

通过选择 Report Fields(报表字段)、Functions(函数)和 Operators(运算符)方式或直接输入方式产生下列公式：


```
if({Students.sex})
then "男"
else "女"
```

在报表的 Detail 区域中用 SexText 替换 StdSex。

4. 分组统计——总平均分数和分组平均分数

(1) 插入总平均成绩。

右击报表，在弹出的快捷菜单中选择 Insert(插入)→Summary(汇总)菜单，选择统计字段 AvgGrade 和统计函数 Average，统计字段自动被安排在 Report Footer 的 AvgGrade 列下。

(2) 插入按班级分组的平均成绩。

在报表中插入分组块：右击报表，在弹出的快捷菜单中选择 Insert(插入)→Group(分组)菜单，选择依据哪个列值分组(选 Class. ClassId)及对该列值排序方式(升/降)，确认后报表上出现 GroupHeaderSection1 和 GroupFooterSection1，并在 GroupHeaderSection1 中出现字段 Group ＃1 Name，删除它。为避免在每组开始时显示一个空行，右击该灰色条带，在弹出的快捷菜单中选择 Hide(隐藏)菜单，则该块内容不输出。

在 GroupFooterSection1 中插入班级平均成绩，方法和插入总平均成绩相同。

(3) 插入按性别分组的平均成绩。

与插入班级分组相同的方法插入性别分组，分组依据选择 Student. StdSex，. NET 自动以班级分组为第一层分组，而性别分组为第二层分组，可使用分组修改的方法改变这种分组的层次关系。要注意的是，多个分组一定存在层次关系，一张报表不可能同时存在两个并列的分组，就如同不可能存在两个并列的排序一样。

(4) 分组修改。

右击 GroupHeaderSection1 的灰色条带，在弹出的快捷菜单中选择 Group Expert(分组专家)菜单，可以对分组进行增加、删除和修改，其中也包括修改各个分组的层次关系。

(5) 在分组行中加入分组的说明性文字。

在班级分组行的“姓名”列中加入一个文本对象，输入“班级平均成绩”，在性别分组行的“姓名”列下也加入一个文本对象，输入“同学平均成绩”，为了依据分组中性别，在“同学平均成绩”前面加上“男”或“女”，打开 Field Explorer(字段浏览器)，把 Fumule Fields(公式字段)下的 SexName 拖到“同学平均成绩”的 Text Object(文本对象)前，并调整宽度为一个汉字宽度。

5. 排序和过滤——每个分组按姓名排序

建立每个分组中行的排序规则。

右击报表，在弹出的快捷菜单中选择 Report(报表)→Record Sort Expert(记录排序专家)菜单，其中已经存在按分组 1(Student. ClassId)和分组 2(Student. StdSex)的排序，并且这两个排序不能被移出，可以在 Available Fields(可用字段)列表中选择字段 Students. Name 加入 Sort Fields(排序字段)列表框。

可以通过选择 Report(报表)→Selection Formula(选择公式)→Record(记录)或 Group(分组)菜单，对行或分组加入过滤条件。

6. 报表的预览和打印

在主窗口 Frm_Std_Grade 中单击“学生清单”按钮后，希望弹出一个窗口对以上设计的报表进行预览以及打印控制。

在 Project(项目)中加入一个 Form，改名为 Frm_StudentList，从工具栏中选择 CrystalReportViewer 放入该窗口，取名为 crystalReportViewer。

在窗口对应的程序 Frm_StudentList. cs 的窗口对象定义中增加一个 DataSet 的成员变量，通过它把主窗口的 DataSet 数据传入报表。

```
public DataSet dataSet;
```

当加载 Frm_StudentList 窗口时，要创建上面设计的报表对象 crystalReport1，然后设置其数据源为 dataSet，通过设置控件 crystalReportViewer 的 ReportSource 属性为 crystalReport1，明确 crystalReportViewer 要显示哪个报表，最后调用 crystalReportViewer 的 Zoom 方法，通过 crystalReportViewer 控件对报表预览和打印进行控制。

在 Frm_StudentList 的 Load 事件中输入以下程序：

```
CrystalReport1 crystalReport1 = new CrystalReport1();
crystalReport1.SetDataSource(dataSet);
crystalReportViewer1.ReportSource = crystalReport1;
crystalReportViewer1.Zoom(1);
```

主窗口 Frm_Std_Grade 的“学生清单”按钮的 Click 事件中程序为：

```
Frm_StudentList frm_StudentList = new Frm_StudentList ();
frm_StudentList .dataSet = dataSet;          //主窗口的 dataSet 传入子窗口的 dataSet
frm_StudentList.ShowDialog();
```

单击主窗口中“学生清单”按钮，将在一个预览窗口中预览到如图 9-5 所示的学生信息基本表，并且在预览窗口中还提供了打印、放大或缩小报表等控制预览和打印的按钮。

9.6.3 子报表

水晶报表提供了子报表的功能，即可以在一张报表中插入一张子报表，要求打印学生基本信息及每名学生各门课的成绩，每名学生各门课的成绩就可以作为子报表插入主报表中。

(1) 建立子报表。

在 Project(项目)中新加入一个报表 CrystalReport2，在 Details 中放入 Student_Elective 表中的两列：EleName(课程名称)和 Grade(成绩)。该报表将作为主报表的子报表备用。

(2) 建立主报表并在主报表中插入子报表。

在 Project(项目)中新加入一个报表 CrystalReport3(将作为主报表)，在 Details 中插入 Student 表的两列：StdId(学号)和 StdName(姓名)，然后参考图 9-5 所示的样式加入内容为“学号”“姓名”和“日期”的文本对象，并使用 Field Explorer(字段浏览器)中的 Special Fields(特殊字段)加入 Print Date(打印日期)。

右击 Detail，在弹出的快捷菜单中选择 Insert(插入)→Subreport(子报表)菜单，在弹出的对话框 Subreport 中选择 CrystalReport2。

(3) 建立主报表和子报表的连接。

由于要求子报表输出的是和主报表中学生信息相关联的学生成绩，因此必须设置两者的关系。

在插入子报表时，可在对话框的 Link（连接）框中设置主从报表的连接关系，在 Available Fields(可用字段)列表框中把 Report Fields 下的 Student. StdId 加入 Field(s) to Link to(连接字段)列表框中。也可以右击子报表，在弹出的快捷菜单中选择 Change Subreport Links…(改变子报表连接)菜单改变连接设置。

. NET 是通过在子报表中增加选择条件来实现主从报表数据的关联的，在 Subreport Links(子报表连接)对话框中，当把 Report Fields 下的 Student. StdId 加入 Field(s) to Link to(连接字段)列表框中时，会看到系统自动产生了一个参数：?Pm_Student. StdId，然后右击主报表中的子报表，在弹出的快捷菜单中选择 Edit Subreport(编辑子报表)菜单，在 Select Expert(选择专家)或 Selection Formule(选择公式)中可以看到以下表达式：

```
{Student.StdId} = {?Pm-Student.StdId}
```

正是通过这个选择条件表达式以及数据源中 Student 表和 Student_Elective 表的连接关系(使用报表的弹出菜单中的 Database(数据库)→Database Expert(数据库专家)可查询和修改数据源以及连接关系)的共同作用下，使子报表能根据主报表的 StdId 值，输出子报表内容。

(4) 输出每名学生的选课数。

首先对子报表通过 Field Explorer(字段浏览器)定义一个公式字段：subcnt，其对应公式为 Count ({Student_Elective. StdId})。

把 subcnt 拖入子报表的 Report Header 的合适位置，在之前，加一个文本对象，内容为“选课数”。

设置子报表的其他 Section 为 Hide(隐藏)或 Suppress(禁止)。

(5) 在主报表中对插入的子报表进行设置。

右击子报表，在弹出的快捷菜单中选择 Format Object(格式化对象)菜单，其中包含了对子报表边框、字体和对齐方式等的设置，在 Subreport 框中还有下列选项。

Suppress Blank Subreport(禁止空白子报表)：选中后，若子报表数据为空，则输出空白。

On Demand Subreport(根据需要输出子报表)：选中后，预览时子报表仅显示子报表名，单击后才显示子报表内容。

子报表是以复制方式加入主报表的，所以对子报表修改后，必须对子报表进行 Re-import Subreport(重新导入子报表)的操作，或者通过选择子报表的 Format Object(格式化对象)菜单，在弹出的对话框中打开 Re-import When Opening(打开时重新导入)选项，否则对子报表的修改将在主报表中看不到相应的变化。

(6) 用子报表难以解决的问题。

使用子报表实现学生成绩单的输出，以下问题解决起来比较困难。

① 由于主报表输出的是学生信息，对那些没有选修任何课程的学生，都将包含在主报表中，如何使没有选任何课程的学生不出现在报表中？

② 如何把学生选修的课程数放在学生姓名后，即放在主报表中？

③ 如何在子报表外加每名学生的平均成绩？

用一张报表中的 Master-Detail 关系，能很容易地解决这些问题。

9.6.4 Master-Detail 关系的报表

可以利用数据源中数据表的关系以及报表中分组功能输出如图 9-6 所示的更规范和更美观的学生成绩表。

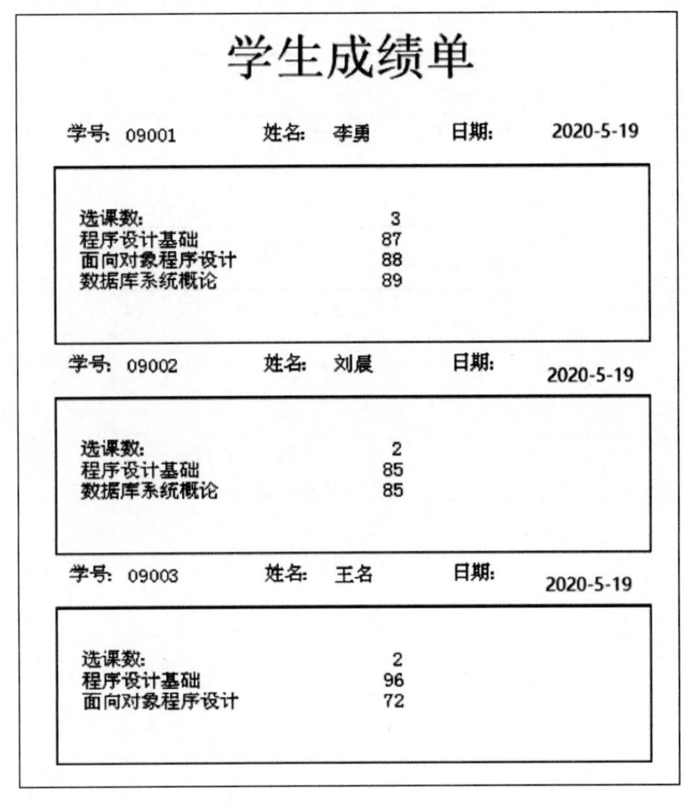

图 9-6 学生成绩单格式一

新建报表，然后建立报表数据源，其中包含了 dataSet 中已经建立的 Student 和 Student_Elective 之间通过 StdId 建立的关联。

在报表中插入分组，分组依据是 Student. StdId。

在 Details 中加入 Student_Elective. EleName 和 Student_Elective. Grade。

在 GroupHeaderSection 中加入 Student. StdId 和 Student. Name，然后插入一个汇总：count(Student_Elective. StdId)。

在报表的弹出式菜单 Report(报表)→Selection Formula(选择公式)→Group(分组)中输入 Count ({Student_Elective. StdId})> 0(分组过滤条件：至少选一门课)。

在 GroupFooterSection 中插入汇总：average(Grade. Grade)。

最后将得到如图 9-7 所示的报表。

学生成绩单

学号：09001	姓名：李勇	课程数：	3
程序设计基础			87
面向对象程序设计			88
数据库系统概论			89
		平均成绩：	**88**
学号：09002	姓名：刘晨	课程数：	2
程序设计基础			85
数据库系统概论			85
		平均成绩：	**85**
学号：09003	姓名：王名	课程数：	2
程序设计基础			96
面向对象程序设计			72
		平均成绩：	**84**

图 9-7　学生成绩单格式二

第4篇
项 目 实 践

本篇以学生管理系统为例，着重介绍基于 Spring Boot 如何创建一个实用的项目。

第10章 项目须知

10.1 Web开发背景知识

Web访问可以简单划分为两个过程：客户端请求、服务器端响应并显示结果。客户端的请求通过Servlet引擎传递给Servlet模块，Web服务器接收客户的请求，并把处理的结果返回给客户。客户端与服务器之间的通信协议就是超文本传输协议。客户端与服务器之间的请求模式如图10-1所示。

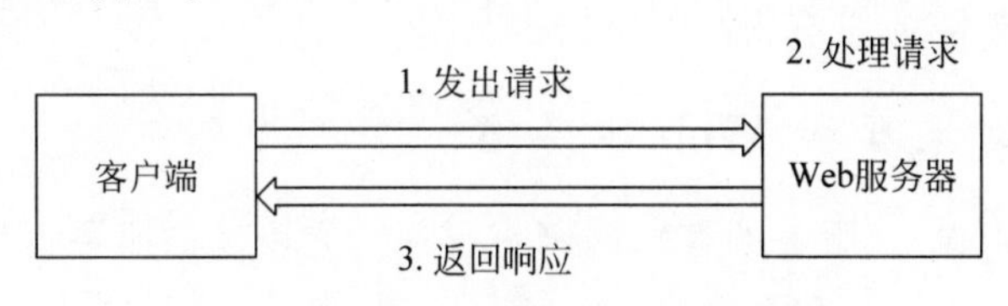

图10-1 客户端与服务器之间的请求模式

10.1.1 超文本传输协议

超文本传输协议（Hypertext Transfer Protocol，HTTP）是一种互联网上应用最为广泛的网络协议，是一种无状态的协议。自1990年起，已经被应用于Web全球信息服务系统。所有的Web文件都必须遵守这个标准。

HTTP的主要特点如下。

- 简单、快速。客户端向服务器请求服务时，只需发送请求方法和路径URL。通常请求的方法有POST和GET。由于HTTP简单，使得HTTP服务器的程序规模相对较小，因此传输速度较快。
- 灵活。HTTP允许传输任意类型的数据，例如普通文本、超文本、音频、视频等，主要由Content-Type控制。
- 无状态。无状态是指对于数据库事务处理没有记忆能力。后续的处理如果需要前面的信息，就需要重新发送。
- 无连接。无连接的含义是每次连接只处理一次请求，处理完当次请求后就断开连接。

10.1.2 静态网页和动态网页

在网站设计中，直接使用HTML编写的网页称为静态网页。静态网页是标准的HTML文件，扩展名为HTM或HTML。它所展示的内容一般是固定不变的，早期的网站一般都是由静态网页制作的。静态网页更新起来比较麻烦，需要将更新的HTML页面重新上传到网站服务器。显然,这样的网站缺乏灵活性,同时网站的维护成本也比较高。动态网页技术的出现改变了如此不灵活的状态,用户在不同时间或不同地点访问同一动态网页时显示的内容可以是不同的。

动态网页中的变化内容大部分来自数据库中数据的变化,通过增加、删除、修改、查找数据库中存储的数据来显示内容的变化。例如,在微博中发布一条微博后,查看微博时,会将所发的微博即时显示出来,这在静态网页中是无法完成的。动态网页在被访问时,首先运行服务端脚本,通过它生成网页内容。显然,动态网页的显示内容是在访问该网页时动态生成的,而静态网页是提前做好放在服务器中的,因此,当前网络上的网页大多是动态网页,很少有静态网页,除非一些固定不变的内容,例如发布公告等新闻内容。

目前比较流行的动态网页技术主要包含 ASP、PHP 以及 JSP,本项目中主要使用的是 JSP 网页。

JSP(Java Server Pages,Java 服务器页面)采用 Java 语言作为服务器端脚本,页面由 HTML 和嵌入 Java 代码组成。随着 Java 的广泛应用,JSP 的应用也越来越广泛。其优点是简单易用,完全面向对象,具有 Java 的平台无关性和安全可靠性。目前大多数的动态网站开发都采用 JSP 技术,它具有很高的市场占有率。

10.1.3 Web 浏览器和 Web 服务器

Web 浏览器是指 Web 服务的客户端浏览程序。它可以向服务器发送各种请求,并对从服务器中返回的各种信息(包括文本、超文本、音频、视频等各种数据)进行解释、显示和播放。如今,Web 浏览器遍地开花,国外的有 Internet Explorer (IE)、Chrome、Firefox、Safari,以及近几年逐渐步入公众视野的 Microsoft Edge 浏览器,国内的有 360 浏览器、QQ 浏览器、傲游浏览器、搜狗浏览器、猎豹浏览器等。

浏览器与服务器的关系可谓"唇齿相依",浏览器发送请求,服务器处理请求并将结果返回给浏览器显示。Web 服务器的种类繁多,目前比较流行的有 WebSphere、WebLogic、Tomcat 等。它们的配置、启动方式各不相同,也各自有其优缺点。本项目使用到的主要是 Tomcat 服务器。

10.2 项目概述

【例 10-1】 学生管理系统包括学生名录、添加学生、修改学生、删除学生、成绩名录、添加成绩、修改成绩、删除成绩以及学生清单九个模块,该系统简单地实现了学生管理、学生成绩管理以及学生成绩清单功能。

模块功能如表 10-1 所示。

表 10-1 学生管理系统模块功能

序号	模块名称	功能描述
1	学生名录	学生个人信息以及学生平均成绩,支持按照学号进行模糊查询
2	添加学生	添加学生个人信息,如果学号已存在则给出提示
3	修改学生	修改学生信息
4	删除学生	删除学生,支持单个或者批量删除

续表

序号	模块名称	功能描述
5	成绩名录	显示学生每门课程的成绩
6	添加成绩	添加学生成绩，如果成绩已存在则不会被再次添加
7	修改成绩	修改学生课程的成绩
8	删除成绩	删除学生成绩，支持单个和批量删除
9	学生清单	按照性别统计平均分、按照班级统计平均分进行展示

10.3 架构设计

10.3.1 开发工具和技术

- 开发工具：Eclipse、MySQL、Tomcat。
- 开发技术：Servlet、JSP、JDBC、EL 标签、JSTL 表达式。
- 管理工具：Maven。

10.3.2 设计规则

- 命名规则：量名、方法名遵循驼峰标识，类名首字母大写并遵循驼峰标识，POJO 类的字段命令要与数据库字段名保持一致。
- 注释规则：方法使用注解，变量名及相关业务代码使用注释。
- Dao 层、Service 层使用面向接口编程。
- 通用方法抽取为公共方法。

10.3.3 E-R 图

学生管理系统关系 E-R 图如图 10-2 所示。

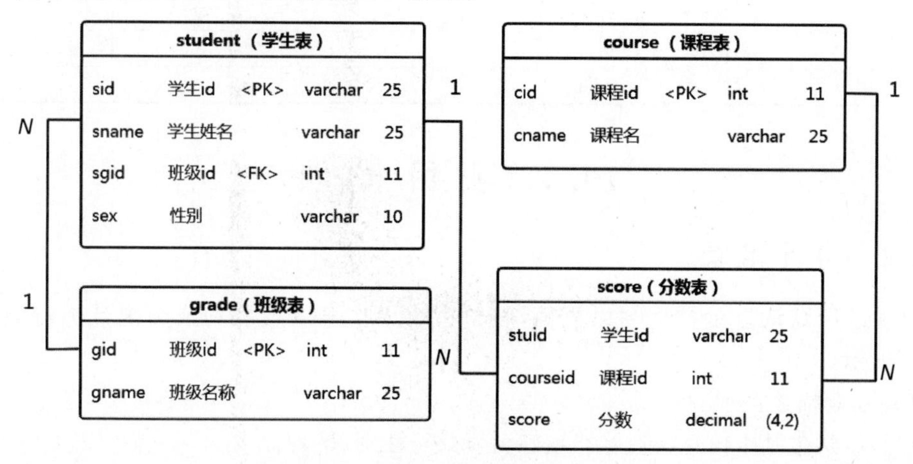

图 10-2 学生管理系统关系 E-R 图

学生管理系统数据表如表 10-2 所示。

表 10-2　学生管理系统数据表

序　号	数据表	表　名	备　注
1	student	学生表	学生个人信息
2	grade	班级表	班级信息
3	course	课程表	课程信息
4	score	分数表	课程分数

各表的表结构分别如表 10-3～表 10-6 所示。

表 10-3　student(学生表)

字　段	名　称	数据类型	主　键	非　空	默认值
sid	学生 id	varchar(25)			
sname	学生姓名	varchar(25)			
sgid	班级 id	int(10)			
sex	性别	varchar(10)			

表 10-4　grade(班级表)

字　段	名　称	数据类型	主　键	非　空	默认值
gid	班级 id	int(11)	√	√	
gname	班级名称	varchar(25)			

表 10-5　course(课程表)

字　段	名　称	数据类型	主　键	非　空	默认值
cid	课程 id	int(11)	√	√	
cname	课程名	varchar(25)			

表 10-6　score(分数表)

字　段	名　称	数据类型	主　键	非　空	默认值
stuid	学号	varchar(25)	√	√	
courseid	课程 id	int(25)			
score	分数	decimal(4,2)			

10.4　项目模块

10.4.1　学生名录

项目运行默认显示学生名录界面，将学生个人信息以及平均成绩统计进行显示，如图 10-3 所示。

模块功能描述：

- 显示学生基本信息，包括学号、姓名、班级、性别、平均分。
- 可以进行每条学生信息的修改和各科成绩的查看。
- 支持添加学生和单个、批量删除学生。
- 支持对学生按照学号进行模糊查询。
- 单击“学生清单”按钮跳转到学生清单页面。

添加学生
学生列表
学生清单

学生名录

学号： 搜索

新建 删除选中 学生清单

	学号	姓名	班级	性别	平均分	操作
	1001	张三	软工1班	男	91.50	修改 成绩清单
	1001010	liu1	软工1班	男	22.50	修改 成绩清单
	1002	李四	软工1班	男	90.00	修改 成绩清单
	1003	李敏	软工1班	女	90.40	修改 成绩清单
	1004	王语	软工1班	女	0.00	修改 成绩清单
	1005	张继	软工2班	男	82.50	修改 成绩清单
	1006	孙科	软工2班	男	0.00	修改 成绩清单
	1007	刘洋	软工2班	女	0.00	修改 成绩清单
	1008	张璐	软工2班	女	0.00	修改 成绩清单
	1010	赵四	软工2班	男	0.00	修改 成绩清单

图 10-3　学生名录

10.4.2　添加学生

在学生名录中单击“添加学生”或者“新建”链接，跳转到添加学生的页面，如图 10-4 所示，将班级列表填充到下拉列表框进行选择。

模块功能描述：

- 可以填写学生基本信息，包括选学号、姓名、班级、性别。
- 单击“确定”按钮对学生信息进行提交，其中对学号和姓名进行判空提示，以及如果学号已存在则给出相应的提示。
- 单击“取消”按钮返回上一页。

10.4.3　修改学生

单击每条学生信息后面的“修改”链接，跳转到修改学生信息的页面，同时将学生的基本信息填充到修改学生信息页面，如图 10-5 所示。

图 10-4　添加学生

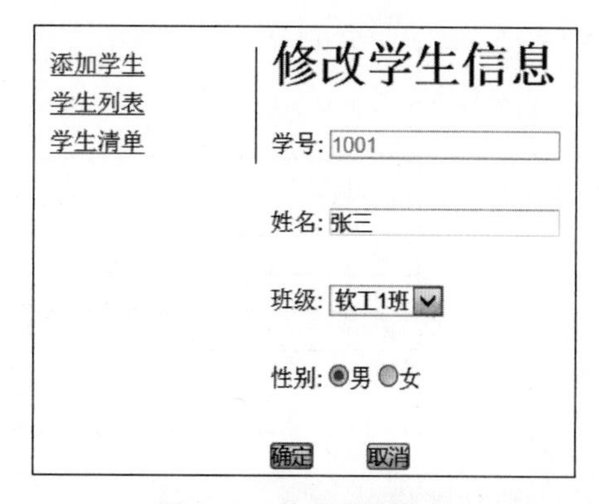

图 10-5　修改学生信息

模块功能描述：

- 表单填充需要修改的学生原始信息，其中学号不允许进行修改。
- 单击“确定”按钮将修改的信息进行提交，单击“取消”按钮返回上一页。

10.4.4 删除学生

对选中的学生进行删除，包括单个和批量删除，如图 10-6 所示。

添加学生
学生列表
学生清单

学生名录

学号：［ ］ 搜索

新建 删除选中 学生清单

□	学号	姓名	班级	性别	平均分	操作
□	1001	张三	软工1班	男	91.50	修改 成绩清单
□	1001010	liu1	软工1班	男	22.50	修改 成绩清单
□	1002	李四	软工1班	男	90.00	修改 成绩清单
□	1003	李敏	软工1班	女	90.40	修改 成绩清单
□	1004	王语	软工1班	女	0.00	修改 成绩清单
□	1005	张继	软工2班	男	82.50	修改 成绩清单
□	1006	孙科	软工2班	男	0.00	修改 成绩清单
□	1007	刘洋	软工2班	女	0.00	修改 成绩清单
□	1008	张璐	软工2班	女	0.00	修改 成绩清单
□	1010	赵四	软工2班	男	0.00	修改 成绩清单

图 10-6　删除学生

模块功能描述：

- 选中学生进行删除，包括单个和批量删除。
- 单击“删除选中”链接，如果没有学生被勾选则提示“请先进行选择！”的信息。
- 单击“删除选中”链接，提示框显示“您确定要删除该学生吗？”的提示信息。

10.4.5 成绩名录

单击“学生名录”中的“成绩清单”链接，可以根据学号查看该学生的所有课程成绩，如图 10-7 所示。

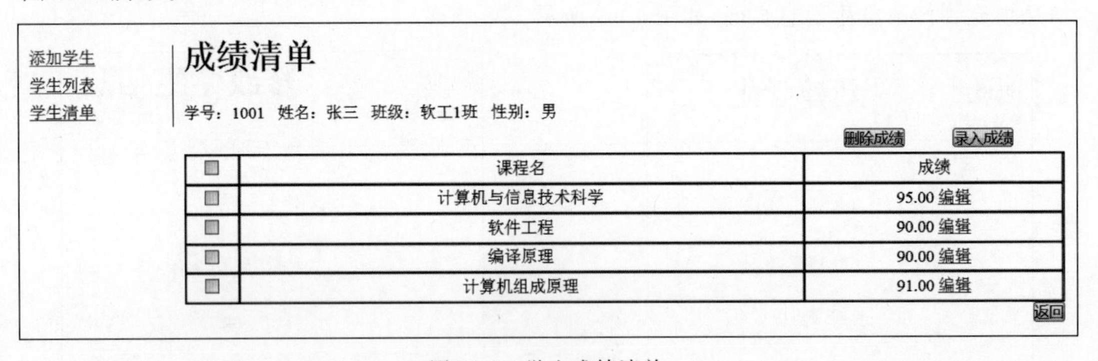

添加学生
学生列表
学生清单

成绩清单

学号：1001 姓名：张三 班级：软工1班 性别：男

删除成绩 录入成绩

□	课程名	成绩
□	计算机与信息技术科学	95.00 编辑
□	软件工程	90.00 编辑
□	编译原理	90.00 编辑
□	计算机组成原理	91.00 编辑

返回

图 10-7　学生成绩清单

模块功能描述：

- 显示学生基本信息，包括学号、姓名、班级、性别。
- 显示学生各科成绩的课程名和对应的分数，分数取小数点后两位。
- 支持录入和修改成绩、单个和批量删除成绩。

10.4.6 添加成绩

在“成绩清单”中单击“录入成绩”按钮，跳转到“录入成绩”页面，如图 10-8 所示。如果该学生所有课程均有成绩，则提示“该学生所有课程均已有成绩，无法录入”信息。

模块功能描述：

- 填充该学生的基本信息，其中学号、姓名、班级均不可修改，课程中只显示未录入成绩的下拉列表框，成绩默认为 0。
- 单击“确定”按钮提交该学生成绩，单击“取消”按钮返回上一页。

10.4.7 修改成绩

在“成绩清单”中单击“编辑”链接，跳转到修改成绩的页面，如图 10-9 所示。

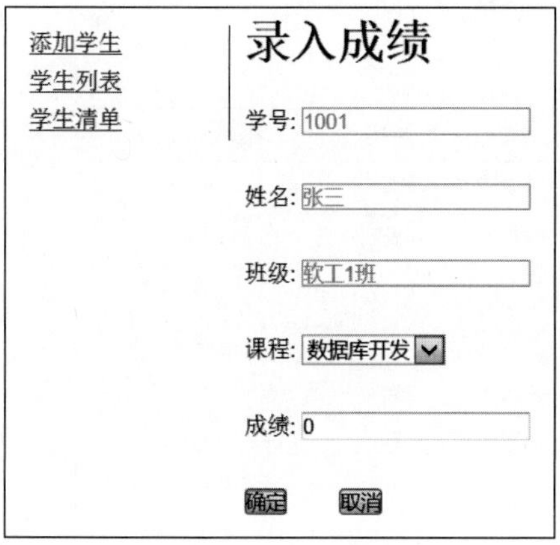

添加学生
学生列表
学生清单
录入成绩
学号: 1001
姓名: 张三
班级: 软工1班
课程: 数据库开发
成绩: 0
确定
取消

图 10-8 录入成绩

添加学生
学生列表
学生清单
修改成绩
学号: 1001
姓名: 张三
班级: 软工1班
课程: 计算机与信息技术科学
成绩: 95.00
确定
取消

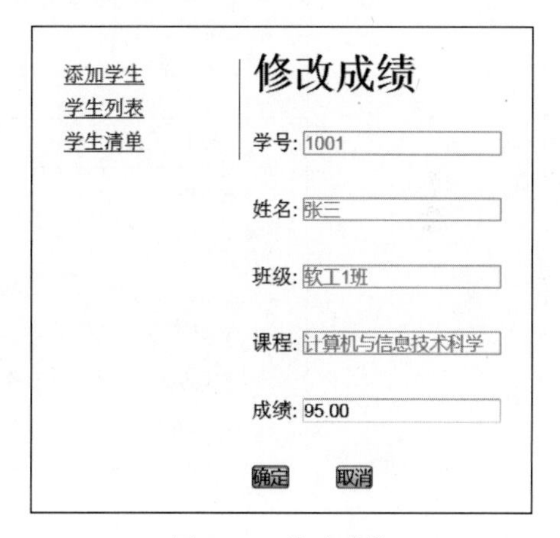

图 10-9 修改成绩

模块功能描述：

- 自动填充该学生的基本信息，其中学号、姓名、班级、课程不允许修改，只允许修改成绩。
- 单击“确定”按钮提交该学生信息，单击“取消”按钮返回上一页。

10.4.8 删除成绩

在“成绩清单”中可针对该学生的成绩进行删除，支持单个和批量删除成绩，如图 10-10 所示。

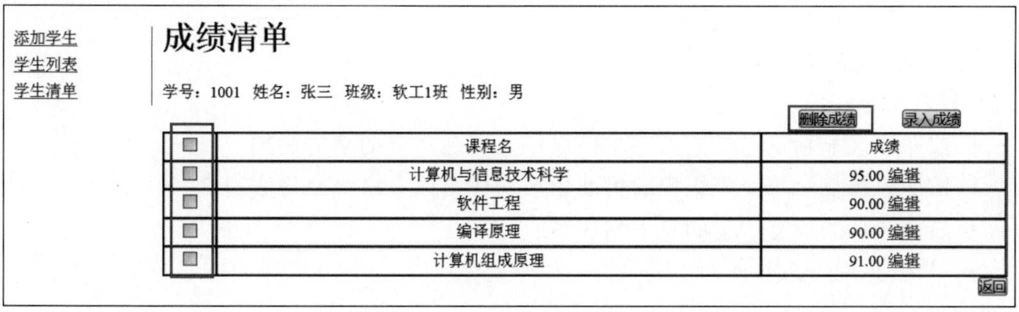

添加学生
学生列表
学生清单
成绩清单
学号：1001 姓名：张三 班级：软工1班 性别：男
删除成绩
录入成绩
课程名
成绩
计算机与信息技术科学
95.00 编辑
软件工程
90.00 编辑
编译原理
90.00 编辑
计算机组成原理
91.00 编辑
返回

图 10-10 删除成绩

模块功能描述：

- 支持单选和多选、全选和全不选。
- 单击“删除成绩”按钮，如果没有成绩被选择则提示“请先进行选择！”信息。
- 单击“删除成绩”按钮，提示“您确定删除该学生成绩吗？”。

10.4.9 学生清单

在每个页面中都可以单击“学生清单”链接查看学生清单，清单按照分组显示所有班级的男女生平均成绩、班级平均成绩信息，以及每名学生的个人信息，如图 10-11 所示。

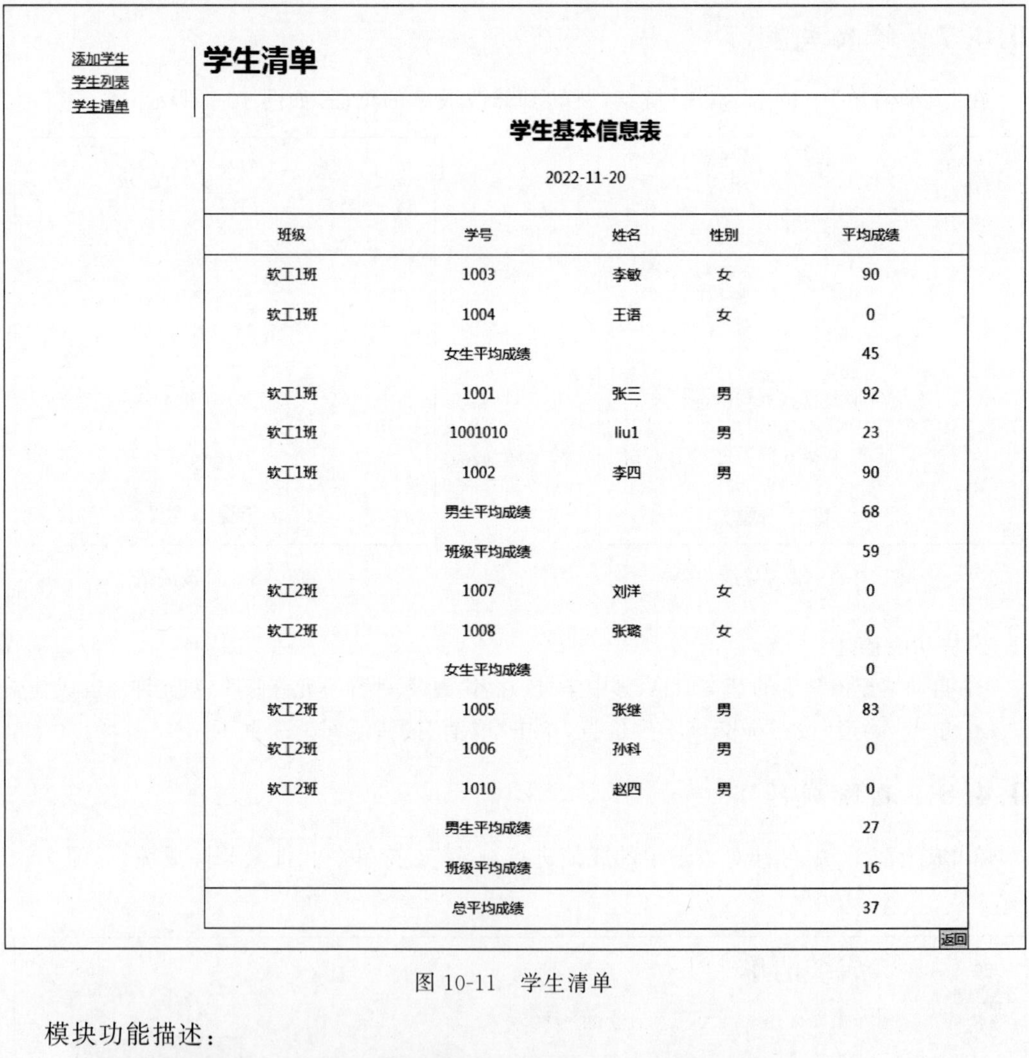

添加学生
学生列表
学生清单

学生清单

学生基本信息表

2022-11-20

班级	学号	姓名	性别	平均成绩
软工1班	1003	李敏	女	90
软工1班	1004	王语	女	0
	女生平均成绩			45
软工1班	1001	张三	男	92
软工1班	1001010	liu1	男	23
软工1班	1002	李四	男	90
	男生平均成绩			68
	班级平均成绩			59
软工2班	1007	刘洋	女	0
软工2班	1008	张璐	女	0
	女生平均成绩			0
软工2班	1005	张继	男	83
软工2班	1006	孙科	男	0
软工2班	1010	赵四	男	0
	男生平均成绩			27
	班级平均成绩			16
	总平均成绩			37

返回

图 10-11　学生清单

模块功能描述：

- 按照班级显示每名学生的基本信息以及每名学生的平均成绩。
- 按照班级显示每个班级中的男女生平均成绩以及班级平均成绩。
- 显示统计的所有学生的总平均成绩。
- 单击“返回”按钮，返回上一页。

10.5 系统详细设计

10.5.1 项目结构目录

学生管理系统项目结构目录如图 10-12 所示。

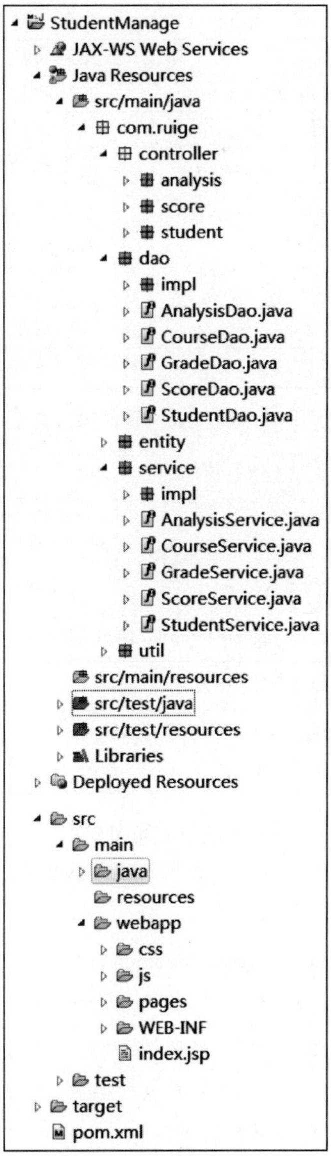

```
StudentManage
  JAX-WS Web Services
  Java Resources
    src/main/java
      com.ruige
        controller
          analysis
          score
          student
        dao
          impl
          AnalysisDao.java
          CourseDao.java
          GradeDao.java
          ScoreDao.java
          StudentDao.java
        entity
        service
          impl
          AnalysisService.java
          CourseService.java
          GradeService.java
          ScoreService.java
          StudentService.java
        util
    src/main/resources
    src/test/java
    src/test/resources
    Libraries
  Deployed Resources
  src
    main
      java
      resources
      webapp
        css
        js
        pages
        WEB-INF
        index.jsp
    test
  target
  pom.xml
```

图 10-12　项目结构目录

10.5.2 项目结构目录描述

项目结构目录描述如表 10-7 所示。

表 10-7 项目结构目录描述

目 录	包或文件	描 述
src/main/java (.java,存放项目源文件)	com.ruige.entity	持久层包
	com.ruige.dao	数据访问层接口包
	com.ruige.dao.impl	数据访问层实现包
	com.ruige.service	业务接口包
	com.ruige.service.impl	业务实现类包
	com.ruige.controller	控制层包
	com.ruige.controller.analysis	成绩统计分析控制包
	com.ruige.controller.student	学生信息相关控制层包
	com.ruige.controller.score	学生成绩相关控制层包
src/main/webapp	css、js、pages WEB-INF/web.xml	存放 Web 应用程序的静态资源、配置文件、页面模板和部署描述文件(web.xml)等
src/test/java	com.ruige.test	存放所有 Junit 单元测试文件
target	classes、test-classes 等	Maven 项目打包存储目录,Maven 自动创建
	pom.xml	Maven 项目核心配置文件

本项目中使用到的依赖包如下:javax.servlet-api,3.1.0; javax.servlet.jsp-api,2.3.3; mysql-connector-java,5.1.46; jstl,1.2; junit,4.13.2。

10.5.3 接口设计

Dao 层接口设计如表 10-8 所示。

表 10-8 Dao 层接口

接 口	接口中定义的方法	描 述
public interface StudentDao	public List<Student> getAllStudent(String sid)	获取所有学生信息,包括学号、姓名、班级、性别、平均分
	public int addStudent(Student student)	添加学生信息,包括学号、姓名、班级 id、性别
	public Student getStudentById(String id)	根据学号获取学生信息
	public Student getStudentScoreById(String id)	根据学号获取该学生下的所有课程分数
	public int updateStudent(Student student)	根据学号更新学生成绩
	public int delStudent(String id)	删除学生信息
public interface GradeDao	public List<Grade> getAllGrades()	获取所有班级列表
public interface CourseDao	public List<Course> getAllCourse()	获取所有课程列表
	public List<Course> getUnselectCourseByid(String sid)	根据学生 id 获取学生未选的课程列表
	public Course getCourseById(String courseid)	根据课程 id 获取课程信息

续表

接　　口	接口中定义的方法	描　　述
public interface ScoreDao	public List<Score> getAllScoreBySid(String id)	根据学号获取所有课程成绩列表
	public int updateScoreByStuId(Score score)	根据学号和课程 id 修改学生成绩
	public int addScore(Score score)	添加学生课程成绩
	public int deleteScoreBySid (String courseid, String sid)	根据学号和课程 id 删除学生成绩
	public int deleteAllScoreBySid(String sid)	根据学号删除所有学生成绩
	public Score getScoreByid(Score score)	根据学号和课程 id 获取学生成绩
public interface AnalysisDao	public List<Student> getAllStudentAvg(String sgid, String sex)	根据班级 id 和性别获取学生成绩列表

Service 层接口设计如表 10-9 所示。

表 10-9　Service 层接口

接　　口	接口中定义的方法	描　　述
public interface StudentService	public List<Student> getAllStudent (String sid)	获取所有学生信息，包括学号、姓名、班级、性别、平均成绩
	public int addStudent(Student student)	添加学生信息，包括学号、姓名、班级 id、性别
	public Student getStudentById(String id)	根据学号获取学生信息
	public Student getStudentScoreById(String id)	根据学号获取该学生下的所有课程分数
	public int updateStudent(Student student)	根据学号更新学生成绩
	public int delStudent(String id)	删除学生信息
public interface GradeService	public List<Grade> getAllGrades()	获取所有班级列表
public interface CourseService	public List<Course> getAllCourse()	获取所有课程列表
	public List<Course> getUnselectCourseByid (String sid)	根据学生 id 获取学生未选的课程列表
	public Course getCourseById(String courseid)	根据课程 id 获取课程信息
public interface ScoreService	public List<Score> getAllScoreBySid (String id)	根据学号获取所有课程成绩列表
	public int updateScoreByStuId(Score score)	根据学号和课程 id 修改学生成绩
	public int addScore(Score score)	添加学生课程成绩
	public int deleteScoreBySid (String courseid, String sid)	根据学号和课程 id 删除学生成绩
	public int deleteAllScoreBySid(String sid)	根据学号删除所有学生成绩
	public Score getScoreByid(Score score)	根据学号和课程 id 获取学生成绩
public interface AnalysisService	public void getAllStudentAvg (HttpServletRequest req)	获取班级男女平均成绩、班级平均成绩、总平均成绩

第11章 项目代码

11.1 项目首页

按照要求，运行项目默认进入学生名录界面，由于学生名录中需要从后端获取数据进行展示，因此在 web. xml 中配置一个欢迎界面——index. jsp 页面，然后由 index. jsp 页面中的代码执行请求重定向，后端接收请求后获取数据返回给前端页面进行展示。

其中，web. xml 配置如下：

```
<?xml version = "1.0" encoding = "utf - 8"?>
< web - app xmlns:xsi = "http://www.w3.org/2001/XMLSchema - instance"
 xmlns = "http://java.sun.com/xml/ns/javaee"
 xsi:schemaLocation = "http://java.sun.com/xml/ns/javaee http://java.sun.com/xml/ns/javaee/
web - app_2_5.xsd"
 version = "2.5">
< display - name > StudentManage </display - name >
< welcome - file - list >
     < welcome - file > index.jsp </welcome - file >
</welcome - file - list >
</web - app >
```

配置中的 index. jsp 页面的 Java 代码执行重定向，源代码如下：

```
< % @ page language = "java" contentType = "text/html; charset = utf - 8"
   pageEncoding = "utf - 8" % >
   < %
   String path = request.getContextPath();
   response.sendRedirect(path + "/getAllStudent");
   % >
<! DOCTYPE html >
< html >
< head >
< meta charset = "utf - 8">
< title>欢迎使用学生管理系统</title >
</head >
< body >
</body >
</html >
```

以上代码通过重定向发送请求到后端，从后端获取数据后将请求转发至学生列表 stuList. jsp 页面，源代码如下：

```
< % @ page language = "java" contentType = "text/html; charset = utf - 8"
 pageEncoding = "utf - 8" % >
< % @ taglib uri = "http://java.sun.com/jsp/jstl/core" prefix = "c" % >
```

```
<%
 request.getSession().removeAttribute("updateStu");
 %>
<!DOCTYPE html>
<html>
<head>
<meta charset = "UTF-8">
<link rel = "stylesheet" type = "text/css"
 href = "${pageContext.request.contextPath}/css/main.css" />
<title>学生名单</title>
</head>
<body>
 <div class = "main">
       <jsp:include page = "common-elements/common_left.jsp" />
       <div class = "right">
            <div>
                 <h1>学生名录</h1>
                 <br>
                 <form action = "">
                      学号: <input type = "text" name = "sid" id = "sid" value = "">
                      <input type = "button" value = "搜索" onclick = "onSearch()"><br/><hr/><br>
                       <a href = "${pageContext.request.contextPath}/addStudent" >新建</a>
  
                      <a href = "javascript:delStu()" >删除选中</a>   
                      <input type = "button" value = "学生清单" onclick = "window.location.href =
'${pageContext.request.contextPath}/analysis'" style = "margin-left: 600px"/>   
                      <table>
                           <tr class = "t1">
                                <td><input type = "checkbox" id = "select01" name = "allchnames"
                                     onclick = "selectAll()" /></td>
                                <td>学号</td>
                                <td>姓名</td>
                                <td>班级</td>
                                <td>性别</td>
                                <td>平均分</td>
                                <td>操作</td>
                           </tr>
                           <c:forEach var = "stu" items = "${stuList}">
                                <tr>

                                     <td><input type = "checkbox" name = "chnames" value =
"${stu.sid}" /></td>
                                     <td>${stu.sid}</td>
                                     <td>${stu.sname}</td>
                                     <td>${stu.sgname}</td>
                                     <td>${stu.sex}</td>
                                     <td>${stu.avgscore}</td>
                                     <td><a href = "${pageContext.request.contextPath}/
updateStudent?sid = ${stu.sid}">修改</a>
                                          <a href = "${pageContext.request.contextPath}/
getStudentScore?sid = ${stu.sid}">成绩清单</a></td>
                                </tr>
                           </c:forEach>
                      </table>
```

```
                </form>
            </div>
        </div>
    </div>
</body>
<script type="text/javascript">
    //对复选框进行选择
    function selectAll() {
        //获取第一列的复选框,通过名字进行复选,以数组的形式返回
        var allcheck = document.getElementsByName("allchnames");
        //获取每一行数据的复选框
        var objs = document.getElementsByName("chnames");
        //判断最上面的复选框的值,如果被选中
        if (allcheck[0].checked == true) {
            //每一行的复选框都设置为选中状态
            for (var i = 0; i < objs.length; i++) {
                objs[i].checked = true;
            }
        } else {
            //如果最上面的复选框不为 true,则设置为全不选
            for (var i = 0; i < objs.length; i++) {
                objs[i].checked = false;
            }
        }

    }

    //搜索学生信息
    function onSearch() {
        var sid = document.getElementById("sid").value;
        window.location.href = "${pageContext.request.contextPath}/getAllStudent?sid="
                + sid;
    }

    //删除学生
    function delStu() {
        var objs = document.getElementsByName("chnames");
        //定义一个初始值 len,用于计算被选中学生的数量
        var len = 0;
        //定义一个字符串用于拼接学生 id
        var studentIds = "";
        for (var i = 0; i < objs.length; i++) {
            if (objs[i].checked == true) {
                //如果复选框被选中则将学生 id 按照 id1,id2,id3,id4 的模式进行拼接
                //后端代码会进行拆分处理
                studentIds = studentIds + "," + objs[i].value;
                //有一个被选中的复选框则学生数量加 1
                len++;
            }
        }
        //判断复选框的数量,如果没有被选中的复选框,则提示进行选择并返回
        if (len == 0){
            alert("请先进行选择!");
            return;
        }
        //提示是否删除
```

```
        var flag = window.confirm("您确定要删除该学生吗?");
        if (flag) {
            //如果单击"确定"按钮,则发送删除请求,并将字符串进行拼接
            window.location.href = "${pageContext.request.contextPath}/delStudent?sid="
                    + studentIds;
        }
    }
</script>
</html>
```

学生名录的内容相对较多,其中表格中用于显示学生基本信息以及平均成绩,同时包括一些增、删、改、查的请求跳转链接,例如添加学生、按照学号进行查询、选中学生进行删除、修改学生信息、查看学生成绩等,每个请求都有相应的 Servlet 类来处理并跳转到指定页面中。

11.2 公共页面

每个页面中的左侧导航栏都有相同的内容,如图 11-1 所示。

作为项目的公共页面,将这些功能的页面代码抽取出来,在需要的地方进行引入即可,common_left.jsp 源代码如下:

添加学生
学生列表
学生清单

图 11-1 公共页面

```
<%@ page language="java" contentType="text/html; charset=utf-8"
 pageEncoding="utf-8"%>
<div class="left">
 <ul>
      <li><a href="${pageContext.request.contextPath}/addStudent">添加学生</a></li>
      <li><a href="${pageContext.request.contextPath}/getAllStudent">学生列表</a></li>
      <li><a href="${pageContext.request.contextPath}/analysis">学生清单</a></li>
 </ul>
</div>
```

公共页面中提供添加学生、学生列表、学生清单的请求链接,单击链接快速跳转到相应的页面中。学生列表 stuList.jsp 页面中已经通过 jsp 标签引入,引入的代码方式如下:

```
<jsp:include page="common-elements/common_left.jsp" />
```

11.3 学生管理模块

11.3.1 实体层

数据在 JSP 页面进行展示之前,需要创建一个实体类来保存数据库中获取的数据。在学生管理模块,需要根据学生的信息来创建实体类 Student.java。实体类中的主要属性包括学生的学号、姓名、班级 id、班级名称、性别、平均分等信息,为了保证代码的安全性和可维护性,每个属性都是私有的,均有相应的 GET、SET 方法,Student.java 源代码如下:

```
package com.ruige.entity;

import java.io.Serializable;
import java.util.List;
/**
```

```
 *
 * @author Administrator 学生类
 */
public class Student implements Serializable {

 private static final long serialVersionUID = 1L;

 //学号
 private String sid;
 //姓名
 private String sname;
 //班级 id
 private String sgid;
 //班级名称
 private String sgname;
 //性别
 private String sex;
 //平均分
 private String avgscore;
 //课程分数
 private List<Score> scoreList;

     public String getSid() {
     return sid;
 }
     public void setSid(String sid) {
     this.sid = sid;
 }
     public String getSname() {
     return sname;
 }
     public void setSname(String sname) {
     this.sname = sname;
 }
     public String getSgid() {
     return sgid;
 }
     public void setSgid(String sgid) {
     this.sgid = sgid;
 }
     public String getSgname() {
     return sgname;
 }
     public void setSgname(String sgname) {
     this.sgname = sgname;
 }
     public String getSex() {
     return sex;
 }
     public void setSex(String sex) {
     this.sex = sex;
 }
     public String getAvgscore() {
     return avgscore;
 }
     public void setAvgscore(String avgscore) {
```

```
        this.avgscore = avgscore;
    }
        public List< Score > getScoreList() {
        return scoreList;
    }
        public void setScoreList(List< Score > scoreList) {
        this.scoreList = scoreList;
    }
}
```

11.3.2 数据访问层

在项目开发中，通常会定义一个数据访问层来进行数据库连接和数据操作。由于后面在实际的功能中会频繁使用到数据库连接和关闭以及增、删、改、查操作，所以在这里需要把一些公共方法定义在一个 util 包中，以便于后面程序使用时进行调用。定义一个 BaseDao.java 文件来编写数据库连接、关闭以及增、删、改、查操作的公共代码，BaseDao.java 源代码如下：

```
package com.ruige.util;

import java.sql.Connection;
import java.sql.DriverManager;
import java.sql.PreparedStatement;
import java.sql.ResultSet;
import java.sql.SQLException;

public class BaseDao {
 private Connection conn;
 private PreparedStatement ps;
 private ResultSet rs;
        private final String url = "jdbc:mysql://localhost:3306/stumanage?useSSL = false";
        private final String driver = "com.mysql.jdbc.Driver";
        private final String name = "root";
        private final String password = "123456";

        public Connection getConnection() {
        try {
              Class.forName(driver);
              conn = DriverManager.getConnection(url, name, password);
        } catch(Exception e) {
              e.printStackTrace();
        }
        return conn;
 }

        public void closeAll(Connection conn, PreparedStatement ps, ResultSet rs) {
        if(rs != null) {
              try {
                   rs.close();
              } catch(SQLException e) {
                   e.printStackTrace();
              }
        }
```

```
        if(ps != null) {
            try {
                ps.close();
            } catch(SQLException e) {
                e.printStackTrace();
            }
        }

        if(conn != null) {
            try {
                conn.close();
            } catch(SQLException e) {
                e.printStackTrace();
            }
        }
    }

    public int execUpdate(String sql,Object...params) {
        int result = 0;
        conn = getConnection();
        try {
            ps = conn.prepareStatement(sql);
            for(int i = 0; i < params.length; i++) {
                ps.setObject(i + 1, params[i]);
            }
            result = ps.executeUpdate();
        } catch(SQLException e) {
            e.printStackTrace();
        } finally {
            closeAll(conn, ps, rs);
        }
        return result;
    }
}
```

根据项目需求,需要对学生进行增、删、改、查的操作。在数据访问层定义一个 StudentDao.java 接口文件定义和规范一些方法。主要的方法包括添加学生、修改学生、删除学生以及按照条件查询单个学生信息或者学生信息列表等。StudentDao.java 源代码如下:

```
package com.ruige.dao;
import java.util.List;
import com.ruige.entity.Student;

public interface StudentDao {
 //获取所有的学生信息
 public List<Student> getAllStudent(String sid);

 //添加学生
 public int addStudent(Student student);

 //根据学生 id 获取学生信息
 public Student getStudentById(String id);

 //根据学生 id 获取学生所有课程成绩
```

```
    public Student getStudentScoreById(String id);

    //修改指定学生信息
    public int updateStudent(Student student);
    //根据学生 id 删除学生信息
    public int delStudent(String id);
}
```

该接口中包含了学生业务的基本增、删、改、查方法，StudentDao 接口的实现类为 StudentDaoImpl.java，源代码如下：

```
package com.ruige.dao.impl;

import java.sql.Connection;
import java.sql.PreparedStatement;
import java.sql.ResultSet;
import java.sql.SQLException;
import java.util.ArrayList;
import java.util.List;

import com.ruige.dao.ScoreDao;
import com.ruige.dao.StudentDao;
import com.ruige.entity.Score;
import com.ruige.entity.Student;
import com.ruige.util.BaseDao;

public class StudentDaoImpl extends BaseDao implements StudentDao{
 private ScoreDao ScoreDao = new ScoreDaoImpl();

 /**
   * 获取学生基本信息列表,包括个人课程平均成绩,支持模糊查询
   */
 @Override
     public List<Student> getAllStudent(String sid) {
     Connection conn;
     PreparedStatement ps = null;
     ResultSet rs = null;
     List<Student> list = new ArrayList<Student>();
     String sql = "SELECT st.*, g.*, round(AVG(ifnull(sc.score,0.00)),2) as avgscore FROM
student st " +
                "LEFT JOIN grade g ON st.sgid = g.gid " +
                "LEFT JOIN score sc ON st.sid = sc.stuid " +
                "WHERE st.sid like concat('%',?,'%') GROUP BY st.sid ORDER BY st.sid ";
     conn = getConnection();
     try {
          ps = conn.prepareStatement(sql);
          ps.setObject(1, sid);
          rs = ps.executeQuery();
          while(rs.next()) {
               Student student = new Student();
               student.setAvgscore(rs.getString("avgscore"));
               student.setSid(rs.getString("sid"));
               student.setSname(rs.getString("sname"));
               student.setSex(rs.getString("sex"));
               student.setSgid(rs.getString("gid"));
               student.setSgname(rs.getString("gname"));
```

```
                list.add(student);
            }
        } catch(SQLException e) {
            e.printStackTrace();
        }finally {
            closeAll(conn, ps, rs);
        }

        return list;
    }

    /**
     * 添加学生
     */
    @Override
        public int addStudent(Student student) {
        String sql = "insert into student(sid,sname,sgid,sex) values(?,?,?,?)";
         return execUpdate(sql, new Object[]{student.getSid(), student.getSname(), student.
getSgid(),student.getSex()});
    }

    /**
     * 根据 id 获取学生基本信息
     */
    @Override
        public Student getStudentById(String id) {
        Connection conn;
        PreparedStatement ps = null;
        ResultSet rs = null;
        Student student = null;
        String sql = "SELECT st.*, g.*, round(AVG(ifnull(sc.score,0.00)),2) as avgscore FROM
student st " +
                "LEFT JOIN grade g ON st.sgid = g.gid " +
                "LEFT JOIN score sc ON st.sid = sc.stuid " +
                "WHERE st.sid = ?";
        conn = getConnection();
        try {
            ps = conn.prepareStatement(sql);
            ps.setObject(1, id);
            rs = ps.executeQuery();
            while(rs.next()) {
                student = new Student();
                student.setSid(rs.getString("sid"));
                student.setSname(rs.getString("sname"));
                student.setSgid(rs.getString("sgid"));
                student.setSgname(rs.getString("gname"));
                student.setSex(rs.getString("sex"));
                student.setAvgscore(rs.getString("avgscore"));
            }
        } catch(SQLException e) {
            e.printStackTrace();
        }finally {
            closeAll(conn, ps, rs);
        }
        return student;
```

```
    }

    /**
     * 更新学生基本信息
     */
    @Override
        public int updateStudent(Student student) {
        String sql = "update student set sname = ?, sgid = ?, sex = ? where sid = ?";
        return execUpdate(sql, new Object[]{student.getSname(), student.getSgid(), student.
getSex(), student.getSid()});
    }

    /**
     * 删除学生,支持批量删除
     */
    @Override
        public int delStudent(String id) {
        String sql = "delete from student where sid in (?";
        //将 SQL 语句放入缓冲池中
        StringBuffer sqlBuffer = new StringBuffer(sql);
        //获取的数据格式为: id1, id2, id3, id4...
        //将获取的数据分割,转换为 object 数组
        Object[] split = id.split(",");
        //根据数组的长度来添加 SQL 语句中的占位符,由于初始 SQL 语句有一个占位符,因此循环从 1 开始
        for(int i = 1; i < split.length; i++) {
            sqlBuffer.append(",?");
        }
        //循环结束,拼接在 SQL 语句的结尾
        sqlBuffer.append(")");
        return execUpdate(sqlBuffer.toString(), split);
    }

    /**
     * 根据学生 id 获取学生基本信息,包括学号、姓名、班级 id、性别、班级名称
     */
    @Override
        public Student getStudentScoreById(String id) {
        Connection conn;
        PreparedStatement ps = null;
        ResultSet rs = null;
        List<Score> scores = ScoreDao.getAllScoreBySid(id);
        Student student = null;
        String sql = "select * from(\r\n" +
                "select g.gid, g.gname, s.sid, s.sname, s.sex from grade g left join student s on
g.gid = s.sgid ) as gs \r\n" +
                "where gs.sid = ?";
        conn = getConnection();
        try {
            ps = conn.prepareStatement(sql);
            ps.setObject(1, id);
            rs = ps.executeQuery();
            while(rs.next()) {
                student = new Student();
                student.setSid(rs.getString("sid"));
                student.setSname(rs.getString("sname"));
                student.setSgid(rs.getString("gid"));
```

```
                    student.setSex(rs.getString("sex"));
                    student.setSgname(rs.getString("gname"));
                    student.setScoreList(scores);
                }
            } catch(SQLException e) {
                e.printStackTrace();
            }finally {
                closeAll(conn, ps, rs);
            }
            return student;
    }
}
```

Dao 层的接口和实现类是运用了 Java 中多态的思想，实现类中已经对接口中的方法进行了实现。到目前为止，Dao 层负责数据的操作。通常在获取数据之后会对数据进行一些业务处理，为了降低项目中每层代码的耦合度，定义一个 Service 层来进行单独的业务处理。

11.3.3 业务处理层

业务处理层在项目中一般是在数据访问层和控制层之间，主要是获取和返回数据之间的一些业务处理，Service 层调用 Dao 层的方法并将结果返回给控制层。

在 Service 层创建一个 StudentService.java 接口来定义一系列方法。StudentService.java 源代码如下：

```
package com.ruige.service;

import java.util.List;

import com.ruige.entity.Student;

public interface StudentService {
 //获取所有的学生信息
 public List<Student> getAllStudent(String sid);

 //添加学生
 public int addStudent(Student student);

 //根据学生 id 获取学生信息
 public Student getStudentById(String id);

 //根据学生 id 获取学生所有课程成绩
 public Student getStudentScoreById(String id);

 //修改指定学生信息
 public int updateStudent(Student student);

 //根据学生 id 删除学生信息
 public int delStudent(String id);

}
```

该接口中包含了学生业务的基本增、删、改、查方法，StudentService 接口的实现类为 StudentServiceImpl.java，源代码如下：

```java
package com.ruige.service.impl;

import java.util.List;

import com.ruige.dao.StudentDao;
import com.ruige.dao.impl.StudentDaoImpl;
import com.ruige.entity.Student;
import com.ruige.service.StudentService;

public class StudentServiceImpl implements StudentService{
 private StudentDao studentDao = new StudentDaoImpl();
 @Override
     public List<Student> getAllStudent( String sid) {
     return studentDao.getAllStudent(sid);
 }

 @Override
     public int addStudent(Student student) {
     return studentDao.addStudent(student);
 }

 @Override
     public Student getStudentById(String id) {

     return studentDao.getStudentById(id);
 }

 @Override
     public Student getStudentScoreById(String id) {

     return studentDao.getStudentScoreById(id);
 }

 @Override
     public int updateStudent(Student student) {

     return studentDao.updateStudent(student);
 }

 @Override
     public int delStudent(String id) {

     return studentDao.delStudent(id);
 }
}
```

11.3.4 控制层

在本项目中控制层的 Servlet 类作为处理前端传递的请求和响应请求，分别处理以下业务：

- 添加学生。
- 删除学生。
- 修改学生信息。

• 查询学生列表。

每个业务对应一个 Servlet 类，Servlet 类处理前端传递的请求，对请求信息做出简单处理后调用 Service 层的方法来获取相应的数据，最后将进行请求转发或者重定向。

添加学生的 Servlet 类为 AddStudentServlet.java，源代码如下：

```
package com.ruige.controller.student;

import java.io.IOException;
import java.util.List;

import javax.servlet.ServletException;
import javax.servlet.annotation.WebServlet;
import javax.servlet.http.HttpServlet;
import javax.servlet.http.HttpServletRequest;
import javax.servlet.http.HttpServletResponse;

import com.ruige.entity.Grade;
import com.ruige.entity.Student;
import com.ruige.service.GradeService;
import com.ruige.service.StudentService;
import com.ruige.service.impl.GradeServiceImpl;
import com.ruige.service.impl.StudentServiceImpl;
/**
 *
 * @author Administrator 获取所有学生信息,包括学生平均成绩
 *
 */
@WebServlet("/addStudent")
public class AddStudentServlet extends HttpServlet{

 private static final long serialVersionUID = 1L;
 private StudentService studentService = new StudentServiceImpl();
 private GradeService gradeService = new GradeServiceImpl();
 @Override
     protected void doGet(HttpServletRequest req, HttpServletResponse resp) throws ServletException,
IOException {
     //设置请求中的编码格式为utf-8
     req.setCharacterEncoding("utf-8");
     //获取所有班级,用于添加学生时选择班级
     List<Grade> grades = gradeService.getAllGrades();
     req.setAttribute("grades", grades);
     req.getRequestDispatcher("/pages/addStudent.jsp").forward(req, resp);
 }

 @Override
     protected void doPost(HttpServletRequest req, HttpServletResponse resp) throws ServletException,
IOException {
     req.setCharacterEncoding("utf-8");
     //获取所有班级信息,用于提交信息后再次添加学生时选择班级
     List<Grade> grades = gradeService.getAllGrades();
     req.setAttribute("grades", grades);
     String message = "";
     String sid = req.getParameter("sid");
     String sname = req.getParameter("sname");
     //判断学号和姓名是否为空
```

```
        if(sid == null || "".equals(sid.trim())|| sname == null || "".equals(sname.trim())) {
            message = "学号和姓名不能为空";
            req.setAttribute("message", message);
            //如果为空则继续跳转到添加页面
            req.getRequestDispatcher("/pages/addStudent.jsp").forward(req, resp);
            //程序返回,不继续做处理
            return ;
        }
        //由于班级和性别都有默认值,因此不再进行判空操作
        //将前端获取的表单信息设置到 student 中
        Student student = new Student();
        student.setSid(sid);
        student.setSname(sname);
        student.setSgid(req.getParameter("sgid"));
        student.setSex(req.getParameter("sex"));
        //添加操作,添加成功返回值为 1
        int i = studentService.addStudent(student);
        if(i == 1) {
            message = "添加学生成功";
            req.setAttribute("message", message);
            //添加成功后,返回添加页面继续进行添加
            req.getRequestDispatcher("/pages/addStudent.jsp").forward(req, resp);

        }else {
            message = "添加学生失败,请联系管理员";
            req.setAttribute("message", message);
            req.getRequestDispatcher("/pages/addStudent.jsp").forward(req, resp);
        }
    }
}
```

在添加学生的 Servlet 类中有 doGet 和 doPost 两个方法,其中 doGet 方法处理前端传递的 GET 请求,doPost 方法处理 POST 请求。前端页面中单击“添加学生”链接,发送请求到 AddStudentServlet 类中,通过注解@WebServlet("/addStudent")的方式来处理和响应请求。其中,doGet 方法中将请求转发到添加学生的 JSP 页面中,doPost 方法将提交的表单数据获取,调用 Service 层的方法将数据存入数据库,最后进行请求转发。

doPost 方法中需要从前端的 form 表单中获取数据,为了防止获取的数据是乱码格式,所以将请求中的编码格式设置为 utf-8 的格式,在后面的 Servlet 类中也是同样的道理。

删除学生的 Servlet 类为 DeleteStudentServlet.java,源代码如下:

```
package com.ruige.controller.student;

import java.io.IOException;

import javax.servlet.ServletException;
import javax.servlet.annotation.WebServlet;
import javax.servlet.http.HttpServlet;
import javax.servlet.http.HttpServletRequest;
import javax.servlet.http.HttpServletResponse;

import com.ruige.service.ScoreService;
import com.ruige.service.StudentService;
import com.ruige.service.impl.ScoreServiceImpl;
```

```
import com.ruige.service.impl.StudentServiceImpl;
/**
 *
 * @author Administrator 删除学生,可批量删除
 *
 */
@WebServlet("/delStudent")
public class DeleteStudentServlet extends HttpServlet{

 private static final long serialVersionUID = 1L;
 private StudentService studentService = new StudentServiceImpl();
 private ScoreService scoreService = new ScoreServiceImpl();

 @Override
     protected void doGet(HttpServletRequest req, HttpServletResponse resp) throws ServletException,
IOException {
     req.setCharacterEncoding("utf-8");
     //获取学生 id,格式为: ,id1,id2,id3,id4...
     String sid = req.getParameter("sid");
     //截取字符串,将第一个逗号去除,格式变为: id1,id2,id3,id4...
     String sids = sid.substring(1);
     String message = "";
     int i = studentService.delStudent(sids);
     if(i != 0) {
         scoreService.deleteAllScoreBySid(sids);
         message = "删除学生成功!";
         req.setAttribute("message", message);
         req.getRequestDispatcher("index.jsp").forward(req, resp);
     }
 }
}
```

在 DeleteStudentServlet 类中,将获取的字符串进行处理,然后调用 Service 层的方法进行删除操作。

修改学生信息的 Servlet 类为 UpdateStudentServlet.java,源代码如下:

```
package com.ruige.controller.student;

import java.io.IOException;
import java.util.List;

import javax.servlet.ServletException;
import javax.servlet.annotation.WebServlet;
import javax.servlet.http.HttpServlet;
import javax.servlet.http.HttpServletRequest;
import javax.servlet.http.HttpServletResponse;

import com.ruige.entity.Grade;
import com.ruige.entity.Student;
import com.ruige.service.GradeService;
import com.ruige.service.StudentService;
import com.ruige.service.impl.GradeServiceImpl;
import com.ruige.service.impl.StudentServiceImpl;
/**
 *
 * @author Administrator 修改学生信息
```

```
 *
 */
@WebServlet("/updateStudent")
public class UpdateStudentServlet extends HttpServlet{

  private static final long serialVersionUID = 1L;
  private StudentService studentService = new StudentServiceImpl();
  private GradeService gradeService = new GradeServiceImpl();
  @Override
      protected void doGet(HttpServletRequest req, HttpServletResponse resp) throws ServletException,
IOException {
      req.setCharacterEncoding("utf-8");
      //获取传递的学号信息
      String sid = req.getParameter("sid");
      Student student = studentService.getStudentById(sid);
      req.setAttribute("student", student);
      //获取所有班级列表,用于在前端下拉列表框中选择班级
      List<Grade> grades = gradeService.getAllGrades();
      req.setAttribute("grades", grades);
      req.getRequestDispatcher("/pages/updateStudent.jsp").forward(req, resp);

  }

  @Override
      protected void doPost(HttpServletRequest req, HttpServletResponse resp) throws ServletException,
IOException {
      req.setCharacterEncoding("utf-8");
      Student student = new Student();
      //获取前端传递的学号、名字、班级 id、性别,将信息设置到 student 对象中
      String sid = req.getParameter("sid");
      student.setSid(sid);
      student.setSname(req.getParameter("sname"));
      student.setSgid(req.getParameter("sgid"));
      student.setSex(req.getParameter("sex"));
      int i = studentService.updateStudent(student);
      String message = "";
      if(i == 1) {
          message = "修改学生成功!";
          req.getSession().setAttribute("updateStu", message);
          resp.sendRedirect(req.getContextPath() + "/updateStudent?sid=" + sid);
      }else {
          message = "修改学生失败,请联系管理员!";
          req.getSession().setAttribute("updateStu", message);
          resp.sendRedirect(req.getContextPath() + "/updateStudent?sid=" + sid);
      }
  }
}
```

修改学生信息的 Servlet 类中,doGet 方法负责获取前端传递的学号数据,查询数据库中的学生信息,然后将查询到的数据返回给前端,前端将获取的数据在表单中进行填充;doPost 方法负责将获取的数据修改到数据库中。

获取学生列表的 Servlet 类为 GetAllStudentServlet.java,源代码如下:

```
package com.ruige.controller.student;

import java.io.IOException;
```

```
import java.util.List;

import javax.servlet.ServletException;
import javax.servlet.annotation.WebServlet;
import javax.servlet.http.HttpServlet;
import javax.servlet.http.HttpServletRequest;
import javax.servlet.http.HttpServletResponse;

import com.ruige.entity.Student;
import com.ruige.service.StudentService;
import com.ruige.service.impl.StudentServiceImpl;
/**
 *
 * @author Administrator 获取所有学生信息,包括学生平均成绩,支持模糊查询
 *
 */
@WebServlet("/getAllStudent")
public class GetAllStudentServlet extends HttpServlet{

 private static final long serialVersionUID = 1L;
 private StudentService studentService = new StudentServiceImpl();

 @Override
     protected void doGet(HttpServletRequest req, HttpServletResponse resp) throws ServletException,
IOException {
     req.setCharacterEncoding("utf-8");
     List<Student> allStudent = null;
     //获取前端搜索框中传递的学号信息
     String sid = req.getParameter("sid");
     //如果为空,则查询所有的学生信息
     if (sid == null || sid == "") {
         allStudent = studentService.getAllStudent("");
     }else {
         //如果不为空,则按照传递的信息进行模糊查询
         allStudent = studentService.getAllStudent(sid);
     }
     req.setAttribute("stuList", allStudent);
     req.getRequestDispatcher("/pages/stuList.jsp").forward(req, resp);
 }
}
```

在 doGet 方法中判断传递的参数是否为空，如果不为空则查询单个学生信息，如果为空则查询所有的学生信息。

11.3.5 展示层

展示层中的 JSP 页面负责发送请求和将请求中相应的数据进行展示，针对以上控制层中的页面展示，主要包括以下几个 JSP 文件。

- addStudent.jsp：添加学生。
- updateStudent.jsp：修改学生信息。
- stuList.jsp：学生信息列表。

在项目中的左边导航栏中单击“添加学生”链接，发送添加学生的 GET 请求，由控制层中的 AddStudentServlet 中的 doGet 方法处理 GET 请求，转发到 addStudent.jsp 页面。

addStudent.jsp 源代码如下。

```
<%@ page language="java" contentType="text/html; charset=utf-8"
 pageEncoding="utf-8"%>
<%@ taglib uri="http://java.sun.com/jsp/jstl/core" prefix="c"%>
<!DOCTYPE html>
<html>
<head>
<meta charset="utf-8">
<link rel="stylesheet" type="text/css" href="${pageContext.request.contextPath}/css/
main.css" />
<title>新建学生</title>
</head>
<body>
 <div class="main">
     <jsp:include page="common-elements/common_left.jsp" />
     <div class="right">
          <div>
               <h1>新建学生</h1><br>
               <form action="${pageContext.request.contextPath}/addStudent" method="post">
               <p>
               <label>学号:</label>
                    <input type="text" name="sid" id="sid" value="">
                    </p>
                    <br>
                    <p>
               <label>姓名:</label>
                    <input type="text" name="sname" id="sname" value="">
                    </p>
                    <br>
                    <p>
                    <label>班级:</label>

                    <select name="sgid" id="sgid">
                    <c:forEach var="grade" items="${grades}">
                         <option value="${grade.gid}">${grade.gname}</option>
                         </c:forEach>
                    </select>

                    </p><br>
                    <p>
                    <label>性别:</label>
                    <input type="radio" name="sex" checked="checked" value="男">男
                    <input type="radio" name="sex" value="女">女
                    </p><br>
                    <p>
                    <input type="submit" name="#" value="确定">   
     
                     <input type="button" name="#" value="取消" onclick="window.
location.href='${pageContext.request.contextPath}/getAllStudent'">
                    </p>
               </form>
          </div>
     </div>
 </div>
</body>
```

```
<script type="text/javascript">
 window.onload = function(){
      var msg = "${message}";
      if (msg) {
          alert(msg);
      }
 }
</script>
</html>
```

添加学生的JSP页面中,将学生信息填写完毕之后,发送POST请求到AddStudentServlet,由doPost方法处理请求,同时调用业务处理层和数据访问层中的方法将数据保存至数据库中。stuList.jsp用来展示学生基本信息,同时提供修改学生信息和删除学生信息的功能,源代码如下:

```
<%@ page language="java" contentType="text/html; charset=utf-8"
 pageEncoding="utf-8" %>
<%@ taglib uri="http://java.sun.com/jsp/jstl/core" prefix="c" %>
<%
 request.getSession().removeAttribute("updateStu");
 %>
<!DOCTYPE html>
<html>
<head>
<meta charset="utf-8">
<link rel="stylesheet" type="text/css"
 href="${pageContext.request.contextPath}/css/main.css" />
<title>学生名单</title>
</head>
<body>
 <div class="main">
      <jsp:include page="common-elements/common_left.jsp" />
      <div class="right">
           <div>
                <h1>学生名录</h1>
                <br>
                <form action="">
                        学号:<input type="text" name="sid" id="sid" value="">
                        <input type="button" value="搜索" onclick="onSearch()"><br/><hr/>
<br>
                        <a href="${pageContext.request.contextPath}/addStudent">新建</a>
  
                        <a href="javascript:delStu()">删除选中</a>  
                        <input type="button" value="学生清单" onclick="window.location.
href='${pageContext.request.contextPath}/analysis'" style="margin-left: 600px"/>
  
                        <table>
                              <tr class="t1">
                                   <td><input type="checkbox" id="select01" name="allchnames"
                                       onclick="selectAll()" /></td>
                                   <td>学号</td>
                                   <td>姓名</td>
                                   <td>班级</td>
                                   <td>性别</td>
                                   <td>平均分</td>
```

```
                                <td>操作</td>
                            </tr>
                            <c:forEach var="stu" items="${stuList}">
                                <tr>
                                    <td><input type="checkbox" name="chnames" value=
"${stu.sid}" /></td>
                                    <td>${stu.sid}</td>
                                    <td>${stu.sname}</td>
                                    <td>${stu.sgname}</td>
                                    <td>${stu.sex}</td>
                                    <td>${stu.avgscore}</td>
                                    <td><a href="${pageContext.request.contextPath}/
updateStudent?sid=${stu.sid}">修改</a>
                                        <a href="${pageContext.request.contextPath}/
getStudentScore?sid=${stu.sid}">成绩清单</a></td>
                                </tr>
                            </c:forEach>
                        </table>
                    </form>
                </div>
            </div>
        </div>
</body>
<script type="text/javascript">
    //对复选框进行选择
    function selectAll() {
        //获取第一列的复选框,通过名字进行复选,以数组的形式返回
        var allcheck = document.getElementsByName("allchnames");
        //获取每一行数据的复选框
        var objs = document.getElementsByName("chnames");
        //判断最上面的复选框的值,如果被选中
        if (allcheck[0].checked == true) {
            //每一行的复选框都设置为选中状态
            for (var i = 0; i < objs.length; i++) {
                objs[i].checked = true;
            }
        } else {
            //如果最上面的复选框不为true,则设置为全不选
            for (var i = 0; i < objs.length; i++) {
                objs[i].checked = false;
            }
        }

    }

    //搜索学生信息
    function onSearch() {
        var sid = document.getElementById("sid").value;
        window.location.href = "${pageContext.request.contextPath}/getAllStudent?sid="
                + sid;
    }

    //删除学生
    function delStu() {
```

```
        var objs = document.getElementsByName("chnames");
        //定义一个初始值 len,用于计算被选中学生的数量
        var len = 0;
        //定义一个字符串用于拼接学生 id
        var studentIds = "";
        for (var i = 0; i < objs.length; i++) {
            if (objs[i].checked == true) {
                //如果复选框被选中则将学生 id 按照 id1,id2,id3,id4...的模式进行拼接
                //后端代码会进行拆分处理
                studentIds = studentIds + "," + objs[i].value;
                //若有一个被选中的复选框则学生数量加 1
                len++;
            }
        }
        //判断复选框的数量,如果没有被选中的复选框,则提示进行选择并返回
        if (len == 0) {
            alert("请先进行选择!");
            return;
        }
        //提示是否删除
        var flag = window.confirm("您确定要删除该学生吗?");
        if (flag) {
            //如果单击"确定"按钮,则发送删除请求,并将字符串进行拼接
            window.location.href = "${pageContext.request.contextPath}/delStudent?sid = "
                        + studentIds;
        }
    }
</script>
</html>
```

正如项目模块介绍的一样,学生名录展示了学生的基本信息,包括学号、姓名、班级、性别、平均分。同时学生名录还提供了修改学生、删除学生的功能,其中删除学生通过JavaScript代码来处理,不作为一个单独页面来处理。单击每条数据后面的"修改"链接,跳转到修改学生信息的页面 updateStudent.jsp,同时将该学生的信息传递并填充到修改学生的列表中。updateStudent.jsp 源代码如下:

```
<%@ page language = "java" contentType = "text/html; charset = utf-8"
 pageEncoding = "utf-8" %>
<%@ taglib uri = "http://java.sun.com/jsp/jstl/core" prefix = "c" %>

<!DOCTYPE html>
<html>
<head>
<meta charset = "utf-8">
<link rel = "stylesheet" type = "text/css" href = "${pageContext.request.contextPath}/css/
main.css" />
<title>修改学生信息</title>
</head>
<body>
 <div class = "main">
     <jsp:include page = "common-elements/common_left.jsp" />
     <div class = "right">
         <div>
               <h1>修改学生信息</h1><br>
```

```
                <form action = "${pageContext.request.contextPath}/updateStudent?sid =
${student.sid}" method = "post">
            <p>
            <label>学号:</label>
                <input type = "text" name = "sid" id = "sid" disabled = "disabled" value =
"${student.sid}">
                </p>
                <br>
                <p>
            <label>姓名:</label>
                <input type = "text" name = "sname" id = "sname" value = "${student.
sname}">
                </p>
                <br>
                <p>
                <label>班级:</label>
                <select name = "sgid" id = "sgid">
                <c:forEach var = "grade" items = "${grades}">
                <!-- 如果传递的有班级信息,则显示学生班级信息 -->
                    <option value = "${grade.gid}" <c:if test = "${grade.gid ==
student.sgid}"> selected = 'selected'</c:if>> ${grade.gname}</option>
                    </c:forEach>
                </select>

                </p><br>
                <p>
                <label>性别:</label>
                <!-- 如果传递的有性别信息,则单选按钮为传递的信息 -->
                <input type = "radio" name = "sex" <c:if test = "${student.sex == '男'
}"> checked = "checked"</c:if> value = "男">男
                <input type = "radio" name = "sex" <c:if test = "${student.sex == '女'
}"> checked = "checked"</c:if> value = "女">女
                </p><br>
                <p>
                <input type = "submit" name = "#" value = "确定" >    
     
                <input type = "button" name = "#" value = "取消" onclick = "window.
location.href = '${pageContext.request.contextPath}/getAllStudent'">
                </p>
            </form>
        </div>
    </div>
</div>
</body>
<script type = "text/javascript">
window.onload = function(){
 var msg  = "${updateStu}";
 if (msg) {
     alert(msg);
 }
}
</script>
</html>
```

11.4 班级模块

11.4.1 实体层

每名学生都有对应的班级，其中班级与学生的关系是一对多的关系。在开发过程中需要针对班级创建实体类，在添加学生时将班级名录数据获取出来在前端进行展示。班级类 Grade.java 源代码如下。

```
package com.ruige.entity;

import java.io.Serializable;

/**
 *
 * @author Administrator 班级类
 * 包括班级 id、班级名称
 */
public class Grade implements Serializable {
 private static final long serialVersionUID = 1L;

 private String gid;
 private String gname;
 public String getGid() {
     return gid;
 }
 public void setGid(String gid) {
     this.gid = gid;
 }
 public String getGname() {
     return gname;
 }
 public void setGname(String gname) {
     this.gname = gname;
 }
}
```

11.4.2 数据访问层

在数据访问 Dao 层中创建 GradeDao.java 接口文件，接口 GradeDao 中包括一个抽象方法，查询所有的班级，在添加学生时可以对班级进行查看和选择。GradeDao.java 接口源代码如下：

```
package com.ruige.dao;

import java.util.List;

import com.ruige.entity.Grade;

public interface GradeDao {
 //获取所有班级
 public List<Grade> getAllGrades();
}
```

在 GradeDao 接口的实现类 GradeDaoImpl. java 中，连接数据库并查询所有的班级信息，源代码如下：

```
package com.ruige.dao.impl;

import java.sql.Connection;
import java.sql.PreparedStatement;
import java.sql.ResultSet;
import java.sql.SQLException;
import java.util.ArrayList;
import java.util.List;

import com.ruige.dao.GradeDao;
import com.ruige.entity.Grade;
import com.ruige.util.BaseDao;

public class GradeDaoImpl extends BaseDao implements GradeDao{

  /**
   * 获取所有的班级 id 和班级名称
   */
  @Override
      public List<Grade> getAllGrades() {
      Connection conn;
      PreparedStatement ps = null;
      ResultSet rs = null;
      List<Grade> list = new ArrayList<Grade>();
      String sql = "select * from grade";
      conn = getConnection();
      try {
          ps = conn.prepareStatement(sql);
          rs = ps.executeQuery();
          while (rs.next()) {
                Grade grade = new Grade();
                grade.setGid(rs.getString("gid"));
                grade.setGname(rs.getString("gname"));
                list.add(grade);
          }
      } catch (SQLException e) {
          e.printStackTrace();
      }finally {
          closeAll(conn, ps, rs);
      }
      return list;
  }
}
```

11.4.3 业务处理层

Service 业务层的接口 GradeService. java 源代码如下：

```
package com.ruige.service;

import java.util.List;

import com.ruige.entity.Grade;
```

```
public interface GradeService {
 //获取所有班级
 public List < Grade > getAllGrades();

}
```

实现类 GradeServiceImpl. java 源代码如下：

```
package com.ruige.service.impl;

import java.util.List;

import com.ruige.dao.GradeDao;
import com.ruige.dao.impl.GradeDaoImpl;
import com.ruige.entity.Grade;
import com.ruige.service.GradeService;

public class GradeServiceImpl implements GradeService{
 private GradeDao gradeDao = new GradeDaoImpl();
 @Override
     public List < Grade > getAllGrades() {
     return gradeDao.getAllGrades();
 }
}
```

由于本项目只是针对学生和成绩进行管理，因此在控制层并没有单独的 Servlet 类来处理班级的业务，在学生业务和成绩业务中会调用到以上相关的方法。

11.5 课程模块

11.5.1 实体层

在 E-R 图中已经知道，课程和学生成绩是一对多的关系，在添加学生成绩时需要获取到所有的课程列表，用于添加学生某一个课程的成绩，这里需要创建课程的实体类、数据访问层和业务处理层。

实体类 Course 源代码如下：

```
package com.ruige.entity;

import java.io.Serializable;

/**
 *
 * @author Administrator
 * 课程类，包括课程 id、课程名
 *
 */
public class Course implements Serializable{
 private static final long serialVersionUID = 1L;

 private String cid;
 private String cname;
 public String getCid() {
```

```
        return cid;
    }
    public void setCid(String cid) {
        this.cid = cid;
    }
    public String getCname() {
        return cname;
    }
    public void setCname(String cname) {
        this.cname = cname;
    }
}
```

11.5.2 数据访问层

Dao 访问层的接口 CourseDao. java 源代码如下：

```
package com.ruige.dao;

import java.util.List;

import com.ruige.entity.Course;

public interface CourseDao {
    //获取所有课程
    public List<Course> getAllCourse();

    //根据学生 id 获取学生未选的课程
    public List<Course> getUnselectCourseByid(String sid);

    //根据课程 id 获取课程名
    public Course getCourseById(String courseid);
}
```

实现类 CourseDaoImpl. java 源代码如下：

```
package com.ruige.dao.impl;

import java.sql.Connection;
import java.sql.PreparedStatement;
import java.sql.ResultSet;
import java.sql.SQLException;
import java.util.ArrayList;
import java.util.List;

import com.ruige.dao.CourseDao;
import com.ruige.entity.Course;
import com.ruige.util.BaseDao;

public class CourseDaoImpl extends BaseDao implements CourseDao{

    /**
     * 获取所有课程信息列表,包括班级 id、班级名称
     */
    @Override
        public List<Course> getAllCourse() {
```

```
        Connection conn;
        PreparedStatement ps = null;
        ResultSet rs = null;
        List < Course > list = new ArrayList < Course >();
        String sql = "select * from course";
        conn = getConnection();
        try {
            ps = conn.prepareStatement(sql);
            rs = ps.executeQuery();
            while (rs.next()) {
                Course course = new Course();
                course.setCid(rs.getString("cid"));
                course.setCname(rs.getString("cname"));
                list.add(course);
            }
        } catch (SQLException e) {
            e.printStackTrace();
        }finally {
            closeAll(conn, ps, rs);
        }
        return list;
    }

    /**
     * 根据学生 id 获取学生未选的课程
     */
    @Override
        public List < Course > getUnselectCourseByid(String sid) {
        Connection conn;
        PreparedStatement ps = null;
        ResultSet rs = null;
        List < Course > list = new ArrayList < Course >();
        String sql = "select * from course where cid not in (select courseid from score where
stuid = ?)";
        conn = getConnection();
        try {
            ps = conn.prepareStatement(sql);
            ps.setObject(1, sid);
            rs = ps.executeQuery();
            while(rs.next()) {
                Course course = new Course();
                course.setCid(rs.getString("cid"));
                course.setCname(rs.getString("cname"));
                list.add(course);
            }
        } catch(SQLException e) {
            e.printStackTrace();
        }finally {
            closeAll(conn, ps, rs);
        }
        return list;
    }

    /**
     * 根据课程 id 获取课程名
     */
```

```
	@Override
		public Course getCourseById(String courseid) {
		Connection conn;
		PreparedStatement ps = null;
		ResultSet rs = null;
		Course course = new Course();
		String sql = "select cid,cname from course where cid = ?";
		conn = getConnection();
		try {
			ps = conn.prepareStatement(sql);
			ps.setObject(1, courseid);
			rs = ps.executeQuery();
			while(rs.next()) {
				course.setCid(rs.getString("cid"));
				course.setCname(rs.getString("cname"));
			}
		} catch(SQLException e) {
			e.printStackTrace();
		}finally {
			closeAll(conn, ps, rs);
		}
		return course;
	}

}
```

实现类中包括了查询所有课程、按照学号查看所有课程以及按照学号查看未选的课程。

11.5.3 业务处理层

Service 业务层的接口 CourseService.java 源代码如下：

```
package com.ruige.service;

import java.util.List;

import com.ruige.entity.Course;

public interface CourseService {
	//获取所有课程
	public List<Course> getAllCourse();

	//根据学生 id 获取学生未选的课程
	public List<Course> getUnselectCourseByid(String sid);

	//根据课程 id 获取课程名
	public Course getCourseById(String courseid);


}
```

实现类 CourseServiceImpl.java 源代码如下：

```
package com.ruige.service.impl;

import java.util.List;

import com.ruige.dao.CourseDao;
```

```
import com.ruige.dao.impl.CourseDaoImpl;
import com.ruige.entity.Course;
import com.ruige.service.CourseService;

public class CourseServiceImpl implements CourseService{
 private CourseDao courseDao = new CourseDaoImpl();
 @Override
     public List<Course> getAllCourse() {
     return courseDao.getAllCourse();
 }
 @Override
     public List<Course> getUnselectCourseByid(String sid) {
     return courseDao.getUnselectCourseByid(sid);
 }
 @Override
     public Course getCourseById(String courseid) {
     return courseDao.getCourseById(courseid);
 }

}
```

由于本项目只是针对学生和成绩进行管理，因此在控制层并没有单独的 Servlet 类来处理课程的业务，在学生业务和成绩业务中会调用到以上相关的方法。

11.6 学生成绩模块

学生成绩模块的主要业务是对每名学生的各科成绩进行查看、添加、修改和删除。

其中，学生成绩的增、删、改、查遵循下原则。

（1）查看成绩：根据学号查看该学生已有课程的成绩。

（2）添加成绩：添加学生成绩时，只可添加没有成绩的课程。

（3）修改成绩：根据学号和课程 id 修改学生成绩。

（4）删除成绩：单个或者批量删除学生的课程成绩。

11.6.1 实体层

学生成绩的信息保存在实体类对象中，其中学生成绩的信息应包括学号、课程 id、课程名、课程分数四个属性。实体类 Score.java 源代码如下：

```
package com.ruige.entity;

import java.io.Serializable;

/**
 *
 * @author Administrator
 * 成绩类
 * 包括学号、课程 id、课程名、课程分数
 *
 */
public class Score implements Serializable{
```

```
    private static final long serialVersionUID = 1L;

    //学生 id
    private String stuid;

    //课程分数
    private String score;

    //课程 id
    private String courseid;

    //课程名
    private String cname;

    public String getStuid() {
        return stuid;
    }
    public void setStuid(String stuid) {
        this.stuid = stuid;
    }
    public String getScore() {
        return score;
    }
    public void setScore(String score) {
        this.score = score;
    }

    public String getCourseid() {
        return courseid;
    }
    public void setCourseid(String courseid) {
        this.courseid = courseid;
    }
    public String getCname() {
        return cname;
    }
    public void setCname(String cname) {
        this.cname = cname;
    }



}
```

11.6.2 数据访问层

在学生成绩模块中，需要对学生的成绩进行增、删、改、查的一系列操作，这些操作在数据访问的 Dao 层来完成，接口中包括获取学生课程成绩列表、修改成绩、添加学生成绩、删除学生成绩的方法。Dao 访问层的接口 ScoreDao. java 源代码如下：

```
package com.ruige.dao;

import java.util.List;

import com.ruige.entity.Score;
```

```
public interface ScoreDao {
 //根据学生 id 获取成绩
 public List < Score > getAllScoreBySid(String id);
 //根据学生 id 修改学生课程成绩
 public int updateScoreByStuId(Score score);
 //添加学生课程成绩
 public int addScore(Score score);
 //根据学生 id 删除学生成绩,支持批量删除
 public int deleteScoreBySid(String courseid, String sid);
 //根据学生 id 删除该学生所有课程成绩
 public int deleteAllScoreBySid(String sid);
 //根据课程 id 和学生 id 获取学生成绩
 public Score getScoreByid(Score score);

}
```

实现类 ScoreDaoImpl.java 源代码如下：

```
package com.ruige.dao.impl;

import java.sql.Connection;
import java.sql.PreparedStatement;
import java.sql.ResultSet;
import java.sql.SQLException;
import java.util.ArrayList;
import java.util.List;

import com.ruige.dao.ScoreDao;
import com.ruige.entity.Score;
import com.ruige.util.BaseDao;

public class ScoreDaoImpl extends BaseDao implements ScoreDao{

 /**
   * 根据学生学号获取所有的课程分数
   *
   */
 @Override
     public List < Score > getAllScoreBySid(String id) {
     Connection conn;
     PreparedStatement ps = null;
     ResultSet rs = null;
     List < Score > list = new ArrayList < Score >();
     String sql = "select c.cid,c.cname,s.score,s.stuid from course c left join score s on c.
cid = s.courseid where stuid = ?";
     conn = getConnection();
     try {
          ps = conn.prepareStatement(sql);
          ps.setObject(1, id);
          rs = ps.executeQuery();
          while(rs.next()) {
                Score score = new Score();
                score.setStuid(rs.getString("stuid"));
                score.setCourseid(rs.getString("cid"));
                score.setCname(rs.getString("cname"));
                score.setScore(rs.getString("score"));
```

```
                list.add(score);
            }
        } catch(SQLException e) {
            e.printStackTrace();
        }finally {
            closeAll(conn, ps, rs);
        }
        return list;
    }

    /**
     * 根据学号 id 和课程 id 更新课程分数
     */
    @Override
        public int updateScoreByStuId(Score score) {
        String sql = "update score set score = ? where courseid = ? and stuid = ?";
        return execUpdate(sql, new Object[] {score.getScore(), score.getCourseid(), score.
getStuid()});
    }

    /**
     * 添加成绩,包括学号、课程 id、分数
     */
    @Override
        public int addScore(Score score) {
        String sql = "insert into score(stuid,courseid,score) values(?,?,?)";
        return execUpdate(sql, new Object[] {score.getStuid(), score.getCourseid(), score.
getScore()});
    }

    /**
     * 批量删除学生课程分数
     */
    @Override
        public int deleteScoreBySid(String courseid,String sid) {
        String sql = "delete from score where courseid in (?";
        //将 SQL 语句放入缓冲池中
        StringBuffer sqlBuffer = new StringBuffer(sql);
        //获取的数据格式为: id1,id2,id3,id4...
        //将获取的数据分割,转换为 object 数组
        Object[] split = courseid.split(",");
        //根据数组的长度来添加 SQL 语句中的占位符,由于初始 SQL 语句有一个占位符,因此循环从 1 开始
        for (int i = 1; i < split.length; i++){
            sqlBuffer.append(",?");
        }
        //循环结束,拼接在 SQL 语句的结尾,sid 作为查询条件也一并加上
        sqlBuffer.append(") and stuid = " + sid);
        return execUpdate(sqlBuffer.toString(),split);
    }

    /**
        * 根据学生 id 删除所有该学生课程分数,可删除多名学生的所有课程
     */
    @Override
        public int deleteAllScoreBySid(String sid) {
        String sql = "delete from score where stuid in(?";
```

```
        //将 SQL 语句放入缓冲池中
        StringBuffer sqlBuffer = new StringBuffer(sql);
        //获取的数据格式为: id1,id2,id3,id4...
        //将获取的数据分割,转换为 object 数组
        Object[] split = sid.split(",");
        //根据数组的长度来添加 SQL 语句中的占位符,由于初始 SQL 语句有一个占位符,因此循环从 1 开始
        for(int i = 1; i < split.length; i++) {
            sqlBuffer.append(",?");
        }
        //循环结束,拼接在 SQL 语句的结尾
        sqlBuffer.append(")");
        return execUpdate(sqlBuffer.toString(), split);
    }

    /**
     * 根据学号和课程 id 获取课程分数
     */
    @Override
        public Score getScoreByid(Score score) {
        Connection conn;
        PreparedStatement ps = null;
        ResultSet rs = null;
        Score s = new Score();
        String sql = "select * from score where stuid = ? and courseid = ?";
        conn = getConnection();
        try {
            ps = conn.prepareStatement(sql);
            ps.setObject(1, score.getStuid());
            ps.setObject(2, score.getCourseid());
            rs = ps.executeQuery();
            while(rs.next()) {
                s.setCourseid(rs.getString("courseid"));
                s.setScore(rs.getString("score"));
            }
        } catch(SQLException e) {
            e.printStackTrace();
        }finally {
            closeAll(conn, ps, rs);
        }
        return s;
    }

}
```

11.6.3 业务处理层

业务层 ScoreService.java 源代码如下：

```
package com.ruige.service;

import java.util.List;

import com.ruige.entity.Score;

public interface ScoreService {
 //根据学生 id 获取成绩
```

```
    public List < Score > getAllScoreBySid(String id);
    //根据学生 id 修改学生课程成绩
    public int updateScoreByStuId(Score score);
    //添加学生课程成绩
    public int addScore(Score score);

    //根据学生 id 删除学生成绩,支持批量
    public int deleteScoreBySid(String courseid,String sid);

    //根据学生 id 删除该学生所有课程成绩,可删除多名学生的所有成绩
    public int deleteAllScoreBySid(String sid);

    //根据课程 id 和学生 id 获取学生成绩
    public Score getScoreByid(Score score);

}
```

实现类 ScoreServiceImpl. java 源代码如下：

```
package com.ruige.service.impl;

import java.util.List;

import com.ruige.dao.ScoreDao;
import com.ruige.dao.impl.ScoreDaoImpl;
import com.ruige.entity.Score;
import com.ruige.service.ScoreService;

public class ScoreServiceImpl implements ScoreService{
  private ScoreDao scoreDao = new ScoreDaoImpl();
  @Override
      public List < Score > getAllScoreBySid(String id) {
      return scoreDao.getAllScoreBySid(id);
  }

  @Override
      public int updateScoreByStuId(Score score) {
      return scoreDao.updateScoreByStuId(score);
  }

  @Override
      public int addScore(Score score) {
      return scoreDao.addScore(score);
  }

  @Override
      public int deleteScoreBySid(String courseid,String sid) {
      return scoreDao.deleteScoreBySid(courseid,sid);
  }

  @Override
      public Score getScoreByid(Score score) {
      return scoreDao.getScoreByid(score);
  }

  @Override
```

```
	public int deleteAllScoreBySid(String sid) {
	return scoreDao.deleteAllScoreBySid(sid);
  }
}
```


11.6.4 控制层

控制层(Controller)主要是处理和响应请求,分为以下几个功能。

- 添加成绩。
- 删除成绩。
- 修改成绩。
- 查询成绩。

添加成绩实现的主要业务如下。

(1) 获取前端传递的GET请求,根据请求中的参数学生id来查询学生未选的课程列表,返回给前端。

(2) 接收前端传递的POST请求,获取表单信息并存放到Score对象中,执行方法将数据存入数据库。

(3) 若数据保存成功,则进行重定向到学生成绩列表中;若数据保存失败,则给出提示信息。

实现添加成绩的Servlet类为AddStudentScoreServlet.java,源代码如下:

```
package com.ruige.controller.score;

import java.io.IOException;
import java.util.List;

import javax.servlet.ServletException;
import javax.servlet.annotation.WebServlet;
import javax.servlet.http.HttpServlet;
import javax.servlet.http.HttpServletRequest;
import javax.servlet.http.HttpServletResponse;

import com.ruige.entity.Course;
import com.ruige.entity.Score;
import com.ruige.entity.Student;
import com.ruige.service.CourseService;
import com.ruige.service.ScoreService;
import com.ruige.service.StudentService;
import com.ruige.service.impl.CourseServiceImpl;
import com.ruige.service.impl.ScoreServiceImpl;
import com.ruige.service.impl.StudentServiceImpl;
/**
 *
 * @author Administrator
 * 添加学生课程成绩信息
 *
 */
@WebServlet("/addStudentScore")
public class AddStudentScoreServlet extends HttpServlet{
```

```
    private static final long serialVersionUID = 1L;
    private StudentService studentService = new StudentServiceImpl();
    private CourseService courseService = new CourseServiceImpl();
    private ScoreService scoreService = new ScoreServiceImpl();
    @Override
        protected void doGet(HttpServletRequest req, HttpServletResponse resp) throws ServletException,
IOException {
        req.setCharacterEncoding("utf-8");
        //获取前端传递的学生学号
        String sid = req.getParameter("sid");
        //通过学号查询学生已有的成绩,用于前端显示成绩
        Student student = studentService.getStudentScoreById(sid);
        req.setAttribute("student", student);
        //获取学生还未选择的课程
        List<Course> courseList = courseService.getUnselectCourseByid(sid);
        String message = "";
        //如果未选择的课程为 0,则说明所有课程都有,否则提示无法录入成绩
        if (courseList.size() == 0) {
            message = "该学生所有课程均已有成绩,无法录入!";
            req.setAttribute("message", message);
            req.getRequestDispatcher("/pages/stuScoreList.jsp").forward(req, resp);
            return ;
        }
        //将未选择的课程设置到 request 中,这样前端只能看到未选课的下拉列表框信息
        req.setAttribute("courses", courseList);
        req.getRequestDispatcher("/pages/addStudentScore.jsp").forward(req, resp);
    }

    @Override
        protected void doPost(HttpServletRequest req, HttpServletResponse resp) throws ServletException,
IOException {
        req.setCharacterEncoding("utf-8");
        //获取学生 id
        String sid = req.getParameter("sid");
        Score score = new Score();
        //将课程 id 和课程分数设置到 score 对象中
        score.setStuid(sid);
        score.setCourseid(req.getParameter("cid"));
        score.setScore(req.getParameter("score"));
        int i = scoreService.addScore(score);
        String message = "";
        if(i == 1) {
            message = "添加成绩成功!";
            req.getSession().setAttribute("scoreMessage", message);
            resp.sendRedirect(req.getContextPath() + "/addStudentScore?sid=" + sid);
        }else {
            message = "添加成绩失败!";
            req.getSession().setAttribute("scoreMessage", message);
            resp.sendRedirect(req.getContextPath() + "/addStudentScore?sid=" + sid);
        }

    }
}
```

删除成绩的控制层负责处理删除的业务,处理前端传递的 GET 请求,获取请求中需要删除的成绩的课程 id 字符串,并调用 Service 层的方法进行单个或者批量删除。

实现删除成绩的 Servlet 类为 DeleteStudentScoreServlet.java,源代码如下:

```
package com.ruige.controller.score;

import java.io.IOException;

import javax.servlet.ServletException;
import javax.servlet.annotation.WebServlet;
import javax.servlet.http.HttpServlet;
import javax.servlet.http.HttpServletRequest;
import javax.servlet.http.HttpServletResponse;

import com.ruige.service.ScoreService;
import com.ruige.service.impl.ScoreServiceImpl;

/**
 *
 * @author Administrator 删除学生课程成绩,可批量删除
 *
 */
@WebServlet("/delStudentScore")
public class DeleteStudentScoreServlet extends HttpServlet{

 private static final long serialVersionUID = 1L;
 private ScoreService scoreService = new ScoreServiceImpl();
 @Override
     protected void doGet(HttpServletRequest req, HttpServletResponse resp) throws ServletException,
IOException {
     req.setCharacterEncoding("utf-8");
     //获取学生 id
     String sid = req.getParameter("sid");
     //获取的课程 id 格式为: ,id1,id2,id3,id4...
     String courseid = req.getParameter("courseid");
     //将字符串进行截取,去掉最前面的逗号
     String courseidString = courseid.substring(1);
     //删除成绩,支持批量删除
     int i = scoreService.deleteScoreBySid(courseidString, sid);
     if(i != 0) {
          //如果删除成功则返回该学生的成绩列表
          resp.sendRedirect(req.getContextPath() + "/getStudentScore?sid=" + sid);
     }
 }
}
```

修改成绩的控制层主要处理的是 GET 和 POST 请求,其中 doGet 方法用于获取学生的当前课程成绩,并将成绩信息返回给前端;doPost 方法获取 form 表单中的数据,并将数据写入数据库,同时根据 Service 层方法返回的参数进行重定向。

实现修改成绩的 Servlet 类为 UpdateStudentScoreServlet.java,源代码如下:

```
package com.ruige.controller.score;

import java.io.IOException;

import javax.servlet.ServletException;
import javax.servlet.annotation.WebServlet;
import javax.servlet.http.HttpServlet;
```

```
import javax.servlet.http.HttpServletRequest;
import javax.servlet.http.HttpServletResponse;

import com.ruige.entity.Course;
import com.ruige.entity.Score;
import com.ruige.entity.Student;
import com.ruige.service.CourseService;
import com.ruige.service.ScoreService;
import com.ruige.service.StudentService;
import com.ruige.service.impl.CourseServiceImpl;
import com.ruige.service.impl.ScoreServiceImpl;
import com.ruige.service.impl.StudentServiceImpl;

/**
 *
 * @author Administrator 修改学生分数信息,按照课程进行修改
 *
 */
@WebServlet("/updateStudentScore")
public class UpdateStudentScoreServlet extends HttpServlet{

 private static final long serialVersionUID = 1L;
 private StudentService studentService = new StudentServiceImpl();
 private ScoreService scoreService = new ScoreServiceImpl();
 private CourseService courseService = new CourseServiceImpl();
 @Override
     protected void doGet(HttpServletRequest req, HttpServletResponse resp) throws ServletException,
IOException {
     req.setCharacterEncoding("utf-8");
     /*
      * 以下操作需要从前端接收的信息为学号、课程 id
      * 根据学号和课程 id 分别获取课程名和课程分数
      * 用于将学生信息、课程名、课程分数在修改界面进行显示
      */

     //获取前端传递的学号和课程 id
     String sid = req.getParameter("sid");
     String courseid = req.getParameter("courseid");
     //根据学号查找学生,用于在修改成绩界面显示学生基本信息
     Student student = studentService.getStudentById(sid);
     req.setAttribute("student", student);
     //根据课程 id 获取课程名
     Course course = courseService.getCourseById(courseid);
     req.setAttribute("course", course);
     Score score = new Score();
     score.setStuid(sid);
     score.setCourseid(courseid);
     //根据学生 id 和课程 id 获取对应的分数
     Score score2 = scoreService.getScoreByid(score);
     req.setAttribute("score", score2);
     req.getRequestDispatcher("pages/updateStudentScore.jsp").forward(req, resp);;

 }

 @Override
```

```
    protected void doPost(HttpServletRequest req, HttpServletResponse resp) throws ServletException,
IOException {
        req.setCharacterEncoding("utf-8");
        //获取学生学号
        String sid = req.getParameter("sid");
        String cid = req.getParameter("cid");
        //将学号、课程 id、课程分数设置到 score 对象中
        Score score = new Score();
        score.setStuid(sid);
        score.setCourseid(cid);
        score.setScore(req.getParameter("score"));
        String message = "";
        int i = scoreService.updateScoreByStuId(score);
        if(i == 1) {
            message = "修改成绩成功!";
            //将修改成功的信息放入 session 中,并重定向到学生分数列表中
            req.getSession().setAttribute("updateScore", message);
            resp.sendRedirect(req.getContextPath() + "/updateStudentScore?sid=" + sid +
"&courseid=" + cid);
        }else {
            message = "修改成绩失败!";
            req.getSession().setAttribute("updateScore", message);
            resp.sendRedirect(req.getContextPath() + "/updateStudentScore?sid=" + sid +
"&courseid=" + cid);
        }

    }
}
```

查询成绩的逻辑比较简单,doGet 方法处理 GET 请求中的学号,查询该学生下面的所有课程成绩,并进行请求转发。

实现查询成绩的 Servlet 类为 GetStudentScoreServlet.java,源代码如下:

```
package com.ruige.controller.score;

import java.io.IOException;

import javax.servlet.ServletException;
import javax.servlet.annotation.WebServlet;
import javax.servlet.http.HttpServlet;
import javax.servlet.http.HttpServletRequest;
import javax.servlet.http.HttpServletResponse;

import com.ruige.entity.Student;
import com.ruige.service.StudentService;
import com.ruige.service.impl.StudentServiceImpl;
/**
 *
 * @author Administrator 获取学生每科成绩的分数
 *
 */
@WebServlet("/getStudentScore")
public class GetStudentScoreServlet extends HttpServlet{

 private static final long serialVersionUID = 1L;
```

```
    private StudentService studentService = new StudentServiceImpl();
    @Override
        protected void doGet(HttpServletRequest req, HttpServletResponse resp) throws ServletException,
IOException {
        req.setCharacterEncoding("utf-8");
        //获取学生 id
        String sid = req.getParameter("sid");
        //通过学生 id 获取学生基本信息,包括各科成绩列表
        Student student = studentService.getStudentScoreById(sid);
        req.setAttribute("student", student);
        req.getRequestDispatcher("/pages/stuScoreList.jsp").forward(req, resp);
    }
}
```

11.6.5 展示层

展示层分为以下三个页面,用来发送请求和获取数据展示。

- addStudentScore.jsp：添加学生成绩。
- updateStudentScore.jsp：修改学生成绩。
- stuScoreList.jsp：查看和删除学生成绩。

其中,添加学生成绩的 addStudentScore.jsp 源代码如下：

```
<%@page import="java.io.Console" %>
<%@ page language="java" contentType="text/html; charset=utf-8"
 pageEncoding="utf-8" %>
<%@ taglib uri="http://java.sun.com/jsp/jstl/core" prefix="c" %>
<!DOCTYPE html>
<html>
<head>
<meta charset="utf-8">
<link rel="stylesheet" type="text/css" href="${pageContext.request.contextPath}/css/
main.css" />
<title>新建学生</title>
</head>
<body>
 <div class="main">
     <jsp:include page="common-elements/common_left.jsp" />
     <div class="right">

         <div>
                <h1>录入成绩</h1><br>
                <form action="${pageContext.request.contextPath}/addStudentScore?sid=
${student.sid}" method="post">
                <p>
                <label>学号: </label>
                      <input type="text" disabled="disabled" value="${student.sid}">
                      </p>
                      <br>
                      <p>
                <label>姓名:</label>
                      <input type="text" disabled="disabled" value="${student.sname}">
                      </p>
                      <br>
                      <p>
```

```
                        < label >班级:</label >
                        < input type = "text" disabled = "disabled" value = " $ {student.sgname}" >
                        </p >< br >
                        < p >
                        < label >课程:</label >

                        < select name = "cid" id = "cid">
                        < c:forEach var = "course" items = " $ {courses}">
                              < option value = " $ {course.cid}"> $ {course.cname}</option >
                              </c:forEach >
                        </select >

                        </p >< br >
                        < p >
                        < label >成绩:</label >
                        < input type = "text" name = "score" id = "grade" value = "0">
                        </p >< br >
                        < p >
                        < input type = "submit" name = "#" value = "确定">    
     
                         < input type = "button" name = "#" value = "取消" onclick = "window.
location.href = '$ {pageContext.request.contextPath}/getStudentScore?sid = $ {student.sid}'">
                        </p >
                  </form >
            </div >
      </div >
 </div >
</body >
< script type = "text/javascript">
  window.onload = function(){
 var msg  =  "$ {scoreMessage}";
 if (msg) {
     alert(msg);
 }
}
</script >
</html >
```

修改学生成绩的 updateStudentScore.jsp 源代码如下:

```
<%@page import = "java.io.Console" %>
<%@ page language = "java" contentType = "text/html; charset = utf - 8"
 pageEncoding = "utf - 8" %>
<%@ taglib uri = "http://java.sun.com/jsp/jstl/core" prefix = "c" %>

<!DOCTYPE html >
< html >
< head >
< meta charset = "utf - 8">
< link rel = "stylesheet" type = "text/css" href = " $ {pageContext.request.contextPath}/css/
main.css" />
< title >修改课程成绩</title >
</head >
< body >
 < div class = "main">
      < jsp:include page = "common - elements/common_left.jsp" />
```

```
    <div class = "right">

        <div >
            <h1 >修改成绩</h1 ><br >
            <form action = "${pageContext.request.contextPath}/updateStudentScore?sid =
${student.sid}" method = "post">
            <p>
            <label >学号: </label >
                <input type = "text" disabled = "disabled" value = "${student.sid}" >
                </p>
                <br >
                <p>
            <label >姓名:</label >
                <input type = "text" disabled = "disabled" value = "${student.sname}" >
                </p>
                <br >
                <p>
                <label >班级:</label >
                <input type = "text" disabled = "disabled" value = "${student.sgname}" >
                </p><br >
                <p>
                <label >课程:</label >
                <input type = "text" disabled = "disabled" value = "${course.cname}" >
                <input type = "hidden" name = "cid" value = "${course.cid}">
                </p><br >
                <p>
                <label >成绩:</label >
                <input type = "text" name = "score" id = "score" value = "${score.score}">
                </p><br >
                <p>
                <input type = "submit" name = "#" value = "确定">    
     
                 <input type = "button" name = "#" value = "取消" onclick = "window.
location.href = '${pageContext.request.contextPath}/getStudentScore?sid = ${student.sid}'">
                </p>
            </form>
        </div>
    </div>
 </div>
</body>
<script type = "text/javascript">
window.onload = function(){
 var msg  =  "${updateScore}";
 if(msg) {
     alert(msg);
 }
}
</script>
</html>
```

查看和删除学生成绩的 stuScoreList.jsp 源代码如下：

```
<%@ page language = "java" contentType = "text/html; charset = utf-8"
 pageEncoding = "utf-8" %>
<%@ taglib uri = "http://java.sun.com/jsp/jstl/core" prefix = "c" %>
<%
```

```
 request.getSession().removeAttribute("updateScore");
 request.getSession().removeAttribute("scoreMessage");
%>
<!DOCTYPE html>
<html>

<head>
<meta charset="utf-8">
<link rel="stylesheet" type="text/css" href="${pageContext.request.contextPath}/css/
main.css" />
<title>成绩清单</title>
</head>
<body>
 <div class="main">

     <jsp:include page="common-elements/common_left.jsp" />
     <div class="right">
          <div>

               <h1>成绩清单</h1>
               <br>
               学号: ${student.sid}   姓名: ${student.sname}  
               班级: ${student.sgname}   性别: ${student.sex}  
               <br/>
               <input type="button" value="删除成绩" onclick="delScore()" style=
"margin-left: 600px">
               <input type="button" value="录入成绩" onclick="edit()" style="margin-
left: 40px">
               <table>
                    <tr class="t1">
                         <td><input type="checkbox" id="select01" name="allchnames"
onclick="selectAll()" /></td>
                         <td>课程名</td>
                         <td>成绩</td>
                    </tr>
                    <c:forEach var="s" items="${student.getScoreList()}">
                    <tr>
                         <td><input type="checkbox" name="chnames" value="${s.
courseid}" /></td>
                         <td>${s.cname}</td>
                         <td style="text-align: center;"><span> ${s.score} <a href=
"updateStudentScore?sid=${student.sid}&courseid=${s.courseid}">编辑</a></span>
                         </td>
                    </tr>
                    </c:forEach>

               </table>
               <p></p>
     <input type="button" value="返回" style="float: right;" onclick="window.location.
href='${pageContext.request.contextPath}/getAllStudent'"/>
          </div>
     </div>
 </div>
</body>
<script type="text/javascript">
 function edit() {
```

```
        var sid = "${student.sid}";
        window.location.href = "${pageContext.request.contextPath}/addStudentScore?sid=" + sid;
    }

    function selectAll() {
        var allcheck = document.getElementsByName("allchnames");
        var objs = document.getElementsByName("chnames");
        if(allcheck[0].checked == true) {
            for(var i = 0; i < objs.length; i++) {
                objs[i].checked = true;
            }
        }else {
            for(var i = 0; i < objs.length; i++) {
                objs[i].checked = false;
            }
        }

    }

    function delScore() {
        var objs = document.getElementsByName("chnames");
        var len = 0;
        var courseid = "";
        for(var i = 0; i < objs.length; i++) {
            if(objs[i].checked == true) {
                courseid = courseid + "," + objs[i].value;
                len++;
            }

        }
        if(len == 0) {
            alert("请先进行选择!");
            return;
        }
         var flag = window.confirm("您确定要删除该学生成绩吗?");
         if(flag) {
         window.location.href = "${pageContext.request.contextPath}/delStudentScore?courseid=
" + courseid + "&sid=" + ${student.sid};
        }
    }
        window.onload = function(){
        var msg = "${message}";
        if(msg) {
            alert(msg);
        }
    }
</script>

</html>
```

11.7 学生清单模块

在需求中已经明确，学生清单中展示的信息为：

- 学生基本信息。

- 班级中男女生平均成绩。
- 班级平均成绩。
- 总平均成绩。

现在创建一个实体类 Analysis.java 用于获取和存放以上信息。

11.7.1 实体层

实体类 Analysis.java 源代码如下：

```
package com.ruige.entity;

import java.io.Serializable;
import java.util.List;

/**
 *
 * @author Administrator
 * 班级平均成绩分析类,包括男女生平均成绩、班级平均成绩,以及班级 id
 */
public class Analysis implements Serializable{

 private static final long serialVersionUID = 1L;

 //男生平均成绩
 private String mavg;
 //男生列表
 List<Student> mstuList;
 //女生平均成绩
 private String wavg;
 //女生列表
 List<Student> wstuList;
 //班级平均成绩
 private String gradeavg;

     public String getMavg() {
     return mavg;
 }
     public void setMavg(String mavg) {
     this.mavg = mavg;
 }
     public String getWavg() {
     return wavg;
 }
     public void setWavg(String wavg) {
     this.wavg = wavg;
 }
     public String getGradeavg() {
     return gradeavg;
 }
     public void setGradeavg(String gradeavg) {
     this.gradeavg = gradeavg;
 }

     public List<Student> getMstuList() {
     return mstuList;
```

```
    }

        public void setMstuList(List < Student > mstuList) {
        this.mstuList = mstuList;
    }

        public List < Student > getWstuList() {
        return wstuList;
    }

        public void setWstuList(List < Student > wstuList) {
        this.wstuList = wstuList;
    }
}
```

11.7.2 数据访问层

在数据访问层中，需要从数据库中获取学生的基本信息以及学生的平均成绩，将获取的数据存入学生的列表中，对这些信息具体的处理逻辑是在 Service 中完成的。

在数据访问层中创建一个 AnalysisDao.java 接口来定义方法，源代码如下：

```
package com.ruige.dao;


import java.util.List;

import com.ruige.entity.Student;

public interface AnalysisDao {

  //根据班级 id,获取所有的学生成绩,包括平均成绩
  public List < Student > getAllStudentAvg(String sgid, String sex);

}
```

实现类 AnalysisDaoImpl.java 源代码如下：

```
package com.ruige.dao.impl;

import java.sql.Connection;
import java.sql.PreparedStatement;
import java.sql.ResultSet;
import java.sql.SQLException;
import java.util.ArrayList;
import java.util.List;

import com.ruige.dao.AnalysisDao;
import com.ruige.entity.Student;
import com.ruige.util.BaseDao;

public class AnalysisDaoImpl extends BaseDao implements AnalysisDao{

  /**
   * 根据班级 id 获取所有学生的信息列表,以及个人平均成绩
   */
```

```
@Override
    public List < Student > getAllStudentAvg(String sgid, String sex) {
    Connection conn;
    PreparedStatement ps = null;
    ResultSet rs = null;
    List < Student > list = new ArrayList < Student >();
    String sql = "SELECT st. * , g. * , round(AVG(ifnull(sc. score, 0)), 0) as avgscore FROM
student st " +
                "LEFT JOIN grade g ON st. sgid = g. gid " +
                "LEFT JOIN score sc ON st. sid = sc. stuid " +
                "WHERE st. sgid = ? and st. sex = ? GROUP BY st. sid ";
    conn = getConnection();
    try {
        ps = conn. prepareStatement(sql);
        ps. setObject(1, sgid);
        ps. setObject(2, sex);
        rs = ps. executeQuery();
        while(rs. next()) {
            Student student = new Student();
            student. setAvgscore(rs. getString("avgscore"));
            student. setSid(rs. getString("sid"));
            student. setSname(rs. getString("sname"));
            student. setSex(rs. getString("sex"));
            student. setSgid(rs. getString("gid"));
            student. setSgname(rs. getString("gname"));
            list. add(student);
        }
    } catch(SQLException e) {
        e. printStackTrace();
    }finally {
        closeAll(conn, ps, rs);
    }

    return list;
 }
}
```

11.7.3 业务处理层

由于需要对数据库中获取的数据进行分类业务处理，这里创建 AnalysisService. java 接口文件，在接口中定义分析学生信息的方法，源代码如下：

```
package com. ruige. service;

import javax. servlet. http. HttpServletRequest;

public interface AnalysisService {

 //根据班级 id,获取所有学生的信息,包括平均成绩
 public void getAllStudentAvg(HttpServletRequest req);
}
```

实现类中对数据库中获取的数据进行业务逻辑处理，在 Dao 层中获取了学生的基本信息以及学生平均成绩信息。在 Service 层中主要做以下处理。

(1) 统计每个班级的男女生平均成绩。

(2) 统计每个班级的平均成绩。

(3) 统计总平均成绩。

实现类 AnalysisServiceImpl. java 源代码如下：

```
package com.ruige.service.impl;

import java.util.ArrayList;
import java.util.List;

import com.ruige.dao.AnalysisDao;
import com.ruige.dao.impl.AnalysisDaoImpl;
import com.ruige.entity.Analysis;
import com.ruige.entity.Grade;
import com.ruige.entity.Student;
import com.ruige.service.AnalysisService;
import com.ruige.service.GradeService;

import javax.servlet.http.HttpServletRequest;

public class AnalysisServiceImpl implements AnalysisService{
 private AnalysisDao analysisDao = new AnalysisDaoImpl();
 private GradeService gradeService = new GradeServiceImpl();

 @Override
     public void getAllStudentAvg(HttpServletRequest req) {
     List<Analysis> analysisList = new ArrayList<>();
     List<Grade> allGrades = gradeService.getAllGrades();
     int totalScore = 0;
     int totalCount = 0;
     for(Grade grade : allGrades){
          Analysis analysis = new Analysis();
          List<Student> wstuList = analysisDao.getAllStudentAvg(grade.getGid(), "女");
          analysis.setWstuList(wstuList);
          int wsum = 0;
          for(Student stu : wstuList){
               wsum += Integer.valueOf(stu.getAvgscore()).intValue();
          }
          totalScore += wsum;
          totalCount += wstuList.size();
          analysis.setWavg(String.valueOf(wsum/wstuList.size()));
          List<Student> mstuList = analysisDao.getAllStudentAvg(grade.getGid(), "男");
          analysis.setMstuList(mstuList);
          int msum = 0;
          for(Student stu : mstuList){
               msum += Integer.valueOf(stu.getAvgscore()).intValue();
          }
          totalScore += msum;
          totalCount += mstuList.size();
          analysis.setMavg(String.valueOf(msum/mstuList.size()));
          analysis.setGradeavg(String.valueOf((wsum + msum)/(wstuList.size() + mstuList.size())));
          analysisList.add(analysis);
     }
     req.setAttribute("analysisList", analysisList);
     req.setAttribute("totalAvg", totalScore/totalCount);
 }
}
```

11.7.4 控制层

GetAnalysisServlet.java 类处理和响应请求,源代码如下:

```
package com.ruige.controller.analysis;

import java.io.IOException;

import javax.servlet.ServletException;
import javax.servlet.annotation.WebServlet;
import javax.servlet.http.HttpServlet;
import javax.servlet.http.HttpServletRequest;
import javax.servlet.http.HttpServletResponse;

import com.ruige.service.AnalysisService;
import com.ruige.service.impl.AnalysisServiceImpl;
/**
 *
 * @author Administrator
 * 获取班级的成绩分析,包括学生各科平均成绩、男生班级平均成绩、女生班级平均成绩、班级总平
均成绩
 *
 */
@WebServlet("/analysis")
public class GetAnalysisServlet extends HttpServlet{

 private static final long serialVersionUID = 1L;
 private AnalysisService analysisService = new AnalysisServiceImpl();
 @Override
     protected void doGet(HttpServletRequest req, HttpServletResponse resp) throws ServletException,
IOException {
     req.setCharacterEncoding("utf-8");
     analysisService.getAllStudentAvg(req);
     req.getRequestDispatcher("pages/stuAnalysisList.jsp").forward(req, resp);
 }
}
```

11.7.5 展示层

创建展示层的 stuAnalysisList.jsp 来获取和展示数据,源代码如下:

```
<%@ page language="java" contentType="text/html; charset=utf-8"
 pageEncoding="utf-8"%>
<%@ taglib uri="http://java.sun.com/jsp/jstl/core" prefix="c"%>
<!DOCTYPE html>
<html>

<head>
<meta charset="utf-8">
<link rel="stylesheet" type="text/css" href="${pageContext.request.contextPath}/css/
main.css" />
<title>学生清单</title>
</head>
<body>
 <div class="main">
```

```
<jsp:include page="common-elements/common_left.jsp" />
<div class="right">
    <div>
        <h1>学生清单</h1>
        <br>
        <table style="border-collapse: collapse;">
            <thead>
                <tr>
                    <td colspan="5" style="border: 0px;height: 120px">
                        <h2>学生基本信息表</h2><br/><a>2022-11-20</a>
                    </td>
                </tr>

                <tr class="t1" style="border: 1px #000 solid">
                    <td style="border: 0px;height: 40px">班级</td>
                    <td style="border: 0px">学号</td>
                    <td style="border: 0px">姓名</td>
                    <td style="border: 0px">性别</td>
                    <td style="border: 0px">平均成绩</td>
                </tr>
            </thead>
            <tbody>
                <c:forEach var="analysis" items="${analysisList}">
                    <c:forEach var="stu" items="${analysis.wstuList}">
                        <tr>
                            <td style="border: 0px; height: 40px">${stu.
sgname}</td>
                            <td style="border: 0px">${stu.sid}</td>
                            <td style="border: 0px">${stu.sname}</td>
                            <td style="border: 0px">${stu.sex}</td>
                            <td style="border: 0px">${stu.avgscore}</td>
                        </tr>
                    </c:forEach>
                    <c:if test="${analysis.wstuList.size() > 0}">
                        <tr>
                            <td colspan="4" style="border: 0px;height: 40px">
女生平均成绩</td>
                            <td style="border: 0px">${analysis.wavg}</td>
                        </tr>
                    </c:if>
                    <c:forEach var="stu" items="${analysis.mstuList}">
                        <tr>
                            <td style="border: 0px; height: 40px">${stu.
sgname}</td>
                            <td style="border: 0px">${stu.sid}</td>
                            <td style="border: 0px">${stu.sname}</td>
                            <td style="border: 0px">${stu.sex}</td>
                            <td style="border: 0px">${stu.avgscore}</td>
                        </tr>
                    </c:forEach>
                    <c:if test="${analysis.mstuList.size() > 0}">
                        <tr>
                            <td colspan="4" style="border: 0px;height: 40px">
男生平均成绩</td>
                            <td style="border: 0px">${analysis.mavg}</td>
                        </tr>
```

```
                                </c:if>
                                <c:if test="${analysis.wstuList.size() > 0 or analysis.
mstuList.size() > 0}">
                                <tr>
                                    <td colspan="4" style="border: 0px;height: 40px">班
级平均成绩</td>
                                    <td style="border: 0px">${analysis.gradeavg}</td>
                                </tr>
                                </c:if>
                            </c:forEach>
                            <tr style="border: 1px #000 solid">
                                <td colspan="4" style="border: 0px;height: 40px">总平均
成绩</td>
                                <td style="border: 0px">${totalAvg}</td>
                            </tr>
                        </tbody>
                    </table>
                    <input type="button" value="返回" style="float: right;" onclick=
"window.location.href='${pageContext.request.contextPath}/getAllStudent'"/>
                </div>
            </div>
        </div>
    </body>
    </html>
```

参考文献

[1] 王珊，杜小勇，陈红. 数据库系统概论[M]. 6版. 北京：高等教育出版社，2023.

[2] 陈志泊. 数据库原理及应用教程(MySQL版)[M]. 北京：人民邮电出版社，2022.

[3] 亚伯拉罕·西尔伯沙茨，亨利·F. 科思，S. 苏达尔尚. 数据库系统概念(本科教学版. 原书第7版)[M]. 杨冬青，李红燕，张金波，等译. 北京：机械工业出版社，2021.

[4] 明日科技. SQL Server 从入门到精通[M]. 5版. 北京：清华大学出版社，2023.

[5] 马立和，高振娇，韩锋. 数据库高效优化：架构、规范与 SQL 技巧[M]. 北京：机械工业出版社，2020.

[6] 李月军. 数据库原理及应用[M]. 北京：清华大学出版社，2023.

[7] 屠建飞. SQL Server 2022 数据库管理(微课视频版)[M]. 北京：清华大学出版社，2024.

[8] 宋金玉. 数据库原理与应用[M]. 3版. 北京：清华大学出版社，2022.

[9] 黑马程序员. Java Web 程序设计任务教程[M]. 2版. 北京：人民邮电出版社，2021.

[10] 李冬海，靳宗信，姜维，等. 轻量级 Java EE Web 框架技术——Spring MVC＋Spring＋MyBatis＋Spring Boot[M]. 北京：清华大学出版社，2022.

[11] 黄文毅. Web 轻量级框架 Spring＋Spring MVC＋MyBatis 整合开发实战[M]. 2版. 北京：清华大学出版社，2020.

图书资源支持

感谢您一直以来对清华版图书的支持和爱护。为了配合本书的使用，本书提供配套的资源，有需求的读者请扫描下方的"书圈"微信公众号二维码，在图书专区下载，也可以拨打电话或发送电子邮件咨询。

如果您在使用本书的过程中遇到了什么问题，或者有相关图书出版计划，也请您发邮件告诉我们，以便我们更好地为您服务。

我们的联系方式：

清华大学出版社计算机与信息分社网站：https://www.shuimushuhui.com/

地　　址：北京市海淀区双清路学研大厦 A 座 714

邮　　编：100084

电　　话：010-83470236　010-83470237

客服邮箱：2301891038@qq.com

QQ：2301891038（请写明您的单位和姓名）

资源下载：关注公众号"书圈"下载配套资源。

资源下载、样书申请

书圈

图书案例

清华计算机学堂

观看课程直播